21世纪全国应用型本科电子通信系列实用规划教材

现代交换技术（第2版）

主　编　姚　军　李传森
副主编　付广春　李国民　黄　峰

U0246356

北京大学出版社

PEKING UNIVERSITY PRESS

内 容 简 介

本书按照先介绍各种技术,然后再介绍信令与协议,最后阐述应用各种交换技术的通信网络的顺序进行组织编排,突出各种交换技术的特点及应用。重点介绍各种程控交换技术、数据交换技术、软交换技术及相关的信令与协议,简要介绍光交换技术及其在通信网中的应用。

本书共分 8 章,第 1 章简要介绍各种交换技术及交换技术今后的发展方向;第 2、3 章介绍以电话交换为代表的电路交换技术;第 4 章介绍以分组交换为代表的数据交换技术;第 5 章介绍光交换技术;第 6 章对下一代网络中的核心技术——软交换技术进行了阐述;第 7 章是对各种交换技术涉及的信令与协议的介绍;第 8 章是应用交换技术的几种通信网的介绍。

本书可供通信、信息类及相关专业的本科生作为教材使用,也可作为相关科技工作者的参考用书。

图书在版编目(CIP)数据

现代交换技术/姚军,李传森主编 . —2 版 . —北京:北京大学出版社,2013.5
(21 世纪全国应用型本科电子通信系列实用规划教材)
ISBN 978 - 7 - 301 - 18889 - 7

Ⅰ. ①现…　Ⅱ. ①姚…②李…　Ⅲ. ①电话交换—高等学校—教材　Ⅳ. ①TN916

中国版本图书馆 CIP 数据核字(2011)第 086564 号

书　　　　名:	现代交换技术(第 2 版)
著作责任者:	姚　军　李传森　主编
策 划 编 辑:	程志强　姜晓楠
责 任 编 辑:	程志强
标 准 书 号:	ISBN 978 - 7 - 301 - 18889 - 7/TN · 0070
出 版 者:	北京大学出版社
地　　　　址:	北京市海淀区成府路 205 号　　　　100871
网　　　　址:	http://www.pup.cn　　http://www.pup6.com
电　　　　话:	邮购部 62752015　　发行部 62750672　　编辑部 62750667　　出版部 62754962
电 子 邮 箱:	pup_6@sohu.com　　pup_6@163.com
印 刷 者:	北京鑫海金澳胶印有限公司
发 行 者:	北京大学出版社
经 销 者:	新华书店

787 毫米×1092 毫米　16 开本　18.5 印张　429 千字
2006 年 8 月第 1 版　2013 年 5 月第 2 版　2018 年 7 月第 4 次印刷

定　　　价: 36.00 元

第 2 版前言

本书是在 2006 年已出版的《现代交换技术》的基础上，结合近几年交换技术的发展编写而成的。《现代交换技术》出版以后得到了广大读者与其他高校教师的鼓励和肯定，被部分高校选为相应课程教材。但是，交换技术经过这几年的发展，特别是数据交换技术的大量应用，原书中介绍的部分内容已经不再是主流技术；同时由于软交换技术应用不断发展，原书中的结构也不能满足这种变化，因此有必要对原书进行一次大的修订，以反映交换技术的最新进展。

本书按照先介绍各种技术，然后再介绍信令与协议，最后阐述应用各种交换技术的通信网络的顺序进行组织编排，突出各种交换技术的特点及应用。本书内容主要包括概论、电路交换原理、数字程控交换技术、数据交换技术、光交换技术、软交换技术、信令与协议以及通信网。

本书第 3 章、4.1 节、4.4 节、4.5 节、4.6 节、7.1 节、7.2 节、7.3 节、7.4 节、7.5 节由姚军编写，第 6 章、4.2 节、4.3 节、7.6 节由李传森编写，第 2 章、第 5 章由付广春编写，第 1 章由李国民编写，第 8 章由黄峰编写，第 7 章的 7.4 节、7.5 节由石磊编写。全书由姚军进行统稿。

在本书的编写过程中，参阅了大量文献、技术标准和图书资料，在此谨向这些文献资料的原作者表示衷心的感谢！

由于交换技术的发展速度较快，加之编者的水平有限，书中难免存在疏漏和不妥之处，敬请广大读者批评、指正。

编　者

2012 年 11 月于西安科技大学

目 录

第1章 概 论

教学目标

了解交换的基本概念；
了解各种交换方式的基本原理；
掌握电路交换的特点；
掌握分组交换的特点；
了解软交换及下一代网络的基本概念。

教学要求

知识要点	能力要求	相关知识
交换技术的类型	了解交换的几种类型	
各种交换方式的基本原理	(1) 掌握电路交换的基本原理及特点 (2) 掌握分组交换的基本原理及特点 (3) 了解其他交换技术的特点	电路交换、存储转发变换
软交换的基本概念	了解软交换的基本特点	
下一代网络的基本概念	(1) 了解下一代网络基本概念 (2) 了解下一代网络分层结构	网络的分层结构

 推荐阅读资料

1. 陈锡生，糜正琨 . 现代电信交换[M]. 北京邮电大学出版社，1999.

2. 郑少仁，罗国明等 . 现代交换原理和技术[M]. 电子工业出版社，2006.

3. 茅正冲，姚军 . 现代交换技术[M]. 北京大学出版社，2006.

4. 金惠文，陈建亚，纪红 . 现代交换原理[M]. 第二版 . 电子工业出版社，2006.

 基本概念

交换方式：是交换节点为了完成交换功能所采用的互通技术。

软交换：是网络演进以及下一代分组网络的核心技术之一，它独立于传送网络，主要完成呼叫控制、资源分配、协议处理、路由、认证、计费等主要功能，同时可以向用户提供现有电路交换机能提供的所有业务，并向第三方提供可编程能力。

下一代网络：指以软交换为代表的能够为公众大规模灵活提供视讯、话音、数据等多种通信业务，以分组交换为业务统一承载平台，传输层适应数据业务特征及带宽需求，可运营、维护、管理的通信网络。

摩尔斯先生以"摩尔斯电码"的发明而闻名全世界，但在发明"摩尔斯电码"之前，他的身份是一个画家。在1832年旅欧学习的途中，他开始对当时新兴的电报技术产生了浓厚的兴趣，经过3年的钻研之后，摩尔斯成功地用电流的"通"、"断"和"长断"来代替了人类的文字进行传送，这就是著名的摩尔斯电码。

1843年，摩尔斯获得了3万美元的资助，修建了全长64.4km，从华盛顿到巴尔的摩的电报线路。1844年5月24日，在座无虚席的国会大厦里，摩尔斯用他那激动得有些颤抖的双手，操纵着他倾十余年心血研制成功的电报机，向巴尔的摩发出了人类历史上的第一份电报："上帝创造了何等奇迹！"1894年，俄罗斯青年波波夫改进了无线电接收机并为之增加了天线，使其灵敏度大大提高。1896年，波波夫成功地用无线电进行摩尔斯电码的传送，距离为250m，电文内容为"海因里斯·赫兹"，从此电报通信进入到无线通信时代。

1912年，"泰坦尼克"号撞到冰山后，发出电报"SOS，速来，我们撞上了冰山。"几英里之外的"加利福尼亚"号客轮本应能够救起数百条生命，但是这条船上的报务员不值班，因此没有收到这条信息。从此以后，所有的轮船都开始进行全天候的无线电信号监听。

1.1 交换的基本概念

1.1.1 交换技术的产生

人们的生活离不开信息技术，而信息技术的关键技术之一是交换技术。自从1876年美国人贝尔发明了电话，人们就可以利用电话实现话音信号的远距离传送，也就是人和人之间可以利用电话进行远距离的语言交流。如图1.1(a)所示，如果是两个人之间通过电话机进行通信，用导线把两个电话机连接起来加上电源就可以了；如果有多个人，要想任意两人之间都能用电话机相互通信，则多个电话机之间得相互用导线连接起来，如图1.1(b)所示。显然图1.1(b)中N个电话机中任意两个之间要能相互通信，每一个电话机都必须和其他$N-1$个电话机用导线连接起来。当N很大时，每个电话机连接的导线很多，使用起来非常困难。所以人们就研制了一种设备，这些电话机都用一对导线连接到这个设备的连接端口(话机接口)上，通过这个设备控制任意两个电话机之间的通信连接，如图1.2所示。这个设备就称为电话交换机，连接到交换机的电话机和其使用者也称为该交换机的电话用户(简称用户)。

可以想象电话交换机应具有的主要功能如下。

(1) 当它的某个用户需要和另一个用户通信时(发起通信的用户称为主叫或主叫用户)，交换机必须能识别用户的通信需求，包括要打电话(称为呼叫)以及要和哪个用户打电话(被呼叫用户称为被叫或被叫用户)。

(2) 然后，要选择主叫到被叫的连接通路，通知被叫有用户呼叫。

(3) 根据被叫是否可以接听电话进行相关处理。当被叫可以接电话时，建立主叫和被叫之间的通话连接并通知主叫可以通话；当被叫不能接电话时，告诉主叫无法接通被叫，要求将主叫电话机恢复呼叫前原状(复原)。

(4) 当主叫和被叫在通话时，要能监视主叫和被叫之间是否通话完毕，如果双方通话结束，必须释放主叫和被叫之间的通信连接以及相关的设备，即将本次通话所占用的交换

机的设备(也称资源，如接口)恢复到通话前的状态，也称为拆线。并要求将主叫和被叫电
话机复原。

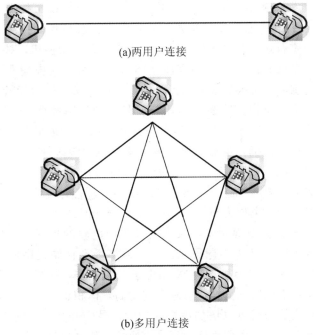

(a)两用户连接

(b)多用户连接

图 1.1　电话用户直接连接示意图

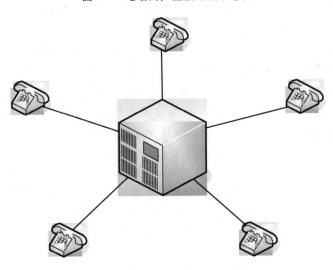

图 1.2　电话用户通过交换设备连接示意图

　　从上述交换机的主要功能可以看出，要研制一个电话交换机，需要许多技术的支持，
其中核心的技术就是实现任意两个(也可以是多个)电话机接口的连接技术或把话音信息从
交换机的一个接口传送到另一个(或多个)接口的技术，我们称之为电话交换技术。之所以
称为交换，是因为电话通信是双向的，交换机需要把主叫的话音信息从主叫的接口传送到
被叫的接口上，同时将被叫的话音信息从被叫的接口传送到主叫的接口上，相当于交换了
两个用户之间的话音信息。

1.1.2 交换技术的发展

1878 年磁石式电话交换机首先在美国开通使用，它由接线员控制接续，每个电话机单独供电。1891 年，共电式电话交换机发明，它也由接线员控制接续，电话机通话电源由交换机统一供给。磁石式和共电式电话交换机都属于人工交换机，接续速度慢，交换机容量小，一般为几十到几百门，使用不方便。1892 年，美国人史端乔发明的第一台自动电话交换机——步进制电话交换机在美国投入使用，以后又改进为旋转制、升降制自动电话交换机，自动电话交换机由交换机根据用户拨号自动控制接续。1919 年瑞典工程师比图兰德等申请了纵横接线器专利，1926 年在瑞典开通第一个纵横制交换局。步进制、纵横制交换机属于机电式交换机，虽然克服了人工交换机的许多缺点，比如接续速度提高，容量增大(步进制容量可以达到上千门，纵横制可以达到上万门)，但是体积大、耗电高、噪音也大，接点易磨损，故障率高，接续速度还不够快，它的接续控制要通过布线来形成逻辑控制关系，布线复杂，也称为布控(Wired Logic Control)交换机。

1946 年第一台电子计算机诞生，以及大规模集成电路的出现，人们自然想到将这些技术应用于交换技术。1965 年由美国贝尔公司开通第一台存储程序控制(Stored Program Control)的电话交换机(程控交换机)，它采用电子开关矩阵，用程序来控制接续。它的主要特点是接续速度相对于纵横制交换机有较大的提高，体积也大大缩小，耗电省、噪音非常小，只要改变程序或数据就可以增加用户的功能，号码升级非常简单，用户容量很大。但它交换的仍然是模拟信号，也称为模拟程控交换机。随着数字通信技术的发展，特别是 PCM 技术的商用化，1970 年法国开通第一台数字程控电话交换机 E10，为传真、电报、数据及综合电信业务交换的发展奠定了基础。

随着通信业务的发展，单纯以电话信号交换为主的交换技术难以适应其它业务交换的要求，特别是数据通信业务的快速发展，以 64Kbps 为基本交换速率的程控数字电话交换技术难以满足快速发展的数据通信网络技术的要求，因而产生了多样的交换技术。

20 世纪 60 年代戴维斯和巴兰发明了分组交换，开创了新的交换方式，交换技术从传统的语音业务交换向综合业务交换发展。20 世纪 70 年代，基于 X.25 协议的分组交换技术投入商用，90 年代帧中继交换和 ATM(Asynchronous Transfer Mode)交换得到快速发展，相继投入应用。进入 21 世纪，IP(Internet protocol)和光交换技术得到发展和广泛应用。IP 交换和光交换技术成为信息网络发展的主流交换技术。当然从交换机接续控制和业务生成考虑，还有软交换技术，它是下一代网络的交换技术。

从上述交换技术的发展可以看出，交换技术可以从交换方式、控制方式、和信号形式等方面来分类。

按交换方式来分可以分为电路交换和存储—转发交换。电路交换就是在两个或多个通信用户之间建立一条专用信息传送通道(信道)。存储—转发交换又可以分为报文交换和分组交换，分组交换又有基于不同协议的交换，如基于 X.25 协议的分组交换(我们一般说的分组交换)、帧中继交换、ATM 交换、IP 交换等。虽然时分电路交换也要先写入，再读出，类似存储—转发，但是信道是专用的，且有严格的时间限制，而常说的存储—转发交换的信道一般不是专用的，一般也没有严格的时间限制。

按控制方式分可以分为人工控制和自动控制方式。自动控制又分为布线逻辑控制和存储程序控制方式。布线逻辑控制属于机电式交换机，它主要是通过布线逻辑来控制电磁器件(主要是继电器)的动作。存储程序控制属于电子式交换机，它主要是通过软件(程序)来控制晶体管以及晶体管阵列的输出状态。

按交换的信号形式来分，可以分为模拟交换机和数字交换机。模拟交换机交换的是模拟信号，在两个用户之间建立一条物理连接电路(如导线连接)。数字交换机交换的是数字信号，在两个用户之间建立一条逻辑连接电路(如时隙)。

交换机也可根据其交换网络的组成部件分为机电式交换机和电子式交换机。也根据其交换的信息分为电话交换机、数据交换机、综合业务交换机。或按照信息传递方式分为面向连接的交换技术和面向非连接的交换技术。

随着计算机技术与通信技术的发展，需要将各自独立的通信网络进行互连，以实现信息交换与资源共享。为此，国际标准化组织(ISO)提出了开放系统互联参考模型(OSI - RM)。该模型包含七层功能(物理层、数据链路层、网络层、传输层、会话层、表示层和应用层)，根据交换机具有的功能层次也用第几层交换来描述其交换技术。

一般而言，交换技术的分类如图 1.3 所示。

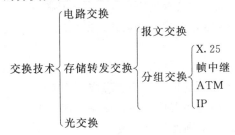

图 1.3　交换方式的分类

1.2　交　换　方　式

交换方式是交换节点为了完成交换功能所采用的互通技术，传统意义上交换方式分为电路交换、分组交换，用于实现两层以下的信息交互。其实严格说来，交换意味着源与目的地址之间的连接，在第二层以上的任何技术都不能说是交换技术。目前交换的概念已广义化，三层交换、四层交换和七层交换的概念相继被提出。这里简要介绍几种通信网上正在使用和研究的交换方式。

1.2.1　电路交换方式

以电路连接为目的的交换方式称为电路交换方式。电话通信网就是采用电路交换方式。我们可以打一次电话来体验这种交换方式。打电话时，首先是摘下话机拨号，拨号完毕，交换机就知道要和谁通话，并为双方建立连接；等一方挂机后，交换机就把双方的线路断开，为双方各自开始一次新的通话做好准备。因此，电路交换的动作就是指在通信时建立(即连接)电路的过程，通信完毕时拆除(即断开)电路的过程。至于在通信过程中双方传送信息的内容，则与交换系统无关。

公众电话网(PSTN)和移动网(包括 GSM 网和 CDMA 网)采用的都是电路交换技术，它的基本特点是采用面向连接的方式，在双方进行通信之前，需要为通信双方分配一条具有固定带宽的通信电路，通信双方在通信过程中将一直占用所分配的资源，直到通信结束，并且在电路的建立和释放过程中都需要利用相关的控制信号(信令)。

电路交换具有如下优点。

（1）传输时延小，实时性强。对一次完整的交换过程而言，传输时延固定不变。

（2）信息的"透明"传输，交换机对用户的数据信息不存储、分析和处理，交换机在处理方面的开销比较小，交换设备成本较低。

（3）信息在建立好的信道中传输，不需要附加许多用于控制的信息，传输效率比较高。

电路交换的缺点如下。

（1）电路的接续时间较长。

（2）电路资源被通信双方独占，电路利用率低。

（3）有呼损，即可能出现由于对方用户终端设备忙或交换网负载过重而呼叫不通的情况。

电路交换方式主要应用在电话通信网中，以及持续时间长、信息量大的数据通信业务，对于一些对时延要求较高的图像传输业务也可考虑使用。

1.2.2 存储转发交换

计算机产生之后，人们对数据交换的需求产生了迫切的需求，但当时应用于话音交换的电路交换方式不能很好地满足数据交换的特点。数据交换与话音交换的区别有如下几点。

1）通信对象不同

数据通信实现的是计算机和计算机之间以及人和计算机之间的通信，而电话通信实现的是人和人之间的通信。计算机不具有人脑的思维和应变能力，计算机的智能来自人的智能，计算机完成的每件工作都需要人预先编好程序，计算机之间的通信过程需要定义严格的通信协议和标准，而电话通信则无须这么复杂。

2）传输可靠性要求不同

数据信号使用二进制"0"和"1"的组合编码表示，如果一个码组中的一个比特在传输中发生错误，则在接收端可能会被理解成为完全不同的含义。特别对于银行、军事、医学等关键事务的处理，发生的毫厘之差都会造成巨大的损失，一般而言，数据通信的比特差错率必须控制在 10^{-8} 以下，而话音通信比特差错率可高到 10^{-3}。

3）通信的平均持续时间和通信建立请求响应不同

根据美国国防部对 27000 个数据用户进行统计，大约 25% 的数据通信持续时间在 1s 以下，50% 的用户数据通信持续时间在 5s 以下，90% 的用户数据通信时间在 50s 以下。而相应电话通信的持续平均时间在 5min 左右，统计资料显示，99.5% 以上的数据通信持续时间短于电话平均通话时间。这决定了数据通信的信道建立时间也要短，通常应该在 1.5s 左右，而相应的电话通信过程的建立一般在 15s 左右。

4）通信过程中信息业务量特性不同

统计资料表明，电话通信双方讲话的时间平均各占一半，数字 PCM 话音信号平均速率大约在 32kbps，一般不会出现长时间信道中没有信息传输的情况。计算机通信双方处于不同的工作状态传输数据速率是不同的。例如，系统在进行远程遥测和遥控时，传输速率一般只在 30bps 以下；用户以远程终端方式登录远端主机时，信道上传输的数据是用户用键盘输入的，输入速率为 20～300bps，而计算机对终端响应的速率则在 600～10000bps；如果用户希望获取大量文件，则一般传输速率在 100Kbps～1Mbps 是让人满意的。

由上述分析可以看到，为了满足数据通信的要求，必须构造数据通信网络以满足高速传输数据的要求。但是在 20 世纪 60 年代人们开始进行数据通信时利用的却是电话网络，只满足当时对数据通信的要求。

1．报文交换

为了适应数据通信的要求而提出了报文交换，它的基本原理是"存储-转发"，即如果A用户要向B用户发送信息，A用户不需要先叫通与B用户之间的电路，而只需与交换机接通。

由交换机暂时把A用户要发送的报文接收和存储起来，交换机根据报文中提供的B用户的地址确定交换网内路由，并将报文送到输出队列上排队，等到该输出线空闲时立即将该报文送到下一个交换机，最后送到目的用户B。

报文交换中信息的格式是以报文为基本单位的。一份报文包括3部分：报头或标题（由发信站地址、目的收信站地址及其他辅助信息组成）、正文（传输用户信息）和报尾（报文的结束标志，若报文长度有规定，则可省去此标志）。

报文交换的特征是交换机要对用户的信息进行存储和处理。

报文交换的主要优点如下。

（1）报文以存储—转发方式通过交换机，输入输出电路的速率、电码格式等可以不同，因此可以实现各种不同类型终端之间的相互通信。

（2）在报文交换（从用户A到用户B）的过程中没有电路接续过程，来自不同用户的报文可以在一条线路上以报文为单位进行多路复用，线路可以以它的最高传输能力工作，大大提高了线路的利用率。

（3）发端用户不需要建立与收端用户的信道就可发送报文，无呼损，并可以节省通信终端操作人员的时间，而且可以实现一对多的通信。

但报文交换存在如下主要缺点。

（1）信息通过交换机时产生的时延大，而且时延的变化也大，不利于实时通信。

（2）交换机要有能力存储用户发送的报文，其中有的报文可能很长，要求交换机具有高速处理能力和大的存储容量，一般要配备磁盘和磁带存储器。

报文交换不适用于即时交互式数据通信，主要用于公众电报和电子信箱业务。

2．分组交换

分组交换也称包交换，它是将用户传送的数据划分成一定的长度，每个部分叫做一个分组。在每个分组的前面加上一个分组头，用以指明该分组发往何地址，然后由交换机根据每个分组的地址标志，将它们转发至目的地，这一过程称为分组交换。进行分组交换的通信网称为分组交换网。从交换技术的发展历史看，数据交换经历了电路交换、报文交换、分组交换和综合业务数字交换的发展过程。分组交换实质上是在"存储-转发"的基础上发展起来的。它兼有电路交换和报文交换的优点。分组交换在线路上采用动态复用技术进行传送，数据包按一定长度分割为许多小段的数据——分组。每个分组标识后，在一条物理线路上采用动态复用技术，同时传送多个数据分组。把来自用户发端的数据暂存在交换机的存储器内，接着在网内转发。到达接收端，再去掉分组头将各数据字段按顺序重新装配成完整的报文。分组交换比电路交换的电路利用率高，比报文交换的传输时延小，交互性好。

分组交换的主要优点如下。

（1）实现不同速率、不同代码、不同同步方式、不同通信控制协议的数据终端之间的相互通信。

（2）在网络轻负载情况下，信息的传输时延较小，而且变化范围不大，能够较好地满足计算机交互业务的要求。

（3）实现线路动态统计复用，通信线路(包括中继线路和用户环路)的利用率很高，在一条物理线路上可以同时提供多条信息通路。

（4）可靠性高。比特差错率一般可以达到 10^{-10} 以下。"分组"自动寻找备用路由，所以通信不会中断。

（5）经济性好。信息以"分组"为单位在交换机中存储和处理，不要求交换机具有很大的存储容量，降低了网内设备的费用。对线路的动态统计时分复用也大大降低了用户的通信费用。分组交换网通过网络控制和管理中心(NMC)对网内设备实行比较集中的控制和维护管理，节省了维护管理费用。

分组交换的主要缺点如下。

（1）由于网络附加的传输信息较多，所以对长报文通信的传输效率比较低。

（2）技术实现复杂。分组交换机要实现对各种类型的"分组"的分析处理，为"分组"在网中的传输提供路由，并且在必要时自动进行路由调整，为用户提供速率、代码和规程的变换，为网络的维护管理提供必要的报告信息等，要求交换机要有较高的处理能力。

分组交换主要应用在数据通信网络中，满足数据通信的高可靠性，而且对延时要求不高。

3. 帧中继交换技术

帧中继交换是帧中继技术中的交换技术，也是一种分组(帧)交换技术，它的分组更长，传输效率更高。帧中继是一种用于连接计算机系统的面向分组的通信方法，它主要用在公共或专用网上的局域网互联以及广域网连接。大多数公共电信局都提供帧中继服务，把它作为建立高性能的虚拟广域连接的一种途径。帧中继是进入带宽范围从 56Kbps 到 2.048Mbps 的广域分组交换网的用户接口。帧中继是从综合业务数字网中发展起来的，并在 1984 年被推荐为国际电话电报咨询委员会(CCITT)的一项标准，另外，由美国国家标准协会授权的美国 TIS 标准委员会也对帧中继做了一些初步工作。

帧中继的特点如下。

（1）帧中继采用带宽控制技术，可实现以高于预约速率的速率发送数据。

（2）相对分组交换技术，取消了中间节点的差错校验，传输速率大大提高。

4. ATM 交换技术

ATM 即异步传递模式，是国际电信联盟 ITU-T 制定的标准，并推荐其为宽带综合业务数据网 B-ISDN 的信息传递模式。

ATM 是一种传递模式，在这一模式中，信息被组织成信元，因包含来自某用户信息的各个信元不需要周期性出现，这种传递模式是异步的。ATM 信元是固定长度的分组，每个信元有 53 个字节，分为两个部分。前面 5 个字节为信头，主要完成寻址的功能；后面的 48 个字节为信息段，用来装载来自不同用户、不同业务的信息。话音、数据、图像等所有的数字信息都要经过切割，封装成统一格式的信元在网中传递，再在接收端恢复成原信息格式。由于 ATM 技术简化了交换过程，去除了不必要的数据校验，采用易于处理的固定信元格式，所以 ATM 交换速率大大高于传统的数据网，如 X.25、帧中继等。另外，对于如此高速的数据网，ATM 网络采用了一些有效的业务流量监控机制，对网上用户数据进行实时监控，把网络拥塞发生的可能性降到最小。对不同业务赋予不同的"特权"，如话音的实时性特权最高，一般数据文件传输的正确性特权最高，网络给不同业务分配不同的网络资源，使不同的业务在网络中做到"和平共处"。

ATM 也是一种网络协议体系，其中的交换技术称为 ATM 交换。它是以信元为单位进行交换。ATM 的特点将在后面的章节具体描述。目前 ATM 主要应用于电信运营商的主干网络中，在局域网中较少应用。

5. IP 交换技术

IP 交换技术也称之为第三层交换技术、多层交换技术、高速路由技术等。其实，这是一种利用第三层协议中的信息来加强第二层交换功能的机制。因为 IP 不是唯一需要考虑的协议，把它称为多层交换技术更加贴切。

当今绝大部分的企业网都已变成实施 TCP/IP 协议的 Web 技术的内联网，用户的数据往往越过本地的网络在网际间传送，因而，路由器常常不堪重负。解决办法之一是安装性能更强的超级路由器，然而，这样做开销太大。IP 交换的目标是：只要在源地址和目的地址之间有一条更为直接的第二层通路，就没有必要经过路由器转发数据包。IP 交换使用第三层路由协议确定传送路径，此路径可以只用一次，也可以存储起来供以后使用，之后数据包通过一条虚电路绕过路由器快速发送。

1.2.3 光交换技术

长期以来，高速全光网的梦想一直受到交换问题的困扰。因为传统的交换技术需要将数据转换成电信号，然后再转换为光信号传输。虽然传统的交换技术与光技术结合在带宽和速度上具有十分积极的意义，但是其中的光电转换设备体积过于庞大且费用昂贵。

光交换技术也是一种光纤通信技术，它是指不经过任何光/电转换，在光域中直接将输入光信号转换到不同的输出端。光交换技术费用不受接入端口带宽的影响，因为它在进行光交换时并不区分带宽，而且不受光波传输数据速率的影响。而传统的交换技术费用随带宽增加而大幅提高，因此在高带宽的情况下，光交换更具吸引力。随着光技术的进一步发展，光交换一定会在交换领域占据越来越重要的地位。

1.3 软交换与下一代网络简介

1.3.1 软交换简介

随着计算机和通信技术的不断发展，在一个公共的分组网络中承载话音、数据、图像已经被越来越多的运营商和设备制造商所认同。在这样的业务驱动和网络融合的趋势下诞生了下一代网络(NGN)模型，实现在分组网络中采用分布式网络结构，有效承载话音、数据和多媒体业务。

作为 NGN 网络的核心技术，软交换的发展受到越来越多的关注，作为下一代网络的控制功能模块，软交换为 NGN 具有实时性要求的业务提供了呼叫控制和连接控制功能。我国信息产业部电信传输研究所对软交换的定义是："软交换是网络演进以及下一代分组网络的核心设备之一，它独立于传送网络，主要完成呼叫控制、资源分配、协议处理、路由、认证、计费等主要功能，同时可以向用户提供现有电路交换机所能提供的所有业务，并向第三方提供可编程能力。"

1.3.2 下一代网络简介

1. 基本概念

NGN 是 Next Generation Network 的缩写，字面意思是下一代网络。当前所谓的下一代网络是一个很松散的概念。因为不同的领域对下一代网络有不同的看法，所以尚没有公认的明确定义。此外，所谓下一代网络应当是指在目前"这一代"网络基础上有突破性或者革命性的进步才能称为"下一代"网络。

在计算机网络看来，这一代网络是以 IPv4 为基础的互联网，下一代网络是以高带宽以及 IPv6 为基础的 NGI（下一代互联网）。在传输网络看来，这一代网络是以 TDM 为基础、以 SDH 以及 WDM 为代表的传输网络，下一代网络是以 ASON（自动交换光网络）以及 GFP（通用帧协议）为基础。在移动通信网络看来，这一代网络是以 GSM 为代表的网络，下一代网络是 3G（第三代移动通信）或 B3G（后 3G）网络，以 WCDMA、CDMA 2000 和 TD-SCDMA 为代表。在电话网看来，这一代网络是以 TDM 时隙交换为基础的程控交换机组成的电话网络，下一代网络是指以分组交换和软交换为基础的电话网络。在电信网络层以下所采用的核心技术来看，这一代网络是以 TDM 电路交换为基础的网络，下一代网络在网络层以下将以分组交换为基础构建。

总体来说，广义上的下一代网络是指以软交换为代表并能够为公众大规模灵活提供视讯、话音、数据等多种通信业务，以分组交换为业务统一承载平台，传输层适应数据业务特征及带宽需求，可运营、维护、管理的通信网络。

2. NGN 特征

NGN 是业务独立于承载网的网络。在传统的电话网中，业务网就是承载网，因而使新业务很难开展。NGN 中业务和承载网络之间没有必然联系，可以分别提供和独立发展，提供灵活有效的业务创建、业务应用和业务管理功能，支持不同带宽的、实时的或非实时的各种媒体业务，使得业务和应用的提供有较大的灵活性，从而满足用户不断发展更新的业务需求，也使得网络具有可持续发展的能力和竞争力。

NGN 采用分组交换作为统一的业务承载方式。传统的电话网采用电路（时隙）交换方式承载话音，虽然能有效传输话音，但是不能有效承载数据。而 NGN 的网络结构对话音和数据采用基于分组的传递模式，采用统一的协议。NGN 把传统的交换机的功能模块分离成独立的网络部件，它通过标准的开放接口进行互连，使原有的电信网络逐步走向开放，运营商可以根据业务的需要，自由组合各部分的功能产品来组建新网络。部件间协议接口的标准化可以实现各种异构网的互通。

NGN 能够与现有网络，如 PSTN、ISDN 和 GSM 等互通。现有电信网规模庞大，NGN 可以通过网关等设备与现有网络互联互通，保护现有投资。同时 NGN 也支持现有终端和 IP 智能终端，包括模拟电话、传真机、ISDN 终端、移动电话、GPRS 终端、SIP 终端、H248 终端、MGCP 终端、通过 PC 的以太网电话、线缆调制解调器等。

NGN 是安全并且支持服务质量的网络。传统的电话网是基于时隙交换的，为每一对用户都准备了双向 64Kbps 的信息传送电路，传送网络提供的都是点对点专线，很少出现服务质量问题。NGN 基于分组交换组建，则必须考虑安全以及服务质量问题。当前采用 IPv4 协议的互联网只提供了尽力而为的服务，NGN 要提供包括视频在内的多种服务则必须保证这些服务在一定程度上的安全和服务质量。

3. NGN 层次结构

NGN 在网络体系结构上大体可分为 4 层：接入层、传输层、控制层、业务层，如图 1.4 所示。

（1）接入层：利用各种接入设备实现不同业务的接入，并实现信息格式的转换。

（2）传输层：用于承载媒体流的高带宽的分组网络，要求有一定的 QoS（服务质量）保证。目前主要是指 IP 和 ATM 两种网络。

（3）控制层：是软交换体系的呼叫控制核心，利用呼叫服务器（或称软交换 Softswitch、媒体网关控制器 MGC）控制接入设备完成呼叫接续。控制层的主要功能包括呼叫控制、业务提供、业务交换、资源管理、用户认证、SIP 代理等。

（4）业务层：是软交换体系的最高层，主要利用各种设备为整个体系提供业务上的支持。

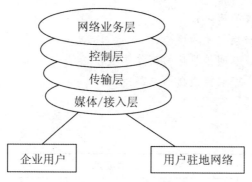

图 1.4　NGN 的分层结构

习　题

一、填空

1. 下一代网络的核心技术是_____。

2. 下一代网络在网络体系结构上大体可分为_____层，分别是：_____

_____。

二、选择（可多选）

1. 存储转发交换包括（　　）。

A. 报文交换　　　　　B. 分组交换　　　　　C. 帧中继　　　　　D. 电路交换

E. 异步转移模式　　　F. IP 交换

2. 下列哪种交换技术在带宽、速度上更具有优势？（　　　）

A. 电路交换　　　B. 分组交换　　　C. ATM　　　D. 光交换

三、问答题

1. 电路交换与存储—转发交换的区别是什么？分别适用于何种场合？

2. 何为下一代网络？它具有哪些特点？

3. 软交换具有哪些特点？

第2章　电路交换原理

电路交换是一种实时交换，固定分配带宽，主被叫建立连接后，一直占用电路，直到一次通话结束，才释放这条电路。电路交换必须事先建立连接，对传送的信息不进行差错控制，适合实时传送信息的要求。在交换系统中完成这一基本功能的部件就是交换交换单元。交换单元是交换系统的核心，而各种交换单元组成了交换网络。

■ 教学目标

了解电路交换发展的历史；
掌握电路交换和交换单元的概念；
掌握时间接线器、空间接线器的工作原理；
掌握时间接线器、空间接线器的电路组成。

■ 教学要求

知识要点	能力要求	相关知识
电路交换概念	(1) 掌握电路交换特点 (2) 了解电路交换的历史	连接方式
交换单元	(1) 掌握交换单元的概念 (2) 掌握交换单元的分类	同步时分复用
T 型接线器	(1) 掌握 T 型接线器的工作原理 (2) 掌握 T 型接线器的电路组成	PCM 帧结构
S 型接线器	(1) 掌握 S 型接线器的工作原理 (2) 掌握 S 型接线器的电路组成	
数字交换网络	(1) 掌握 T－S－T 接线器的工作原理 (2) 掌握 T－S－T 接线器的交换流程 (3) 了解 S－T－S 接线器的工作原理	无阻塞网络

推荐阅读资料

1. 金惠文. 现代交换原理(第2版)[M]. 电子工业出版社，2005.

2. 陈锡生. 现代电信交换[M]. 北京邮电大学出版社，2000.

3. 张中荃. 现代交换技术(第2版)[M]. 人民邮电出版社，2009.

 **基本概念**

电路交换：固定带宽，需要预先建立连接，连接建立后，一直占用电路。

交换单元：完成最基本交换功能的基本单位。

时间接线器：完成在一条复用线上时隙交换的基本功能。

复用器：完成串/并变换。

分路器：由锁存器和移位寄存器组成，主要完成串/并变换和分路输出。

交换网络：若干交换单元按照一定的拓扑结构和控制方式构成的网络。

 引例： 电路交换的发展

电话交换技术处于迅速的变革与发展之中，其历程大致可以分成3个阶段：人工交换、机电交换与电子交换。早在1878年就出现了人工交换机，它借助话务员进行电话接续，显然其效率是很低的。

15年后步进制交换机的问世，标志着交换技术从人工时代迈入机电自动交换时代。这种机电式交换机属于"直接控制"方式，即用户可以通过话机拨号脉冲直接控制步进接线器作升降与旋转动作，从而自动完成用户间的接续。这种交换机虽然实现了自动接续，但存在着速度慢、效率低、杂音大与机械磨损严重等缺点。直到1938年发明了纵横制交换机才部分地解决了上述问题，相对于步进制交换机，它有两方面的重要改进：继电器控制的推压接触接线阵列代替大幅度动作的步进接线器、直接控制方式过渡到间接控制方式。

这种间接控制方式将控制部分与话路部分分开，提高了灵活性与控制效率，加快了速度。由于纵横制交换机具有一系列优点，所以它在电话交换发展史上占有重要的地位，得到了广泛的应用。直到现在，世界上一些国家和我国少数地区的公用电话通信网仍以使用纵横制交换机为主。

2.1 电路交换概述

电路交换方式是指两个用户在相互通信时使用一条物理链路，在通信过程中自始自终使用该条链路进行信息传输，同时不允许其他用户终端设备共享该链路的通信方式。电路交换的基本过程如图2.1所示。

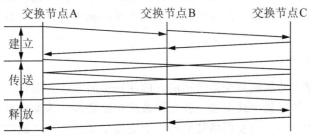

图2.1 电路交换的基本过程

电路交换是固定分配带宽的，连接建立后，即使无信息传送也占用电路，电路利用率低；要预先建立连接，有一定的连接建立时延，通路建立后可实时传送信息，传输时延一般可以不计；无差错控制措施，对于数据交换的可靠性没有分组交换高；电路交换适合于电话交换、文件传送、高速传真，不适合突发业务和对差错敏感的数据业务。

电路交换具有严格的3个阶段：呼叫建立、传送信息、呼叫拆除。在不同的阶段，用户线或中继线中所传输的信号的性质是不同的。在呼叫建立和释放阶段，用户线和中继线中所传输的信号称为信令，而在消息传输阶段的信号称为消息。下面是一个完整的本局呼叫的电话交换过程。

1. 呼叫建立

（1）用户摘机表示向交换机发出通信请求信令。

（2）交换机向用户送拨号音。

（3）用户拨号告知所需被叫号码，主叫侧交换机收号。

（4）主叫侧交换机进行号码分析，发现被叫用户与主叫用户属于同一个交换机（本局呼叫）时，则交换机继续下面的工作。

（5）交换机测试被叫忙闲，如被叫空闲，向被叫振铃。

（6）向主叫送回铃音。

（7）各交换机在相应的主、被叫用户线之间建立起一条用于用户通信的通路。

2. 传送信息

被叫摘机，主、被叫终端间通过用户线及交换机内部建立的通路进行通信。

3. 呼叫拆除

（1）任何一方挂机表示向本地交换机发出终止通信的信令。

（2）使通路涉及的各交换机释放其内部链路，供其他呼叫使用。

（3）如果因网络中无空闲路由或被叫占线而造成呼叫失败时，将不存在后两个阶段。

电路交换简单地说就是要能随时发现呼叫的到来、能接收并保存主叫发送的被叫号码、能检测被叫的忙闲以及是否存在空闲通路、能向空闲的被叫用户振铃，并能在被叫应答时与主叫建立通话电路、能随时发现任何一方用户的挂机。

2.2 交 换 单 元

2.2.1 交换单元的概念及功能

交换单元是构成交换网络的最基本的部件，用若干个交换单元按照一定的拓扑结构和控制方式就可以构成交换网络。连接特性是交换单元的基本特性，它反映了交换单元入线到出线的连接能力。

1. 交换单元的功能

交换单元的最基本功能就是交换的功能，即在任意的入线和出线之间建立连接，或者说是将入线上的信息传递到出线上去。在交换系统中完成这一基本功能的部件就是交换网络，它是交换系统的核心。交换网络是由若干个交换单元按照一定的拓扑结构和控制方式构成的。交换单元是构成交换网络的最基本的部件。

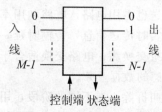

图 2.2 $M \times N$ 的交换单元

图 2.2 中的交换单元具有 M 条入线，N 条出线，称为 $M \times N$ 的交换单元。其中入线用 $0 \sim M-1$ 编号来表示，出线用 $0 \sim N-1$ 编号来表示。若入线数与出线数相等且均为 N，则称为 $N \times N$ 对称交换单元。交换单元通常同时还必须具有完成控制功能的控制端和描述内部状态的态端才能完成信息的交换。交换单元是信息交换的基本单位。

2. 交换单元信息交换的方式

如果有信息需要交换，信号到达交换单元时，根据复用方式的不同，分为时分复用方式和统计复用方式。

在时分复用方式中，同步时分复用信号中只携带用户信息，没有指定出线地址，需交换单元根据外部送入的命令，在交换单元内部建立通道，将该入线与相应的出线连接起来，入线上的输入信号沿内部通道在出线上输出，如图 2.3 所示。入线的信息没有指定出线的地址，由交换单元根据内部的空闲情况建立一个通道，使信息从出线输出，具体从哪一条出线输出取决于交换单元的控制信号。

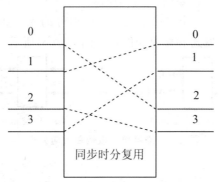

图 2.3　同步时分复用方式

在统计复用方式中，统计复用信号中不仅携带有用户信息，还有出线地址。这时，交换单元可根据信号所携带的出线地址，在交换单元内部建立通道，如图 2.4 所示。对于统计复用的信号，各个分组信息在输入时使用不同的时隙，它的标识码在一次接续中是相同的，而且在终端还要按照发送信息的先后顺序排列。标识码也是路由选择的标志。

图 2.4　统计复用方式

2.2.2　交换单元的分类

1. 根据入线和出线数目不同的分类（图 2.5）

（1）集中型：入线数大于出线数（$M > N$），可称为集中器。

（2）分配型：入线数与出线数相等（$M = N$），可称为连接器。

（3）扩散型：入线数小于出线数（$M < N$），可称为扩展器。

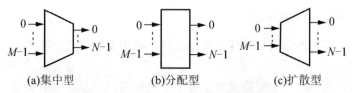

(a)集中型   (b)分配型   (c)扩散型

图 2.5　交换单元按入线和出线数量分类

2. 根据不同信息流向的分类

（1）有向交换单元：当信息经过交换单元时只能从入线进、出线出，不能从入线出、出线进，具有唯一确定的方向，如图 2.6(a)所示。

（2）无向交换单元：若将一个交换单元的相同编号的入线和出线连在一起，每一条都既可入也可出，即同时具有发送和接收功能，如图 2.6(b)所示。

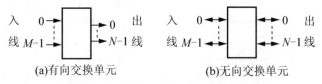

(a)有向交换单元   (b)无向交换单元

图 2.6　交换单元按信息流向分类

2.2.3　交换单元的连接特性

1. 连接的表示形式

连接是指交换单元连接入线和出线的"内部通道"。交换单元的基本特性是连接特性，它反映交换单元入线到出线的连接；对连接特性有效而正确的描述，就可以反映交换单元的特性。

（1）函数表示形式：如果用 x 表示入线编号（二进制表示），那么连接函数 $f(x)$ 表示的是出线编号，其中 $0 \leqslant x \leqslant M-1$，$0 \leqslant f(x) \leqslant N-1$。连接函数实际上也反映了入线编号构成的数组和出线编号构成的数组之间对应的排列关系，连接函数也被称为置换函数或排列函数。一个连接函数对应一种连接，连接函数表示相互连接的入线编号和出线编号之间的一种对应关系，即存在连接函数 f、入线 x 与出线 $f(x)$ 相连接。另外，从集合角度讲，一个连接函数反映了一个连接集合中集合和集合的一种映射关系。

（2）排列表示形式：用输入输出线的对应表示连接的关系，如下所示。

输入线：$t(0)$，$t(1)$，…，$t(n-1)$

输出线：$r(0)$，$r(1)$，…，$r(n-1)$

上面的对应关系表示的是入线 $t(i)$ 对应出线 $r(i)$，即入线 $t(0)$ 对应出线 $t(0)$，入线 $t(1)$ 对应出线 $r(1)$，入线 $t(n-1)$ 对应出线 $t(n-1)$。

需要注意的是：入线和出线不一定是一一对应的，入线或者出线是允许相同的，如果上面的入线和出线都没有重复的元素，则把它们看成是点到点的连接。

（3）图形表示形式：用图形直观地来表现某一时刻交换单元的入、出线连接关系。图形表示是最常用的方法之一，在实际使用时，图形表示形式通常是和别的描述方式结合在一起的。

2. 交换单元常用的连接函数

(1) 直线连接：如图 2.7 所示。

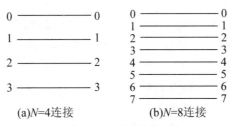

(a)N=4连接   (b)N=8连接

图 2.7　直线连接

函数表示为：

$$f(X_{n-1}X_{n-2}\cdots X_1X_0)=X_{n-1}X_{n-2}\cdots X_1X_0$$

$N=4$ 时，排列的形式为：$\begin{pmatrix} 0 & 1 & 2 & 3 \\ 0 & 1 & 2 & 3 \end{pmatrix}$

$N=8$ 时，排列的形式为：$\begin{pmatrix} 0 & 1 & 2 & 3 & 4 & 5 & 6 & 7 \\ 0 & 1 & 2 & 3 & 4 & 5 & 6 & 7 \end{pmatrix}$

图形表示($N=4$)：如图 2.7(a)所示。

图形表示($N=8$)：如图 2.7(b)所示。

(2) 交叉连接：交叉连接实现地址编码表示第 0 位和第 1 位入线和出线的连接；第 2 位和第 3 位入线和出线连接；第 4 位和第 5 位入线和出线的连接，所有的入线 $2n$ 和出线 $2n+1$ 相连；入线 $2n+1$ 和出线 $2n$ 连接。用函数的形式表示为

$$f(X_{n-1}X_{n-2}X_2X_1X_0)=X_{n-1}X_{n-2}X_2X_1\overline{X_0}$$

其中，$\overline{X_0}$ 表示 X_0 取非。当 $N=4$ 时，其连接函数为

$$E(X_1X_0)=X_1\overline{X_0}$$

当 $N=8$ 时，其连接函数为

$$E(X_2X_1X_0)=X_2X_1\overline{X_0}$$

$N=4$ 时，排列的形式为：$\begin{pmatrix} 0 & 1 & 2 & 3 \\ 1 & 0 & 3 & 2 \end{pmatrix}$

$N=8$ 时，排列的形式为：$\begin{pmatrix} 0 & 1 & 2 & 3 & 4 & 5 & 6 & 7 \\ 1 & 0 & 3 & 2 & 5 & 4 & 7 & 6 \end{pmatrix}$

图形的连接形式如图 2.8 所示，图 2.8(a)是 $N=4$ 的图形表示，图 2.8(b)是 $N=8$ 的图形表示。

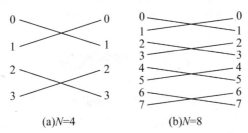

(a)N=4   (b)N=8

图 2.8　交叉连接

（3）均匀洗牌连接：均匀洗牌连接是把入线二进制地址编号循环左移作为出线地址编号，也就是将输入端分为数目相同的两个部分，分别与输出端进行均匀洗牌，即一个隔一个地与输出端相连，函数表示为

$$f(X_{n-1}X_{n-2}\cdots X_1X_0)=X_{n-2}\cdots X_1X_0X_{n-1}$$

均匀洗牌函数其实像移动寄存器一样，地址码循环左移一位。

$N=4$ 时，排列的形式为：$\begin{pmatrix} 0 & 1 & 2 & 3 \\ 0 & 2 & 1 & 3 \end{pmatrix}$

$N=8$ 时，排列的形式为：$\begin{pmatrix} 0 & 1 & 2 & 3 & 4 & 5 & 6 & 7 \\ 0 & 2 & 4 & 6 & 1 & 3 & 5 & 7 \end{pmatrix}$

图 2.9(a)是 $N=4$ 的洗牌连接，图 2.9(b)是 $N=8$ 的洗牌连接。洗牌连接的特点是第 0 个入线和第 0 个出线连接；第 1 个入线和第 2 个出线连接；第 $n-1$ 个入线和第 $n-1$ 个出线连接，输入端分成数目相等的两半，前一半和后一半按原顺序相间排列进行置换。

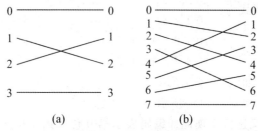

(a)　　　(b)

图 2.9　均匀洗牌函数

3. 交换单元的性能

交换单元的性能一般用接口、容量、功能和质量来描述。交换单元需要规定自己的信号接口标准，对于传送不同形式的信号有不同的接口标准，对于不同类别的信号也可以有不同的接口标准。交换单元可以是有线的，也可以是无线的；既可以传送模拟信号，也可以传送数字信号。对于传送同一信号，在不同的系统中，相同的交换单元接口在大多数的情况下是不互相兼容的。交换单元的所有入线可以同时送入的总的信息量称为交换单元的容量。其容量不仅与输入端的数目有关，也和每一个输入端所采用的信号复用方式有关，例如，对于采用时分的 PCM 的信号，如果一个输入端是 1 路 PCM，那么信息传送的速率是 2.048Mbps；如果一个输入端是 n 路 PCM，那么传送的速率是 $n\times2.048$Mbps。根据交换的信息不同，可以完成从点到点的信息传送，也可以实现点到多点的信息传送。对于电路交换，它的交换单元主要是完成点到点的信息传送，而且是双向传送。性能质量指标有交换单元能够进行交换的速度、在信号的信噪比比较小的情况下是否能完成指定连接、信息经过交换单元是否能够正确传送、可能的误码率、经过交换单元的时延等。

2.3　T 型接线器

时间接线器用来完成在一条复用线上时隙交换的基本功能，可简称为 T 型接线器。交换网络是交换机能实现任意两个用户通话的最关键的部件，数字交换网络的基本单元都是接线器。接线器按其功能不同，可分为时间接线器和空间接线器。本节主要讲述时间接线器。

1. 时间接线器的结构和功能

T 型时间接线器简称 T 接线器。它由话音存储器(SM)和控制存储器(CM)两部分组成，其功能是进行时隙交换，完成同一线路不同时隙的信息交换，即把某一时分复用线中的某一时隙的信息交换至另一时隙。话音存储器用于暂存经过 PCM 编码的数字化话音信息，由随机存取存储器(RAM)构成。控制存储器也由 RAM 构成，用于控制话音存储器信息的写入或读出。话音存储器存储的是话音信息，控制存储器存储的是话音存储器的地址。

图 2.10 是 T 接线器的基本结构示意图，所有的数据都从入线进入，所有的数据都从出线输出。在话音存储单元完成信息的交换。时间接线器采用缓冲存储器暂存话音的数字信息，并用控制读出或控制写入的方法来实现时隙交换，话音存储器和控制存储器都采用随机存取存储器。它的基本结构包括以下几方面。

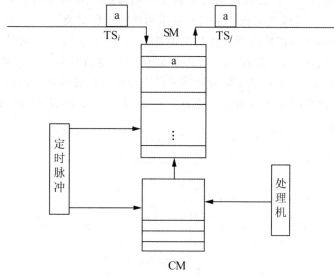

图 2.10 T 接线器的结构

(1) 话音存储器用来暂存数字编码的话音信息。每个话路时隙有 8 位编码，故话音存储器的每个单元应至少具有 8 比特。话音存储器的容量，也就是所含的单元数应等于输入复用线上的时隙数。假定输入复用线上有 512 个时隙，则话音存储器要有 512 个单元。

(2) 控制存储器的容量通常等于话音存储器的容量，每个单元所存储的内容是由处理机控制写入的，内容为话音存储器的地址。

(3) T 接线器的主要功能是完成不同时隙的信息交换。

2. 时间接线器的工作原理

根据时间接线器的话音存储器受控制存储器的控制方式不同可分为：顺序写入，控制读出，简称为读出控制；控制写入，顺序读出，简称为写入控制。下面对这两种控制方式的 T 接线器分别给予简单介绍。

1) 读出控制方式

读出控制方式的 T 接线器是顺序写入控制读出的，如图 2.11 所示，它的话音存储器 SM 的写入是在定时脉冲控制下顺序写入的，其读出是受控制存储器的控制读出的。话音存储器中每个存储单元内存入的是发话人的话音信息编码，通常是 8 位编码。

1 条的 PCM 有 32 个时隙，在定时脉冲的控制下，每一路时隙发出一个控制脉冲，由计数器发出地址码。假如主叫用户占用的时隙 TS_1 和被叫用户占用的时隙 TS_{17} 这两个用户需要交换信息，也就是把 TS_1 的信息 a 和 TS_{17} 的信息 b 进行交换。T 接线器的工作是在中央处理机(CPU)的控制下进行的。当 CPU 得知用户的要求(拨号号码)后，首先通过用户的忙闲表查被叫是否空闲，若空闲，就置忙，占用这条链路。CPU 根据用户要求向控制存储器发出写命令，写控制存储器的地址为 1，其内容为 17，也就是被叫所占用的时隙，表示话音存储器的地址为 17 的话音存储单元存放的是被叫的信息；同时 CPU 根据用户要求，控制存储器地址为 17 的内容写 1，也就是主叫用户所占用的时隙，表示放在话音存储器地址为 1 存储单元存放的是主叫信息。TS_1 时隙到来后，读取控制存储器地址为 1 的单元内容"17"，表示读出话音存储器地址为 17 的信息 b；TS_{17} 时刻到来，读取控制存储器地址为 17 的单元内容"1"，读取的内容为话音存储器的单元对应的地址，读取话音存储器地址为 1 的信息 a，这样就完成了主叫和被叫用户的信息交换。

主叫用户占用的时隙和被叫用户占用的时隙是由 CPU 决定的，而且这两条话音通道是同时建立的。它们在 CPU 的控制下，向控制存储器发出写命令。在整个通话过程中，写命令只需要下达一次，在一次完整的通话过程中，对应控制存储器的内容是不变的，没有占用的时隙可以被别的通话所占用。在通话结束时，CPU 再发出写的命令，把其相对应的内容置"空闲"。

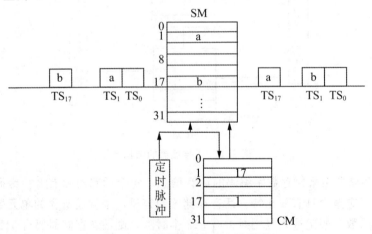

图 2.11 读出控制方式 T 接线器

2) 写入控制方式

T 接线器采用写入控制方式时，写入控制方式 T 接线器如图 2.12 所示，它的话音存储器 SM 的写入受控制存储器控制，它的读出则在定时脉冲的控制下顺序读出。

当 CPU 得知用户要求后，即主叫用户信息 a 和被叫信息 b 需要进行交换。假如主叫用户所占用的时隙为 TS_1，被叫用户占用的时隙为 TS_{17}，这两个时隙进行信息交换，所以中央处理机向 T 接线器的控制存储器的地址为 1 的单元填写 17，也就是被叫用户的时隙号；向控制存储器地址为 17 的单元写入 1，也就是主叫用户所占用的时隙号。当 TS_1 时隙到来时，由于控制存储器的地址为 1 信息写入 17，TS_1 到来后，根据控制存储器的地址为 1 内写的信息(17)，写入与控制存储器相对应的话音存储器地址为 17 的话音存储单元，同时话音存储器地址为 1 的内容被读取，送到输出的数据线上；当 TS_{17} 时隙到来时，数据输

入线 TS_{17} 的内容写入话音存储器地址为 1 的存储单元，同时把地址为 17 的话音存储器单元的内容送到输出的数据线上。

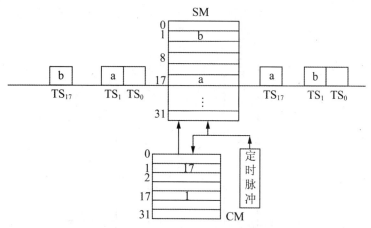

图 2.12 写入控制方式 T 接线器

3. T 接线器的复用

当输入为 n 条 PCM 时，为了在 T 接线器上实现时隙交换，就要采用复用和分路的方法。在实际的数字交换系统中，为达到一定的容量要求，在条件允许的情况下，要尽量提高 PCM 复用线的复用度。这就需要在交换前，将多个 PCM 低次群系统复用成 PCM 高次群系统，然后一并进行交换。这个复用的过程也称为集中。在完成交换后，还要将复用的信号还原到原来的 PCM 低次群上。这个还原的过程被称为分路。在程控交换机中，这样的过程通常通过和复用、分路的过程结合来实现。

时分接线器的交换容量主要取决于组成该接线器的存储器容量和速度，以 8 端或 16 端 PCM 交换来构成一个交换单元，每一条 PCM 线称 HW。图 2.13 是 8 端脉码输入的 T 接线器方框图，由复用器、话音存储器、控制存储器和分路器等组成。T 接线器输入端由 8 条 PCM 组成，所以它的话音存储器应该有 8×32 个存储单元，即 256 个存储单元。T 接线器的控制存储器的单元数目应该和它的话音存储器的数目相同。8 个输入端的数据线输入数据，经过复用器送到话音存储器，从话音存储器出来的话音信息，经过分路器送到各处 PCM。

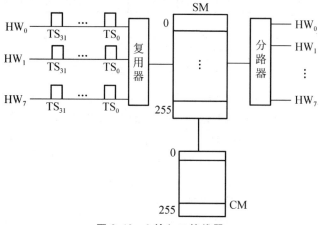

图 2.13 8 输入 T 接线器

复用器的基本功能是串/并变换。其目的是降低数据传输速率，便于半导体存储器件的存储和取出操作；尽可能利用半导体器件的高速特性，使每条数字通道能够传送更多的信息，提高数字通道的利用率。复用器的结构示意图如图2.14所示，它由移位寄存器和8选1选择器组成。

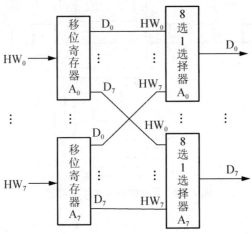

图 2.14　复用器的结构示意图

1）串行码

话音数字信号传输时通常采用串行码，而数字交换网络中大量采用的话音存储器则要求并行存取，以提高信号的存取速度。在话音数字信号的传输与交换过程中，常常需要在串行码与并行码之间进行转换。

所谓串行码是指随时间的推移，按顺序传输的一串脉冲，它们按时隙号和位号排列。图2.15是8条PCM线串行码传输的示意图，其中每一路PCM信息传送的方法是一样的，即先传递 TS_0 的 D_0，然后是 TS_0 的 D_1，D_2，…，D_7，接着是 TS_1 的 D_0，…，D_7，一直到 TS_{31} 的 D_0，…，D_7，直至完成了一帧信号的传输，接着按顺序传送下一帧，周而复始地进行下去。

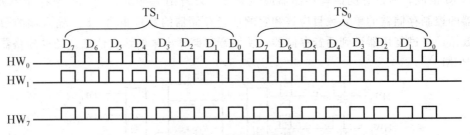

图 2.15　串行码示意图

如图2.13所示，每一路码传输速率是 2.048Mbps，8路串行码的传送速度是 16.384Mbps。当16端输入时，其传输速率将达到32.768Mbps，这样高的传输速率会带来许多问题。为了降低传送速率，把串行的码流转换成并行。串/并变换的原理示意图如图2.14所示，表示把任意一条PCM转换成并行码。输入的串行码通过移位寄存器把串行码变换成并行码，降低了8倍的速率，数据线的数目同时增加了8倍。每一条PCM的时隙串行码变成并行码后，还要把8路的PCM变成并行码。

2）并行码

所谓并行码是指把每时隙的8位码分开在8条线上传送，8条线为一组，每条线只传送8位码中的一位，而这8位码要同时传送，其传送顺序也是按时隙序号传送的，如图2.16所示，在串行码传送时，每帧有 $32×8bit$，而在采用并行码传送时，每帧每一条传输线码元只有 $32bit$，每条线上的码率仅为串行码传送时的 $1/8$，当然这是以增加传输线的条数为代价的。

图2.16 并行码示意图

3）并路复用

从串/并变换电路出来的是8路的并行PCM码，每一条PCM码之间要进行并/串复用。8端PCM脉码输入的256个时隙排列方式应是 HW_0 的 TS_0，HW_1 的 TS_0，HW_2 的 TS_0，…，HW_7 的 TS_0；HW_0 的 TS_1，HW_1 的 TS_1，HW_2 的 TS_1，…，HW_7 的 TS_1；以此类推。各条线上的时隙号与复用器输出总时隙号对应关系表示为：

输出总的时隙号＝HW线的时隙号×复用线数＋HW序号

图2.16是并路复用的示意图。8路的PCM并行信息，每一路的信息 D_0 都送入第一个8选1选择器，每一路的信息 D_1 都送入第二个8选1选择器，以此类推，直到每一路的信息 D_i 都送入对应第 $i+1$ 个8选1选择器。

4．T接线器分路器

分路器一般由锁存器和移动寄存器组成，主要是完成并/串变换和分路输出的。图2.17是分路器的示意图。假如输入的8位PCM并行码分别送入8个锁存器，在位脉冲的控制下，每一路的信息 HW_i 的信息送入对应的锁存器。HW_0 的信息在位定时脉冲控制下，在第0路锁存器输出；HW_1 的信息在位定时脉冲的控制下，在第1路对应的锁存器输出；以此类推。从每一个锁存器输出的信息是并行的1路的PCM码流，移位寄存器的功能是把并行的8位的码转换成8位串行的PCM码。

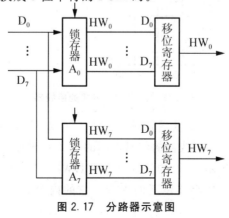

图2.17 分路器示意图

5. 时间接线器的容量

时间接线器的容量等于话音存储器的容量及控制存储器的容量，也即等于输入复用线上的时隙数，一个输入 N 路复用信号的时间接线器就相当于一个 $N \times N$ 交换单元。因此，增加 N 就可以增加交换单元的容量。在输入复用信号帧长和并行数据位数确定时，N 越大，存储器读写数据的速度就要越快，所以，N 的增加是有限的。

2.4　S型接线器

空间接线器实际是时分的空间接线器，功能是完成信息的空间交换，它的每个交叉点是时分复用的，它也是常用的接线器之一。

空间接线器用来完成对传送同步时分复用信号的不同复用线之间的交换功能，而不改变其时隙位置，可简称为 S 接线器。S 接线器由 $m \times n$ 个交叉点矩阵和控制存储器组成。在每条入线 i 和出线 j 之间都有一个交叉点 K_{ij}，当某个交叉点在控制存储器控制下接通时，相应的入线即可与相应的出线相连，但必须建立在一定时隙的基础上。S 接线器和 T 接线器的控制存储器的结构基本一样，但 S 接线器没有话音存储器。

根据控制存储器是控制输出线上交叉接点的闭合还是控制输入线上交叉接点的闭合，可分为输出控制方式和输入控制方式两种。

图 2.18 是一个输出控制方式的 S 接线器。它有 8 条输入母线和 8 条输出母线，每一个入线和出线都有一个交叉点，共有 64 个交叉点。假如每一条数据传送 1 条 PCM，则每个输出线上都对应有一个控制存储器，每个存储器都有 32 个存储单元。

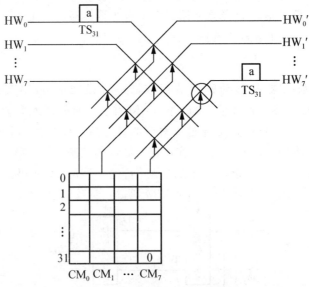

图 2.18　输出控制方式的接线器

HW_0 的 TS_{31} 信息 a 要经过 S 接线器到达 HW_7，所以 CPU 向 HW_7 对应的控制存储单元下达写命令，由于要经过 S 接线器的信息占用的是 TS_{31} 时隙，所以在它的控制存储器地址为 31 的存储单元写 0，表示 HW_0 的信息要送到 HW_7。当 TS_{31} 时隙到来时，在时钟的控制下，读 HW_7 的地址为 31 的存储单元的内容。它的内容为 0，所以 CPU 在 TS_{31} 时隙，

HW$_0$和HW$_7$的交叉点闭合，信息a便从HW$_0$送到HW$_7$，完成了信息的交换。

输入控制方式的接线器是在每条输入线上有一个控制存储器，它和输出控制方式一样也是每条输入线和输出线都有一个交叉点。在每一个交叉点都有一个控制存储器单元，控制交叉点的接通和断开。控制存储器的写入受CPU的控制。

图2.19是一个8×8的输入控制方式的S接线器。它有8条数据输入线和8条数据输出线，每一条输入线和输出线都有一个交叉的点。如果该S型接线器也是一条数据线对应1条PCM，那么其控制存储单元也应该有32个，与PCM的时隙一一对应。如果HW$_1$的TS$_{31}$话音信息a要送到HW$_7$，则CPU向HW$_1$控制存储器下达写命令。CPU向HW$_1$的地址为31的存储单元写入7。这样如果TS$_{31}$时隙到来，读HW$_1$地址为31的存储单元内容"7"，使第HW$_1$和HW$_7$的交叉点闭合，信息a从HW$_1$交换到HW$_7$，但时隙没有变化，还是TS$_{31}$，完成的交换只是空间位置上的变换。

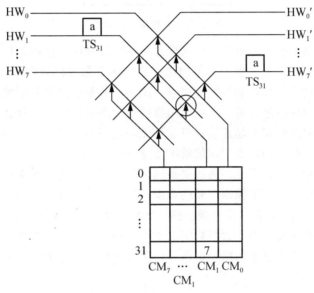

图2.19 输入控制方式的接线器

2.5 数字交换网络

交换网络是由若干个交换单元按照一定的拓扑结构和控制方式构成的网络。对于一个大的交换网络，单级的T或者S接线器都不可能实现。由于T接线器只能完成时隙的交换，而空间接线器只能完成空间的交换，只有把二者结合起来，才能够既实现空间交换，又实现时隙交换，同时还能够增加交换容量。现在常见的是三级的交换网络，即T-S-T和S-T-S。交换网络的组成如图2.20所示，一个交换网络可以由很多的交换单元组成，最简单的交换网络由一个交换单元组成。交换网络按拓扑连接方式可分为单级交换网络和多级交换网络。

单级交换网络是由一个交换单元或若干个位于同一级的交换单元构成的。单级交换网络在实际中使用得并不多，通常使用的是多级交换网络。多级交换的特点：第1级的入线都与第1级的交换单元连接；所有与第1级相连的交换单元出线都只与第2级的入线连接；所有第 2 级的出线只与第 3 极的入线连接；所有第 n 级的交换单元入线只与第 $n-1$ 级的出线连接，所有的第 n 级的出线只与第 $n+1$ 级的入线连接。

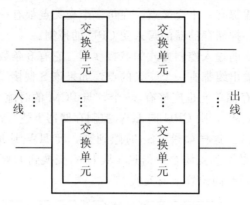

图 2.20　交换网络的组成

多级交换网络通常会引起阻塞。阻塞就是主叫发起呼叫，被叫虽然空闲，由于网络内部链路不通引起的呼叫损失。多级交换网络会出现内部阻塞问题但不一定都会出现阻塞。一般来说，阻塞的网络通过增加级数可以减少阻塞，甚至可以消除阻塞。根据多级网络能否发生阻塞可分为两种阻塞网络：严格无阻塞网络，网络无论处于什么状态，只要起点和终点是空闲的，一定能够建立起连接；可重排无阻塞网络，可能对已经建立起的连接重新选择路由，总可以在起点和终点空闲的情况下建立连接。

多级交换有两个特点：第一，两级交换网络每一对出、入线的连接需要通过两个交换单元和一条级间链路，增加了控制单元的难度；第二，由于第 1 级的第一个交换单元与第 2 级的每一个交换单元之间仅存在一条链路，所以任何时刻一对交换单元之间只能有一对出、入线接通。在实际使用中，大多数情况下使用的是多级交换网络，交换网络中交叉的点越多，代价越高，建立连接的路径也越多，阻塞的机会也越少，连接能力也越强。

2.5.1　T-S-T 交换网络

根据控制方式的不同，可以分为读写控制方式和写读控制方式。

1. 读写控制方式

T-S-T 交换网络是由输入级 T 接线器（TA）、输出级 T 接线器（TB）和中间级 S 接线器组成的。当 T 接线器的输入级是读出控制方式，输出级是写入控制方式时，称为读写控制方式。

图 2.21 是读写控制方式的 T-S-T 交换网络结构图，输入级是一个读出控制的 T 接线器。它有 8 个输入的接线器，每一个 T 接线器有 8 条 PCM，控制存储器和话音存储器的容量为 32×8 个单元；在输出级是一个写入控制的 T 接线器，也是有 8 个输出的 T 接线器，每一个 T 接线器也是有 8 路的 PCM，控制存储器和话音存储器容量为 256 个单元；中间是一个输出控制的容量为 8×8 的 S 接线器，S 接线器上的时隙是由 CPU 任意选择的，它和 T 接线器的时隙的选择没有必然的联系，两者可以独立选择。由于它的选择是任意的，与输入和输出端的 T 接线器无关，所以也称为内部时隙。为了选择方便，对于内部的时隙的选择一般是收发同时选择，收发选择具有一定的关系，最常用的有两种：奇/偶关系和相差半帧关系。

1）奇/偶关系

如果输入接线器的时隙为 TS_i，输出接线器的时隙选择为 TS_{i+1}，也就是主叫用户的时间和被叫用户的时隙相差一个时隙。

下面通过一个 T－S－T 接线器的接续过程，正确理解 T－S－T 的工作原理。在这里假设主叫用户占用的时隙为 HW_0 的 TS_5，被叫用户占用的时隙为 HW_{63} 的 TS_2。主叫用户的信息为 a，被叫用户的信息为 b。主叫用户占用的时隙经过复用器后时隙变成了 TS_{40}，被叫用户所占用的时隙经过复用器后变成了 TS_{23}。CPU 在收到主叫用户的要求通话的信息后，选择了两个空闲的内部时隙，也就是 TS_{128} 和 TS_{129}。CPU 在地址为 128 的输入级控制存储器 CMA_0 的单元写入 40，表示在读出时要读地址为 40 的话音存储单元的内容；CPU 在地址为 129 的输出级控制存储器 CMB_0 的单元写入 40，表示在写入时要写到地址为 40 的话音存储单元。

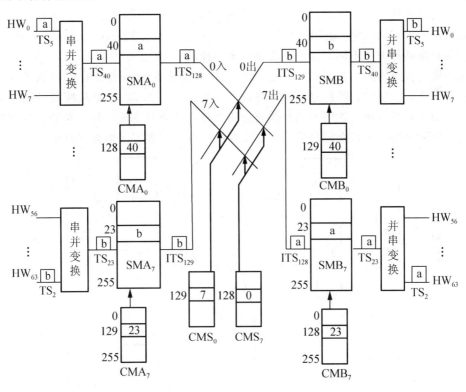

图 2.21　读写控制方式的 T－S－T 交换网络

同样对于被叫用户，由于它的话音信息经过复用器后变成了 TS_{23}。CPU 在地址为 129 的输入级控制存储器 CMA_7 的单元写入 23，表示在读出时要读地址为 23 的话音存储单元的内容；CPU 在地址为 128 的输出级控制存储器 CMB_7 的单元写入 23，表示在写入时要写到地址为 23 的话音存储单元。

主叫用户信息 a 占用时隙 TS_5 经过串/并变换后时隙为 TS_{40}，从 SMA_0 输出的信息 a 送到 S 接线器。对于到达 S 接线器的主叫用户的话音信息 a 要通过 S 接线器的 0♯ 输入线，然后从 7♯ 出线，所以，CPU 要向 CMS7 存储器进行写命令，也就是向其 128♯ 存储单元写 0。这样主叫用户的信息通过 S 接线器后，就送到了输出级的 T 接线器。输出端的 T 接线器经过话音存储单元 SMB_7 后，它的时隙要恢复成被叫用户所占用的时隙 TS_{23}，经过串/并变换，$TS_{23} \rightarrow TS_2$。主叫用户的信息从 HW_{63} 的 TS_2 时隙输出，完成了主叫信息的交换。

被叫用户信息 b 占用时隙 TS_2 经过串/并变换后时隙为 TS_{23}，从 SMA_7 输出的信息 b 送到 S 接线器。到达 S 接线器的被叫用户的话音信息 b 要从 S 接线器的 7♯入线到达 0♯ 输出线，CPU 要选择一个与主叫用户的内部时隙号相邻的时隙 129。CPU 向其 CMS0 控制存储器的 129♯存储单元写 7。被叫信息经过 S 接线器后到达 SMB_0 的话音信息 b 时，内部时隙为 ITS_{129}，从 SMB_0 出来后，话音信息 b，从 ITS_{129} 变成 TS_{40}，经过串/并变换后，$TS_{40} \rightarrow TS_5$。被叫用户的信息从 HW_0 的 TS_5 输出。这样被叫用户的信息就完成了和主叫的信息交换。对于双方的信息交换，内部时隙是同时选择的，这种选择是固定的，一直持续到这次通话结束。对于控制存储器的内容，在一次通话的过程中，只是在建立的时候写一次。

2）相差半帧关系

主叫用户和被叫用户选择的内部时隙相差半帧，T 接线器如果有 N 个存储单元，那么主叫用户的时隙为 TS_i，被叫用户的时隙选择 $TS_{i+N/2}$。它的一次接续过程和奇/偶关系除了内部时隙选择方法不同之外，原理是完全一样的。

对于读写控制方式，从图 2.21 可以看出，由于输入级和输出级的 T 接线器使用了不同的控制方式，所以它们的控制存储器可以合并使用。图 2.22 是 T 接线器控制存储器的合用。从图中可以看出，除了控制存储器合用以外，其余的完全一样。它们的控制存储单元没有任何的冲突，所以合用是完全可以实现的，这样节省了一半存储单元。

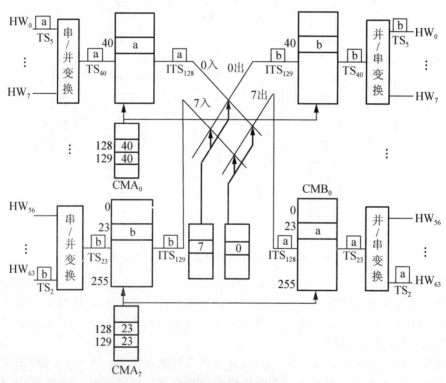

图 2.22　读写方式的存储器合用

对于读写方式的 T-S-T 网络，主叫用户使用的时隙和存储单元有对应的关系，这种形式固定、不易改变、灵活性差。如果主叫用户使用的时隙对应的话音存储单元损坏，该单元就不能存储信息，也就不能进行通话接续。

2. 写读控制方式

同样，写读的方式和读写方式一样收发有固定的关系。常用的也是两种：奇/偶关系和反相法(相差半帧)。写读控制方式如图 2.23 所示。还以奇/偶关系的内部时隙选择为例，看一看 T-S-T 读写控制方式的工作原理，主叫用户 HW_0 的 TS_5 和被叫用户 HW_{127} 的 TS_2。

对于主叫用户占用 HW_0 的 TS_5 时隙，话音信息是 a，经过串/并变换，它的时隙变成 TS_{40}。由于内部的时隙选为主叫 ITS_{128} 和被叫 ITS_{129}，CPU 根据用户要求，向控制存储器 CMA_0 的 40# 单元写内容 128。在时隙 TS_{40} 到来时，将话音信息 a 写入 SMA_0 的 128#；在内部时隙 ITS_{128} 到来时，读出话音存储器 SMA_0 的 128# 单元的内容 a，送到 S 接线器 0# 入线。话音信息 a 从 0# 入线进入，从 7# 出线，所以 S 接线器控制存储器的 $CMS7$ 的 128# 存储单元写 0。内部时隙 ITS_{128} 到来后，主叫信息 a 到达话音存储器 SMB_7，并写入 128# 存储单元；在 TS_{23} 时隙到来时，a 从 SMB_7 的话音存储器的 128# 存储单元中读出，经过并/串变换，完成了与被叫信息的交换。

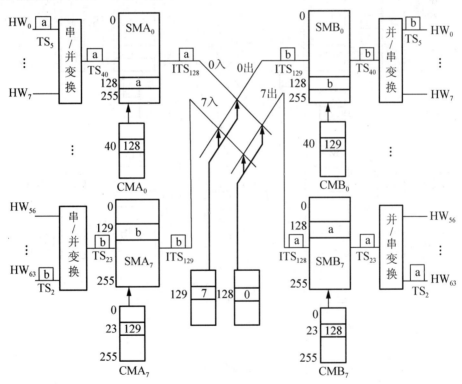

图 2.23 写读控制方式的 T-S-T 交换网络

同样，被叫用户占用时隙 HW_{63} 的 TS_2，话音信息是 b，经过串/并变换，它的时隙变为 TS_{23}。CPU 根据用户要求，向控制存储器 CMA_7 的 23# 单元写入 129，在时隙 TS_{23} 到来时，将话音信息 b 写入 SMB_7 的 129#；在内部时隙 ITS_{129} 到来时，读出信息 b，送到 S 接线器的 7# 入线。由于它的信息 b 从 7# 入线进入，从 0# 出线，所以 S 接线器 0# 出线对应的控制存储器的 129# 单元写 7，内部时隙 ITS_{129} 到来后，被叫信息 b 到达话音存储器

SMB_0，并写入 129♯单元中；在 TS_{40} 时隙到来时，b 从话音存储器的 129♯单元中读出，经过并/串变换，完成了与主叫信息的交换。

写读控制方式的 T－S－T 网络和读写控制方式的一样，可以把控制存储器合用，如图 2.24 所示。从图 2.22 和图 2.23 可以看出，输入级和输出级存储单元的地址不同，相差为 1，但内容一样，所以采用一定的电路变换，图中主叫用户使用一个加法器，加法器的一个输入端口为输入级的单元地址，一个输入端口为 1，即高电平。如果使用被叫用户的控制存储器，由于内容相差为 1，所以用一个减法器就行，一端接被叫用户的控制存储器，另一端口内容固定为高电平。

对于写读控制方式的 T－S－T 网络，由于输入级的 T 是写入控制，话音信息存储在哪一个单元由 CPU 控制，可以不选用不能正常工作的存储单元。控制存储单元的地址代表了正在通话的用户所占用的时隙。而对于读写控制方式的 T－S－T 网络，不仅在输入级不能够避免选用损坏的话音存储单元，而且正在使用的控制单元的地址也不代表通话用户正在使用的时隙。

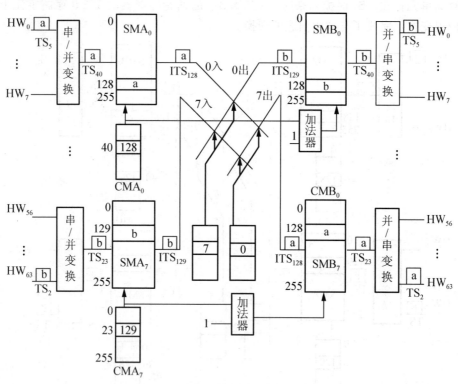

图 2.24　写读方式的存储器合用

2.5.2　S－T－S 交换网络

S－T－S 时分交换网络由输入级 S 接线器、T 接线器和输出级接线器组成。图 2.25 所示的接线器是 S－T－S 接线器的原理图。输入级 S 接线器是 16×8 并行码，每条输入线为一条 PCM 基群，32 个时隙，速率为 2.48Mbps。每个串/并变换电路有 8 个输入端，经过串/并变换后，共有 256 个时隙。每个串/并变换的输出有 256 个时隙，共 8 条输出线。这 8 条输出级直接与 S 接线器的输入端相连。输入级的 S 接线器是输出控制方式，经过变换后输出，要求其输出必须在同一条输出线上。中间一级为 T 接线器，为输入控制方式。话音信息经过 T 接线器后，送入下一级 S 接线器。输出级 S 接线器的控制方式与输入级的正好相反，为输入控制方式。其功能与输入级的 S 接线器正好相反。把同一条输入线的话音信息变换为原来的输入级 S 接线器变换前的形式。话音信息经过并/串变换后，恢复为原来的串行码。

S–T–S 接线器输入级和输出级 S 接线器采用的控制方式正好相反。这样它们的控制存储器完全相同，就可以把两者进行合并，同时控制输入和输出，简化了控制电路。输入级的 S 接线器的输出可以为任意一个 T 接线器。也就是说主被叫之间有多个通话链路，可以有多个接续路由。只要同一个 T 接线器的 23 和 40 单元为空，就可以进行正常的交换。如果其中有一个单元不为空，就会出现阻塞。

为了增加交换的容量，可以采用多级交换，S 接线器与 T 接线器混合使用，可以组成各种交换网络，一般可以采用多级 S 接线器和 T 接线器。常用的是三级交换网络（图 2.25）和五级交换网络。

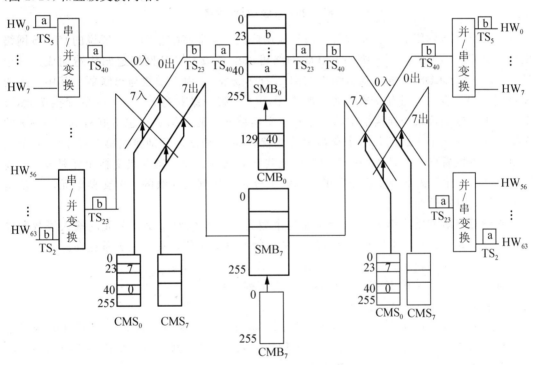

图 2.25 S–T–S 三级交换网络

2.5.3 CLOS 网络

为了减少交叉点总数且同时具有严格的无阻塞特性，CLOS C. 很早就提出一种多级结构，推出了严格无阻塞的条件，这就是著名的 CLOS 网络。图 2.26 是三级 CLOS 结构。两边各有 r 个对称的 $m \times n$ 个交换单元，中间是 m 个 $r \times r$ 的交换单元。而且每一个交换单元都和下一级的交换单元连接，且仅有一个连接。对于三级交换网络，如果 $m \geqslant n$，则此网络是重排无阻塞的。这种网络不满足严格的无阻塞条件，不能实现入线和出线之间所有可能的连接。

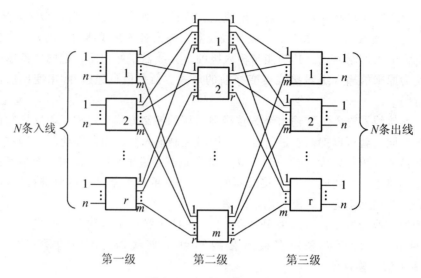

图 2.26　三级 CLOS 网络

三级 CLOS 网络非常容易理解，而且应用广泛，除非特别指明，一般说的 CLOS 网络也指三级 CLOS 网络，更多级的 CLOS 网络可以由三级 CLOS 网络递归构造而成。一个 $N \times N$ 的三级 CLOS 网络的基本结构如图 2.26 所示，N 为入线数与出线数。其中，入线 N 被划分为 r 组，每组有 n 条入线，即 $N = r \times n$。第一级共有 r 个 $n \times m$ 的交换单元，r 组入线正好分别接入交换网络中第一级 r 个交换单元；假设第 2 级也恰好有 m 个 $r \times r$ 的交换单元，那么第 1 级的每一个交换单元也就有 m 条输出，分别接到第 2 级中的 m 个交换单元，可以看出第 2 级的每一个交换单元共有 r 条输入线；第 3 级交换单元是 $m \times n$ 规模的，共有 r 个，第 2 级交换单元的 r 个输出分别连接到第 3 级的 r 个交换单元，这就是一个三级 CLOS 网络。

假设 CLOS 网络的第 K 级交换单元的个数为 n_k，K 级每个交换单元的输入线数和输出线数分别为 i_k，o_k，则对于一个 $N \times N$ 的三级 CLOS 网络，有下列关系存在。

$N_1 = N/i_1$，$o_1 = n_2$，$i_2 = n_1$，$o_2 = n_3$，$i_3 = n_2$，$n_3 = N/o_3$；

对于一个 $N \times N$ 的 K 级 CLOS 网络，有下列关系存在。

$n_1 = N/i_1$，$o_k = n_{k+1}$，$i_k = n_{k-1}$，$n_k = N/o_k$。

从图 2.26 可知，$n_1 = n_3 = r$，$i_1 = o_3 = n$，$o_1 = i_3 = m$，即 $N \times N$ 的三级 CLOS 网络是左右对称的，这也是对称的 CLOS 网络名称的由来。CLOS 网络属于多通路交换网络，在一个入线与出线对之间存在着多条通路。

2.5.4　DSN 网络

数字交换网络(DSN)是上海贝尔生产的电路交换系统中使用的典型的交换网络，它是由多个总线型交换单元 DSE 按照一定的连接方式连接而成的。DSN 采用单侧折叠式网络结构，这种网络结构的所有出入线处于同一侧，并使任何一个网络终端具有唯一的地址。DSN 扩充方便，可平滑地进行扩充。在交换网络需要扩充时，原网络的结构无须改动。

1) DSN 网络的结构

DSN 是多级交换网络，如图 2.27 所示，它由入口级和选组级两大部分组成。

(1) 入口级是 DSN 的第 1 级，它由很多成对的入口接线器组成，每个入口接线器就是一个 DSE，可接 16 条 PCM 链路，编号 0～7 和 12～15 的端口可接各种外围接口，即终端模块。编号 8～11 的端口可接选组级(4 个)。

(2) 选组级最多可有 4 个平面，入口级 DSE 的 4 条编号为 8～11 的 PCM 链路分别接在这 4 个平面上。选组级配置的平面数取决于 DSN 所连终端的话务量，每个平面的结构是相同的，由 1～3 级组成(它们分别成为 DSN 的第 3、4 级)。级数的多少由终端模块数的多少来决定。DSN 的第 2 级和第 3 级各有 16 组，每组各有 8 个 DSE，它们编号为 0～7 的端口接前一级 PCM 链路，8～15 端口接后一级链路。第 4 级只有 8 个组，每组有 8 个 DSE，其 16 个端口都与左侧三级相连，这就构成了单侧折叠式的结构。

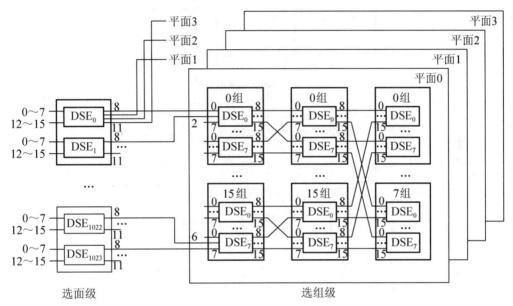

图 2.27 数字交换网络(DSN)

2) DSN 网络的连线方式

DSN 的连线规律是指构成 DSN 的 DSE 的级间连接方式，如下所示。

(1) 第 1 级(入口级)→第 2 级

端口号－8→平面号

DSE 号或 DSE 号＋4(一对)→端口号

(2) 第 2 级→第 3 级

组号→组号

DSE 号→入端口号

出端口号－8→DSE 号

即在同一组号内连接，DSE 的连线相互交叉。

(3) 第 3 级→第 4 级

组号→端口号

DSE 号→DSE 号

出端口号－8→组号

即在不同组号之间的连线进行交叉连接。

2.5.5　Banyan 网络

1）Banyan 网络概念

Banyan 网络是一种空分的交换网络，由若干个 2×2 交换单元组成的交换网络，主要应用在 ATM 交换机上。图 2.28 是 Banyan 典型的 2×2 的交换单元，它由两种不同的连接的方式，能够完成不同编号的入线和出线的连接。2×2 的交换单元只能有两种连接方式：平行连接和交叉连接，但是能够达到任意入线和出线进行交换的目的。图 2.29 是 8×8 的三级 Banyan 网络。

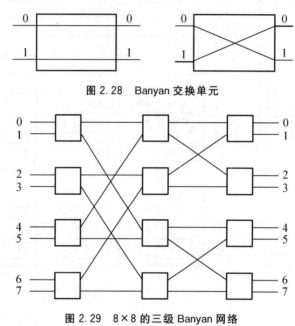

图 2.28　Banyan 交换单元

图 2.29　8×8 的三级 Banyan 网络

2）Banyan 网络的基本特性

（1）树形结构特性：从 Banyan 的任一输入端口引出的一组通路形成了二分支树，级数越多，分支越多，网络的级数 $k = \log_2 N$，每级有 $N/2$ 个交换单元。

（2）单通路特性：Banyan 的任一入端到任一出端之间有 1 条且仅有一条通路。

（3）自选路由特性：自选路由，即给定出线地址，不用外加控制命令就可选到出线。可以通过使用对应于出端号的二进制码的选路标签来自动选路。

（4）可扩展性：Banyan 的构成具有一定的规律，可以采用有规则的扩展方法将较小规模的 Banyan 扩展成较大规模。

已有 $N \times N$ 的 Banyan 网络需构成 $2N \times 2N$ 的 Banyan 网络，则可用两组 $N \times N$，再加上一组 N 个 2×2 交换单元构成。第一组的 $N \times N$ 的 N 条出线分别与 N 个 2×2 交换单元的某一入线相连，第二组的 $N \times N$ 的 N 条出线分别与 N 个 2×2 交换单元的另一入线相连。图 2.30 是 8×8 Banyan 交换网络的构成图。

（5）内部竞争性：Banyan 是具有内部竞争的有阻塞网络。解决内部阻塞的方法有：内部阻塞是在 2×2 交换单元的两条入线要向同一个出线上发送信元时产生的，最坏情况下概率为 50%，若减少入线上的信息量就可减少阻塞的概率，故可通过适当限制入线上的信息量或加大缓冲存储器来减少内部阻塞。可以通过增加多级交换网络的级数来消除内部阻塞。已有证据表明，若要完全消除 $N \times N$ 的 Banyan 网络的内部阻塞，至少需要 $2\log_2 N - 1$ 级，可以增加 Banyan 网的平面树，构成多通道交换网络。

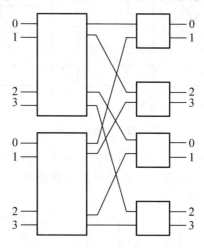

图 2.30　8×8 Banyan 交换网络的构成

3）Batcher – Banyan 网络

该网络也简称为 B-B 网，是由 Batcher 排序网和 Banyan 网组成的，它成功地避免了 Banyan 网络的内部阻塞，这是目前 ATM 交换机使用较多的一种网络。Batcher 排序网是由 2×2 的比较器（Batcher 比较器）构成的，其结构如图 2.31 所示。

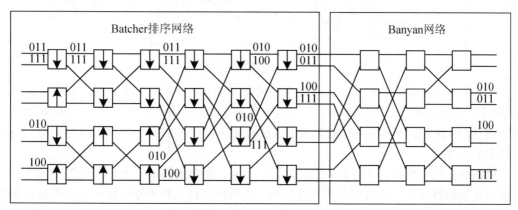

图 2.31　Batcher – Banyan 网络

4）基于 Banyan 的多通路结构

为了减少或消除 Banyan 的内部阻塞，提高吞吐率，除了构成 B-B 网络之外，还需要构成基于 Banyan 的各种多通路网络。

（1）增长型 Banyan：增长型 Banyan 就是在前面加上分配级，以扩大每个入端的选择范围，从而形成多通路网络。每增加 1 级，每个入端与每个出端之间的通路数就增加 1 倍。前置分配级还可以使业务流均衡地进入 Banyan 的入端，减少 Banyan 对流入的业务流模型的敏感性。其网络结构如图 2.32 所示。

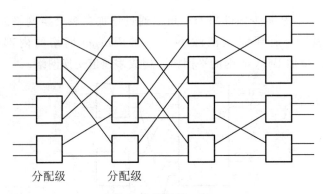

分配级　　　分配级

图 2.32　增长型 Banyan

（2）扩展型 Banyan：Banyan 中的交换单元，对应于每个交换单元输出地址有 1 条链路，如果每个输出地址有 d 条链路，也就是可以任意选择 d 条中的 1 条，就称为扩展型 Banyan。其网络结构如图 2.33 所示。

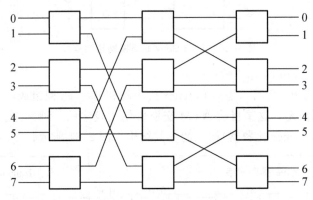

图 2.33　扩展型 Banyan

在扩展型 Banyan 网中，2×2 的交换单元变成了 $2d\times2d$ 的交换单元。但输出地址并非 $2d$ 个，仍然是两个，只需要用 1 个比特来区别。于是在任何时刻，最多可有 d 个信元传送到 SE 的每个输出；如果对应于同一输出地址同时有多于 d 个的信元到达，则只能传送其中的 d 个。

电话通信网中的话音业务具有实时性强、可靠性要求不高的特点，而电路交换不管是其面向连接的特点，还是对信息无差错控制、透明传输以及基于呼叫损失制的流量控制特点，都满足了话音业务的特性，因而电话通信网采用电路交换方式。

由于电路交换是无差错控制机制，因而对数据交换的可靠性没有分组交换高，不适合对差错敏感的数据业务；同时由于电路交换采用固定带宽的分配方式，因而其电路利用率低，不适合突发业务。电路交换适合实时、恒定速率的业务。

交换单元是交换的最基本单位，常见的交换单元分为时分交换单元和空分交换单元。交换网络是由若干个交换单元按照一定的拓扑结构和控制方式构成的网络。交换网络按拓扑连接方式可分为单级交换网络和多级交换网络。

多级 CLOS 网络广泛应用于光通信领域的高数据速率的交换中。Banyan 网络最早应用于并行计算机领域，目前在电信领域的 ATM 交换机中得到了广泛的应用，它适合统计时分复用信号和异步时分复用信号的交换。

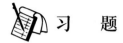 习　题

一、名词解释

1. 有向交换单元　　2. 无向交换单元

二、问答题

1. 简述电路交换的特点。

2. 交换单元的基本功能是什么？

3. 分别说明什么是集中型、分配型、扩散型交换单元。

4. 说明连接函数的 3 种表示形式。

5. T接线器有哪两种工作方式？

6. 话音存储器的存储单元数量及地址线条数与 PCM 线的时隙数有何关系？

7. 如图所示，请正确填写话音存储器的内容和控制存储器的内容，并说明其控制方式。

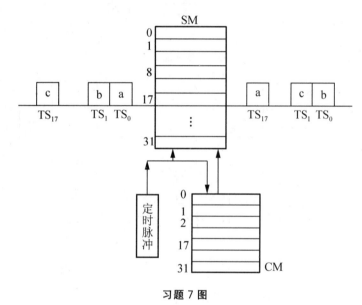

习题 7 图

8. S接线器有哪两种工作方式？它们之间有什么区别？

9. 如图所示，S 接线器入线和出线各 8 条，填写交换前后时隙内容和控制存储器的内容，并说明其控制方式。

10. 如图所示，T－S－T 交换网络，其中输入级有 16 个 T 接线器，输出级有 16 个 T 接线器，输入级每一个接线器有 8 个输入端，每一个输入端输入一条 PCM。每一个输出级的 T 接线器有 8 个输出端，每一个输出端输出 1 条 PCM。主叫用户占用 HW_0 的 TS_8，被叫占用 HW_{127} 的 TS_{17}，中间时隙任意选择。中间的 S 接线器是输出入控制方式。T 接线器采用读写控制方式。

（1）SMA、SMB、CMA、CMB 的们位宽分别是多少，各需要多少单元？

（2）在相应的存储器中填入适当的数字。

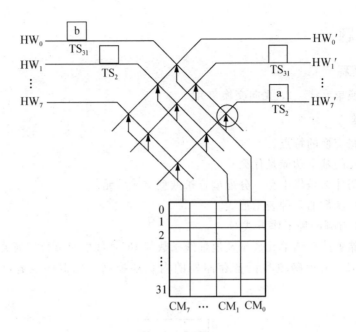

习题 9 图

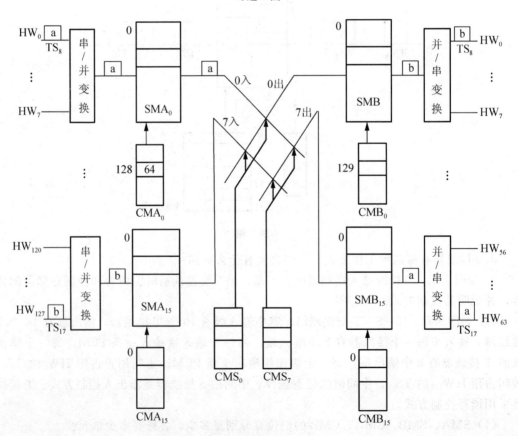

习题 10 图

第3章 数字程控交换技术

电话通信是目前人们最熟悉、应用最多的通信技术，目前电话通信普遍使用的是数字程控交换技术。由于采用了数字技术、公共信道信令技术，数字程控交换技术除了可以提供通常的电话交换之外，还可开展多种增值业务。在本章中，数字程控交换系统的介绍使大家可以对数字程控交换技术有一个清楚的认识，进而了解数字程控交换机的软件、硬件组成，并在此基础上对话务理论有一个初步的了解与掌握。

教学目标

> 了解数字程控交换机的特点、业务性能；
> 了解一个呼叫的基本处理过程；
> 理解数字程控交换机的软件、硬件组成结构；
> 掌握控制系统的结构及接口电路功能；
> 理解输入处理中各种扫描程序的原理；
> 掌握程序的分级及调度方式及时间表的设计方法；
> 了解数字程控交换机的性能指标。

教学要求

知识要点	能力要求	相关知识
数字程控交换机的特点及性能	(1) 了解数字程控交换机的特点 (2) 了解数字程控交换机的性能	交换机的发展
数字程控交换机的硬件组成	(1) 理解数字程控交换机的硬件组成 (2) 掌握数字程控交换机的接口功能 (3) 掌握控制系统的工作方式	
数字程控交换机的软件组成	(1) 了解数字程控交换机的软件组成及特点 (2) 理解输入处理中各种扫描程序的原理 (3) 掌握程序的分级及调度方式及时间表的设计方法	并行处理
呼叫处理过程	(1) 了解呼叫处理的基本过程 (2) 了解呼叫处理中的状态迁移过程	
数字程控交换机的性能指标	(1) 了解话务量的基本概念及特性 (2) 掌握呼损的基本计算方法	话务理论

推荐阅读资料

茅正冲，姚军．现代交换技术[M]．北京大学出版社，2006.

金惠文．现代交换原理（第2版）[M]．电子工业出版社，2005.

引例：福州——中国最早使用程控电话的城市

20世纪80年代初，中国电话最通畅、最清晰的城市，不是北京、上海，也不是特区深圳，而是福州。1982年，中国第一部程控电话交换机在福州启用，这套当时世界最先进的设备为何被福州抢到？当年的参与者揭秘了其背后的故事。

传奇起步的时间是1982年11月27日。那一天，中国第一部程控电话交换机在福州启用，"万门程控"这个在中国改革开放史上有着浓墨重彩的名字正式登台。

传奇为何发生在福州？那套日本刚刚研制出来的F150程控电话交换系统是当时世界上最先进的，连日本自己都没用上，为何被福州抢到？一位当年的参与者为我们揭开了"电话传奇"背后不为人知的秘密。

张奇萍，时任福州电信局局长。今年79岁的老人回忆起当年引进程控电话的艰难决策过程，用了3个字做评价：有魄力。

据资料显示，1979年，全省市话自动交换机容量仅12200门，其中福州5804门，平均每千人不足一门。

但是，发生在1979年的一件小事，却让福建人"丢了回脸"。当时，作为港口城市的福州经常要停泊外轮。当年年底，一艘法国商船停靠马尾港，船上大副到电信局要向法国总部汇报情况，没想到电话不通。这件事让福建高层领导很受刺激：电话不通，所谓开放、所谓引资，全是空谈。于是，时任福建省委书记的项南拍板：一定要安装最好的电话。

现在的人很难理解做这个决策的艰难。国内产品技术不过关，只能进口，进口就要有外汇，而国家每年给福建的外汇额度是1000万美元。邮电部有人发话：为什么不用国产货，非要向资本主义国家买？这些压力，省里都顶住了，一口气给了600万美元，"其他项目建设全部推后，给电话让路。这几乎是倾全省之力了，"张奇萍说。全省电信系统员工的工资，为此全部降一级，省出十来万，全部用来买最新的电话交换机。

日本人都没用上，福州为何能捡到大便宜？1980年12月24日，福建省邮电管理局和日本富士通公司签订合同，引进F150程控电话交换系统，并初装交换机10000门。张奇萍说，当时自己拍着胸脯，跟时任国务院总理说："不管打到世界上任何地方，10秒内接通，让中央领导吃了一惊。

1983年底，一周之内，时任国家主席的李先念和国务院总理赵紫阳相继视察福州电信局。在张奇萍办公室，李先念还跟远在北京家中的小孙子通了电话，这一幕被多家媒体报道。李先念感慨了一句："还有这么好的东西。"随后，他很认真地问张奇萍："老百姓什么时候才能装上这么好的电话？"张奇萍说，他当时还不敢给个明确时间，只说了句："我们一定努力，尽快！"但是，程控电话发展势头之猛连张奇萍也没料到。1982年11月27日，福州万门程控电话正式开通，到了1985年，万门容量告急，"我原想怎么也能撑5年，没想到才3年就不够用了"。1986年，张奇萍主持了程控扩容工程，增加到3万门容量，到了1989年，又不够了。

20世纪80年代末，电话开始走进市民家。进入20世纪90年代，尽管当时的电话初装费超过两千元，但是普通老百姓还是赶着办理安装业务。如今，初装费早已成为历史名词，大家更习惯的是"买话费送电话"。

3.1 数字程控交换系统简介

自从 1876 年贝尔发明了电话以来，话音通信已经是人们日常通信的重要手段。构成电话交换的重要设备电话交换机也经历了从人工到自动、从只能简单地进行话音通信到综合业务的开展。如今的数字程控电话交换机已经是信息交换中不可缺少的设备。

3.1.1 电话交换技术的发展

伴随着电话的产生，电话交换技术随着人们对通信要求的不断提高而不断地发展。在一定程度上，电话交换技术的发展代表着整个通信技术的发展。其历程可分为 3 个阶段：人工交换、机电交换和电子交换。

1. 人工交换

自从 1876 年贝尔发明电话以来，为使许多用户中任何一个用户均可以与其他用户通话，就需要将这些用户的线路引到同一地点，在那里的一个电话机接线设备就称为电话交换机。

1878 年，美国发明了第一部人工磁石式电话交换机，用户端采用磁石式电话机，即电话机用干电池作为通话电源，并且用手摇发电机产生呼叫信号。这种交换机又称为自给电池交换机，简称 LB 式。随着电话用户的增加，磁石式电话交换机已不能适应需求。1891 年，出现了共电式电话交换机。共电式交换机与磁石式交换机的不同主要是通话电源由交换局统一供给，用户话机不再使用干电池，因此又称为共用电池式，简称共电式。

人工电话交换机是第一代电话交换机，采用人工接续，存在着接续速度慢、用户使用不方便的缺点。

2. 机电交换

1892 年，美国人史瑞乔(Strowger)为了克服人工接续中的人为干扰造成的接续错误，发明了第一个自动交换机，叫做史端乔式自动电话交换机。用户通过话机的拨号盘自动拨号，直接控制交换机中的接线器的上升与旋转，逐步完成电话的自动接续，因此这种交换机称为步进制交换机。后来又出现了德国西门子式自动交换机，它与史端乔式自动电话交换机的共同点是：机械触点开关动作由拨号盘产生的拨号脉冲直接控制，所以这种交换机的控制方式属于直接控制。从此电话交换进入自动化的时代。

在这之后出现了旋转制和升降制自动交换机，在这种自动交换机中，用户的拨号脉冲由"记发器"接收，然后通过"记发器"控制接线器的工作。所以这种交换机的控制方式属于间接控制。"记发器"的使用为电话交换中的话路部分与控制部分的分离打下了基础。

不管是直接控制还是间接控制，统称为步进制交换机(Step by Step System)。步进制交换机有电路技术简单、人员培训容易等优点，但由于在步进制交换机中接续过程是机械动作，存在着噪声大、易磨损、话音质量欠佳、维护工作量大、呼叫接线速度慢、故障率高等缺点。

在 20 世纪 30 年代末 40 年代初，出现了纵横制交换机(Crossbar System)。纵横制交换机有两个特点：一是接线器接点采用挤压接触方式代替滑动接触，减少了磨损，并且由于采用贵金属而提高了接点接触的可靠性，减少了维护的工作量；二是采用公共控制方式，即将话路部分与控制部分分开，交换机的控制由"标志器"和"记发器"来完成。采用公共控制方式，使控制部分与话路部分分离，控制部分可独立设计，灵活方便、功能强、接续速度快，更为重要的是公共控制方式的实现使计算机程序控制电话交换成为可能。

3. 电子交换

机电式交换机的控制系统采用布线逻辑控制方式，即硬件控制方式，简称为布控。这种控制方式灵活性差，控制逻辑复杂，很难随时按需更改控制逻辑。随着电子计算机技术的产生和发展，人们在交换机中引入了电子技术，称为电子交换机。早期的电子交换机只是在控制部分引入电子技术，称为"半电子交换机"和"准电子交换机"。

随着微电子技术和数字技术的发展，特别是1946年第一台电子计算机的诞生，全电子交换机，即交换机的话路部分和控制部分均采用了电子器件，使交换机取得了迅速的发展。这种交换机采用计算机软件控制交换，存储程序控制的交换机称为程控交换机（SPC）。

1965年5月，美国开通了第一台程控交换机（ESSNo.1），该交换机称为模拟程控交换机，其话路部分传送和交换的信号是模拟信号。随着数字传输技术的发展，人们希望交换机能够直接交换数字信号。1970年，法国开通了第一台数字程控交换机（E10），其话路传送和交换的信号是数字信号。

数字程控交换机能提供许多新的服务，它的维护管理更方便，可靠性更高，灵活性更大，便于采用新技术和灵活增加各种新业务，具有以往任何交换机无法比拟的优越性，因而在电话网中得到了普遍的应用。

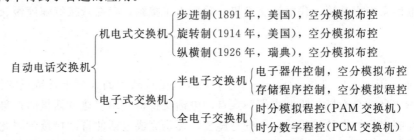

早在1878年就出现了人工交换机，它是借助于话务员进行话务接续的，其效率是很低的。15年后，步进制交换机问世，它标志着交换技术从人工交换时代迈入机电交换时代。这种交换机属于"直接控制"方式，即用户可以通过话机拨号脉冲直接控制步进接续器做升降和旋转动作，从而自动完成用户间的接续。这种交换机虽然实现了自动接续，但存在着速度慢、效率低、杂音大与机械磨损严重等缺点。

直到1938年人类发明了纵横制交换机才部分解决了上述问题，相对于步进制交换机，它有两方面重要改进：一是利用继电器控制的压接触接线阵列代替了大幅度动作的步进接线器，从而减少了磨损和杂音，提高了可靠性和接续速度；二是由直接控制方式过渡到间接控制方式，这样用户的拨号脉冲不再直接控制接线器动作，而先由记发器接收、存储，然后通过标志器驱动接线器，以完成用户间接续。这种间接控制方式将控制部分与话路部分分开，提高了灵活性和控制效率，加快了接续速度。由于纵横制交换机具有一系列优点，所以它在电话交换发展上占有重要地位，得到了广泛应用。

半导体器件和计算机技术的诞生与迅速发展猛烈地冲击着传统的机电式交换结构，使之走向电子化。美国贝尔公司经过艰苦努力于 1965 年生产了世界上第一台商用存储程序控制的电子交换机，这一成果标志着电话交换机从机电时代跃入电子时代，使交换技术发生时代的变革。电子交换机具有体积小、速度快、便于提供有效而可靠的服务等优点，从而引起世界各国的极大兴趣。在发展过程中各国相继研制出各种类型的电子交换机。

就控制方式而论，电子交换机主要分两大类：一是布线逻辑控制，这种交换机相对于机电交换机来说，虽然在器件与技术上向电子化迈进了一大步，但它基本上继承与保留了纵横制交换机布控方式的弊端，体积大、业务与维护功能低、缺乏灵活性，因此它只是机电式向电子式演变历程中的过渡性产物；二是存储程序控制，它是将用户的信息和交换机的控制以及维护管理功能预先变成程序存储到计算机的存储器内。这种交换机属于全电子型，采用程序控制方式，因此称为存储程序控制交换机，或简称为程控交换机。程控交换机按用途可分为市话、长话和用户交换机，按接续方式可分为空分和时分交换机，程控交换机按信息传送方式可分为模拟交换机和数字交换机。

早期程控时分交换机在话路部分中传送和交换的是模拟话音信号，因而称为程控模拟交换机，随着数字通信与脉冲编码调制（PCM）技术的迅速发展和广泛应用，先进国家自 20 世纪 60 年代开始以极大的热情竞相研制数字程控交换机，法国首先于 1970 年成功开通了世界上第一个程控数字交换系统 E10，它标志着交换技术从传统的模拟交换时代进入数字交换时代。程控数字交换技术的先进性和设备的经济性，使电话交换跨上了一个新的台阶，而且为开通非话业务和实现综合业务数字交换奠定了基础。

20 世纪 90 年代后，我国逐渐出现了一批自行研制的、大中型容量的、具有国际先进水平的数字程控局用交换机，典型的如深圳华为公司的 C&C08 系列、西安大唐的 SP30 系列、深圳中兴的 ZXJ 系列等。这些交换机的出现，表明在窄带交换机领域，我国的研发技术已经达到了世界水平。随着时代的发展，目前的交换机系统逐渐融合 ATM、无线通信、接入网技术、HDSL、ASDL、视频会议等先进技术，电路交换技术已经比较成熟和完善。

3.1.2 数字程控交换机的特点及业务性能

1. 数字程控交换机的特点

数字程控交换机的全数字化，必然带来早期其他交换机无法比拟的优越性，这种优越性体现在经济和技术两个方面上。

1）经济方面的优越性

（1）数字程控交换机采用电子器件，可以节省大量的有色金属和黑色金属。

（2）数字程控交换机体积小，占用的机房面积小。

（3）重量轻，可节省基建费用。

（4）采用远端用户模块，可降低线路费用。

（5）维护中采用智能控制，可以减少工作人员，提高工作效率。

2）技术方面的优越性

（1）控制子系统数字化带来的优越性如下所述。

① 可提供众多新用户服务功能。如缩位拨号、三方通话、遇忙回叫等。具体内容在后面介绍。

② 易于实现维护自动化和集中化。数字交换机可通过软件进行故障处理和故障诊断，使维护量大大降低。

③ 可靠性得到提高。在出现故障时可及时进行处理。

④ 灵活性大。新业务的开展可以通过软件的更改就可以实现，而硬件设备不需要进行任何更改。

⑤ 便于实现综合业务数字网。综合业务数字网的基础就是数字网，数字网的核心设备就是数字程控交换机。

⑥ 便于采用公共信道信令系统。采用公共信道信令系统不但可以提高呼叫接续的速度和提高更多的服务性能，而且还能提高通信质量。

（2）话路子系统数字化带来的优越性如下所述。

① 可使交换机的体积减小，重量减轻。

② 在话路子系统中采用大规模集成电路，使交换技术可以与计算机技术直接结合。

③ 可以和 PCM 传输系统配合使用。

④ 易于实现模块化技术，使得交换机的扩容变得简单。

⑤ 易于实现无衰减交换。

⑥ 话音、数据、图像信息均可以以数字信号的方式进行交换，便于实现综合业务数字网。

⑦ 易于进行话音加密。

2. 数字程控交换机的业务性能

数字程控交换机采用事先编制的程序对交换进行控制，比原先任何形式的交换机的控制都便利，而且用户可以使用许多新的业务。

1）基本业务

（1）市话、国内长途及国际长途的自动接续服务。

（2）提供话务员接入服务。

（3）提供录音通知，将一些特殊业务（例如，报时、天气预报、用户改号等）用话音通知用户。

（4）提供特种服务（例如，119、110、120 等）。

（5）公用电话业务。

（6）呼叫禁止，用于设备有故障或用户欠费而暂停使用的情况。

（7）恶意呼叫跟踪，可以对恶意的呼叫进行追踪，从而制止这种行为。

2）补充业务

要想使用新服务项目的用户，需要事先向话局申请，经话局同意后予以登记，并通过人机命令赋予该用户使用该项业务的权利。以下对常用的补充业务进行简要的介绍。

（1）缩位拨号。主叫用户在呼叫经常联系的被叫用户时，可用 1～2 位的缩位号码来代替原来的多位被叫号码，再由交换设备将缩位号码译成"完整的被叫用户号码"，据此完成接续，缩位拨号不仅可以在市话接续中使用，也可在长途接续和国际接续中使用。该业务在交换机中所占的比例为 10%。

（2）热线服务。热线服务又称"免拨号接通"。当用户摘机后无须拨号时，即可接通到事先指定的某一被叫用户。如果该主叫用户不想呼叫热线用户而要呼叫网中其他用户时，只需在摘机后的规定时间内(5s)迅速拨出第一个号码，接着再拨完其他号码即可呼叫网中其他用户，热线电话的用户也可以被网中其他用户呼叫。

一个电话用户所登记的热线服务，只能登记一个对方电话号码，但登记的热线服务电话号码可以根据用户需要随时改变。该业务在交换机中所占的比例为5%。

(3) 呼出限制。呼出限制又称呼出加锁，类似给用户的电话机加了一把"电子密码锁"，这个密码只有用户单位的有关人员知道，主要作用是限制不知道密码的人随意使用电话，有利于加强电话费管理。呼出加锁分类：第一类，限制全部呼出(打特种电话除外)；第二类，限制国际和国内长途全自动呼出；第三类，限制国际长途全自动呼出。

用户需用此项业务时，可向电话局申请选用的4位密码数字，以便使用此项业务。该业务在交换机中所占的比例为10%。

(4) 闹钟服务。闹钟服务又称叫醒服务，在预定的时间，对用户振铃起闹钟作用，以提醒用户去办理计划之中的事情。闹钟服务是一次性服务，只要交换机提供这次服务，此后即自动撤销。预定的响铃时间限定为登记之时算起的23小时59分之内。该业务在交换机中所占的比例为1%。

(5) 免打扰服务。免打扰服务又称暂不受话服务。当用户在某一段时间里不希望来话呼叫干扰时，可以请求将呼叫转移到话务员或录音通知设备。该业务在交换机中所占的比例为5%。

(6) 转移呼叫。转移呼叫又称随我来。程控局的某用户若有事外出，为了避免耽误受话，可以事先向电话局登记一个临时去处的电话号码。此后若有其他用户呼叫该用户时，数字程控交换机可将这次呼叫转移到临时去处。该业务在交换机中所占的比例为5%。

(7) 呼叫等待。某一用户(简称A)发起呼叫，并与被叫用户(简称B)建立了接续，在A、B用户通话期间，又有第三者(简称C)呼叫A，此时，尽管A处在通话状态，C可听到回铃音，同时A听到呼入等待音，在此情况下，A用户可作如下选择：①接收新呼叫结束原呼叫；②保留原呼叫接受新呼叫，在与新呼叫者说话时保持原有的接续，随后并能根据需要在二者之间进行转换；③拒绝新呼叫。当A用户听呼叫等待音超过20~25s，交换机向C用户送忙音。该业务在交换机中所占的比例为5%。

(8) 遇忙回叫。当A用户呼叫B用户遇忙，应用本项功能可以在B用户空闲时，自动地把这两个用户接通，交换机在实现遇忙回叫时，先向主叫用户振铃，主叫摘机后改向被叫用户振铃(同时让主叫用户听回铃音)。该业务在交换机中所占的比例为5%。

(9) 缺席用户服务。根据用户要求，当该用户不在，恰有其他用户呼叫时，可以提供事先录制的录音通知，例如，"今日外出，请明日来电话"等。该业务在交换机中所占的比例为5%。

以上提供的是针对一般个人用户的补充业务，单位使用的小交换机如果是数字程控交换还可以提供小交换机号连选、夜间服务、直接拨入分机以及多方会议电话等业务。在管理与维护方面数字程控交换机还可以提供话务自动控制、话务自动统计、自动故障诊断、自动设备测试、迂回路由寻找以及遥控遥测无人值守等业务。

3.2 数字程控交换机的硬件组成

数字程控交换机的硬件组成如图3.1所示，数字程控交换机的硬件系统由话路子系统和控制子系统组成。

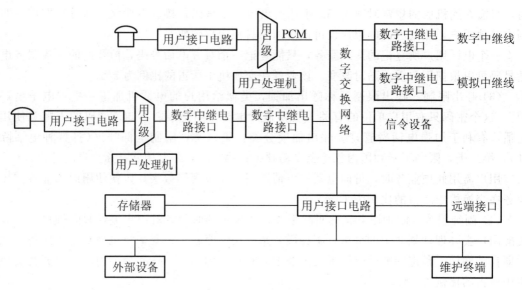

图 3.1　数字程控交换机的硬件组成图

3.2.1　话路子系统

话路子系统是由中央级交换网络、用户级交换网络、各种接口电路以及信号收发设备组成的。中央级交换网络主要完成交换的功能在第 2 章中已经介绍过，在此将重点介绍其他 3 部分。

1. 用户级交换网络

用户级包括用户模块和远端用户模块。用户级主要完成话务量集中和话音编译码的功能。话务量的集中可以提高用户线的利用率。数字程控交换机的交换网络交换的是数字信号，而从用户线传送来的信号是模拟信号，因此需在用户级中完成模/数转换，才可进入交换网络，从交换网络中送出的信号也必须经过数/模转换才能进入用户线。用户级交换网络既可以是空分方式，也可以是时分方式。编译码功能可以在用户集中以前进行，也可以在用户集中之后进行。

远端用户模块与局内的用户模块的功能是相似的。主要区别是远端用户模块通过数字中继电路与选组级相连，而用户模块是通过 PCM 中继电路与选择级相连。此外对于远端用户模块来说，除了要求它完成与用户模块相同的功能外，通常对它还有两点特殊的要求。

（1）远端用户模块一般具有模块内的交换功能。

（2）当远端用户模块与母局之间的数字中继链路出现故障无法进行任何通信时，模块内部的用户之间可以正常通话；能继续提供 119、110、120 和 122 等特种服务；至少能保存最近 24 小时的计费信息，一旦与母局恢复联系，即可将计费信息传至母局。

2. 各种接口电路

接口电路是数字程控交换机与用户以及与其他交换机相连的物理连接部分。它的作用是完成外部信号与数字程控交换机内部信号的转换。ITU－T 中对交换机中的接口种类提出了建议。具体的接口分类如图 3.2 所示。

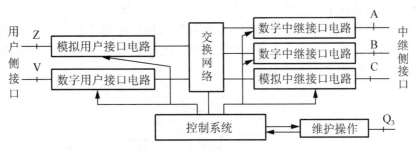

图 3.2　数字程控交换机接口类型

1）用户接口电路

用户接口电路是用户通过用户线与数字程控交换机相连的接口电路。由于用户线和用户终端有数字与模拟之分，所以用户接口电路也有数字与模拟之分。

（1）模拟用户接口电路。由于电子交换网络对电流及电压有一定的要求，所以一些早期交换机中由公用设备实现的功能（如馈电、振铃等）需要由用户接口电路来完成。数字程控交换机中的模拟用户接口功能可归纳为 BORSCTH 这 7 项功能。

① B(Battery Feeding)馈电。在机电式交换机的绳路中有一个馈电电桥来完成向用户馈电的功能，由于馈电的电压、电流超过了交换网络的承受能力，所以这项功能由数字程控交换机的用户电路完成。

馈电电路常用的电路结构如图 3.3 所示，其中电容保证话音信号的正常传送，电感保证向用户正常供电，同时还可减少对话音信号的影响，使话音信号能够准确地传送到交换机内。我国馈电电压规定为 −48V(或 60V)，国外设备一般为 −48V。如果用户线距离增大，馈电电压会有所增加。目前此功能由集成电路来实现。

② O(Overvoltage Protection)过压保护。由于用户线是外线，所以可能会遭到雷电或高压电等的袭击，高压进入交换机内部会严重损坏交换机的内部设备。为了防止外来高压的袭击，交换机一般采用两级保护措施：第一级保护是在总配线架上安装避雷设施和保安器(气体放电管)，但是这样仍然会有上百伏的电压输出，仍可能对器件产生损伤，还需要采取进一步的保护措施；第二级保护是指用户接口电路中的过压保护。

用户接口电路的过压保护常采用钳位方法，如图 3.4 所示，从图中可以看出，平时用户内线的 a、b 线上的电位将保持在 −48V(或 60V)状态。若外线电压高于内线电压，则在电阻 R 上产生压降，用户内线电压被二极管钳住在 0；若外线电压低于内线电压，用户内线电压被二极管钳住在 −48V(或 60V)。此外，R 可以采用热敏电阻，必要时会自行烧毁，实现内外线断开，从而达到保护内线的目的。

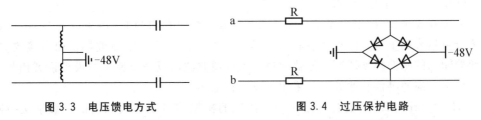

图 3.3　电压馈电方式　　　　图 3.4　过压保护电路

③ R(Ringing Control)振铃控制。向用户振铃的铃流电压一般较高(我国规定的标准是 90V±5V、25Hz 交流电压作为铃流电压)。通常情况下铃流电压是通过继电器控制向

话机提供的。但随着技术的发展,现在有些交换机也采用高压电子器件来实现该功能。

由振铃继电器控制振铃的原理如图3.5所示,从图中可知,由CPU送出的振铃控制信号控制继电器的通断,当继电器接通时就可将铃流送往用户,被叫用户摘机后,振铃开关送出截铃信号,CPU则控制停止振铃。

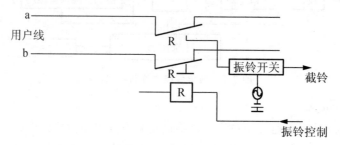

图 3.5 振铃控制

④ S(Supervision)监视。为完成电话呼叫,交换机必须能够正确判断出用户线上的以下3种情况:用户话机的摘挂机状态;用户话机(号盘)发出的拨号脉冲;投币、磁卡等话机的输入信号。

上述用户线几种情况的判断可通过监视用户线上直流环路电流的通/断来实现。具体的用户线监视原理如图3.6所示。在图3.6(a)中,直流馈电电路串联了一个小电阻,通过检测电阻上的直流压降便可得知在a、b线上是否形成了直流通路;在图3.6(b)中,通过从过压保护电阻R的内外侧各引出信号进行比较而得知用户线状态,有压降则形成直流通路,无压降则不能形成直流通路。

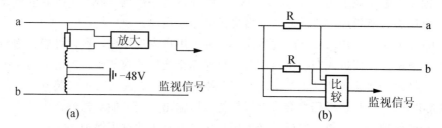

图 3.6 监视电路

⑤ C(CODEC & Filters)编译码和滤波。编译码器的任务是完成模拟信号和数字信号间的转换。数字程控交换机只对数字信号进行交换处理,而话音信号是模拟信号,因此需要用编码器(Coder)把模拟话音信号转换成数字话音信号,然后送到交换网络中进行交换,并通过解码器(Decode)把从交换网络来的数字话音信号转换为模拟话音信号送给用户。Coder 和 Decode 统称为 CODEC。

为避免在模/数变换中由于信号取样而产生的混叠失真和50Hz电源以及3400Hz以上的频率分量信号的干扰,模拟话音在进行编码前要通过一个带通滤波器,而在接收方向,从解码器输出的脉冲幅度调制信号要通过一个低通滤波器以恢复原来的模拟话音信号,如图3.7所示。编译码器和滤波一般采用集成电路来实现。

⑥ H(HybridCircuit)混合电路。用户话机的模拟信号是2线双向的,数字交换网的PCM数字信号是4线单向的,因此在编码前和译码后一定要进行2/4线转换。早期的2/4线转换是由混合线圈来完成,在数字程控交换机中由混合电路完成该功能。理想的混合电

路具有对端阻抗无穷大、临端阻抗无穷小的特点，混合电路的平衡网络用于实现用户线的阻抗匹配。

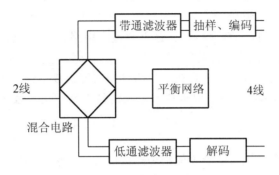

图 3.7　混合电路和编译码

⑦ T(Test)测试。用户电路可配合外部测试设备对用户线进行测试，用户线测试功能的实现如图 3.8 所示，它是通过测试开关将用户线接至外部测试设备实现的。图中的测试开关可采用电子开关或继电器。用户电路也具有配合内部测试的功能，即将 a、b 线内环通过交换机的软件测试程序进行自测。

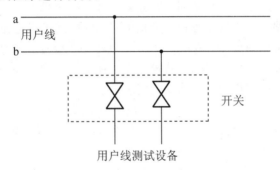

图 3.8　用户线测试

上述 7 项功能在用户接口电路中的先后顺序如图 3.9 所示。除了以上的 7 项功能，用户接口电路还具有极性倒换、计费脉冲发送、衰减控制以及主叫号码显示等功能。

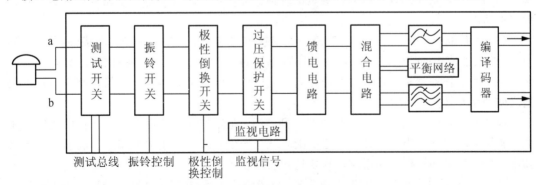

图 3.9　模拟用户接口电路功能框图

（2）数字用户接口电路。数字用户线接口电路是数字程控交换机和数字用户终端设备之间的接口设备。即前面介绍的“V”接口。ITU－T 建议的数字用户接口电路有 5 种，从 $V_1 \sim V_5$，其中，V_1、V_3 和 V_5 是常用的标准。V_1 是综合业务数字网(ISDN)中的基本速率(2B+D)接口，B 为 64Kbps，D 为 16Kbps，在 G.960 和 G.961 中规定了这种接口的有关特性。V₃是综合业务数字网(ISDN)中的基群速率接口，以 30B＋D 或者 23B＋D(其中 B、D 均为 64Kbps,)的信道分配方式去连接数字用户群设备，例如，PABX。V₅接口是交换机与接入网络(AN)之间的数字接口。这里的接入网络是指交换机到用户之间的网络设备。因此 V₅接口能支持各种不同的接入类型。

数字用户终端与交换机数字用户接口电路之间是传输数字信号的线路，仍采用普通的 2 线传输方式。为此须采用频分、时分或回波抵消技术来解决 2 线上传输双向数字信号的问题。

2) 中继接口电路

中继接口电路是交换机与中继线的物理连接设备。交换机的中继接口电路分为模拟中继接口电路和数字中继接口电路。模拟中继接口电路是数字程控交换机与模拟中继线间的接口，用于连接模拟交换局。数字中继接口电路是数字程控交换机与数字中继线间的接口，用于连接数字程控交换局或远端用户模块。

在数字程控交换机中，由于模拟中继接口电路与模拟中继线相连，因此它的功能与模拟用户接口电路的功能比较相似，只是少了振铃功能，监视功能改为对线路信令的监视。目前在数字程控交换机中已经很少使用，在此就不做详细介绍了。

数字中继接口电路是目前数字程控交换机中常用的中继接口电路，与模拟用户接口电路相对应，它的功能可归纳为 G、A、Z、P、A、C、H、O 这 8 项功能。

(1) G(Generation of Frame Code)帧码发生。在数字用户接口电路中产生 PCM 中继电路的帧同步码，由接收端识别继而建立帧同步。

(2) A(Alignment of Frames)帧定位。从数字中继线上输入的码流有它自己的时钟信息(它局时钟)，而接收端的交换机也有它自己的系统时钟(本局时钟)，这两个时钟在频率和相位上不可能完全一致。帧定位采用弹性存储的方式，用从 PCM 输入的码流中提取的时钟信号控制输入码流存入弹性存储器，用本局时钟控制码流从弹性存储器中读出，从而将输入码流的时钟统一到本局时钟上，达到网络时钟同步的目的。

(3) Z(Zero String Suppression)连零抑制。在数字中继线上传输的数字码流有可能出现连续的"0"，则在接收时可能影响定位时钟的提取，因此数字中继电路接口应具有连零抑制的功能。

(4) P(Polar Conversion)码型变换。在交换机内部采用的码型一般为单极性不归零码，而 PCM 线上使用的传输码型一般是 HDB3 型码(高密度双极性码)或双极性 AMI 码，因此码型变换的任务就是在接收和发送方向上完成传输线路上的码型与交换网络中采用的码型之间的相互转换。

(5) A(Alarm Processing)告警处理。PCM 码流会在传输过程中受到干扰使接收端不能正常恢复原码流，当影响超过一定范围时就会产生故障而发出告警指示。告警不仅要通知本端控制设备和维护管理系统，还要通知对端设备。

(6) C(Clock Recovery)时钟提取恢复。时钟提取的任务就是从输入的数据流中提取时钟信号，以便与远端的交换机保持同步。被提取的时钟信号将作为输入数据流的基准时钟，用来读取输入数据，同时该时钟信号还可用做本端系统时钟的外部参考时钟源。

(7) H(Hunt During Reframe)帧同步。数字中继线上的 PCM 信号是以帧方式传输的。帧同步就是从接收的数据流中搜索并识别到帧同步码，以确定一帧的开始，使接收端的帧结构排列和发送端完全一致，从而保证数字信息的正确接收。帧同步码 0011011 在 PCM 偶帧的 TS_0 中。具体格式可参考相关书籍。

在帧同步的过程中会有两个基本状态：帧同步状态和帧失步状态。在给定的帧同步码位上检测出已知的帧同步码称为帧同步状态。当连续 3 次（或 4 次）检测到的码字与帧同步码不相符时，则判定为帧失步状态，这时系统会在奇帧的 TS_0 发出失步告警码并通知对端局。系统在帧失步状态下，只有连续两个偶帧都检测到同步码时，才判定为恢复到帧同步状态。

如果数字中继线上采用的是随路信令（中国 No.1 信令），则除了帧同步外，还要有复帧同步。PCM 的 1 个复帧由 16 个帧组成。复帧同步使接收端与发送端的复帧结构排列完全一致。在随路信令方式中，各话路的线路信令在一个复帧的 TS_{16} 中的固定位置传送，如果复帧不同步，线路信令就会错路。复帧同步就是为了保证各线路信令不错路。复帧同步码在 F_0（复帧的第 1 个帧）的 TS_{16} 的高 4 个比特中传送，码字为 0000。

（8）O(Office signaling)信令插入和提取。当数字中继线上采用的是随路信令时，在 TS_{16} 还要提取和插入中国 No.1 信令的线路信令。

3. 信号音收发设备

在电话交换过程中，交换机需要向用户及其他交换机发送各种信号，例如，拨号音、忙音、多频互控信号等，同时也要接收用户或其他交换机发送的信号，例如，多频互控信号、双音多频信号等。这些信号在数字程控交换机中均为数字音频信号。信号音收发设备的功能就是完成这些数字音频信号音的产生、发送和接收。

1）数字音频信号的产生

数字程控交换机中需要产生的数字音频信号可分为单音频信号和双音频信号两种。单音频信号主要有拨号音、忙音、回铃音以及某些增值业务（三方通话、长途接入提示等）的提示音等。双音频信号主要有按钮话机发出的双音多频（DTMF）信号和局间信令中的多频互控（MFC）信号。

（1）单音频信号的产生。在数字交换机中，通常采用数字信号发生器直接产生数字信号。数字信号发生器是利用可编程只读存储器（PROM）来实现的。

单音频信号产生的基本原理是：按照 PCM 编码原理，将信号按 $125\mu s$ 间隔进行抽样（也就是 8kHz 的抽样频率），然后进行量化和编码，得到各抽样点的 PCM 信号值，按照顺序将其放到 ROM 中，在需要的时候按序读出。图 3.10 所示为单音频信号的产生原理。

这里以 500Hz 单音频正弦信号为例来说明数字信号的产生原理。因为 500Hz 的信号周期为 2ms，所以在一个周期内需要取样 16 次，占用 ROM 的 16 个单元来存储这 16 个抽样值。当需要这个正弦信号时，只要每隔 $125\mu s$ 读取 ROM 中的内容，就可以得到代表 500Hz 的数字化音频信号。

（2）双音频信号的产生。双音频信号产生的基本原理与单音频信号的产生一致，主要是确定对双音频信号进行抽样的抽样值的个数。

例如，要产生 900Hz 和 780Hz 的双音频信号，首先要找到一个重复周期，在这个周期中上述两个频率以及抽样频率正好都重复了完整的周期。其次在 780Hz、900Hz 和 8000Hz 的 3 个频率中取最大公约数 20Hz，它是重复频率，重复周期为 50ms，即在 50ms

内，780Hz 重复了 39 次，900Hz 重复了 45 次，8000Hz 重复了 400 次。因此应取 400 个抽样值存放在 ROM 中，在需要时按序读出即形成了数字双音频信号。

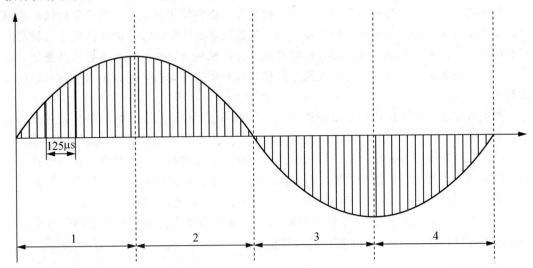

图 3.10 单音频信号的产生原理

由于双音频信号所需的存储单元较多，还可根据周期信号的特点，将一个周期信号分为 4 部分，如图 3.10 所示其中 1 与 2、3 与 4 部分为偶对称，而 1、2 与 3、4 部分为奇对称。这样第 2 部分的抽样值可用第 1 部分的抽样值倒序读得出，第 3 部分抽样值可用第 1 部分的抽样值极性反转得出，第 4 部分的抽样值可用第 2 部分的抽样值倒读并且极性反转得出，因此只需存储第 1 部分的抽样值即可。对于上面的例子则只需 100 个单元左右就可以了。

2）数字音频信号的发送

在数字交换机中，各种数字信号一般通过数字交换网络来传送，和普通话音信号一样处理，也可以通过指定时隙（如时隙 0、时隙 16）传送。同时，由于一个音频信号在同一时刻可能有多个用户同时使用，因此通过交换网络传送音频信号要建立的是点到多点的连接，而不是点到点的连接。数字多频信号的发送原理与数字单频信号相似，不同的是一个数字多频信号发生器对应一路话路，它通过交换网络建立的连接为点到点方式。

3）数字音频信号的接收

各种信号音由用户话机接收，在用户接口电路中进行译码后变成模拟信号发送到用户线上。DTMF 信号和 MFC 信号的接收需要使用数字信号接收器。接收 DTMF 信号使用 DTMF 收号器，接收 MFC 信号使用 MFC 接收器，它们都是交换机的公用资源。

通过交换网络实现多频信号的接收是常用的一种方法，这与数字音频信号的发送相类似，所不同的是 DTMF 收号器和 MFC 接收器一般接于交换网络的出线上，即下行母线上。当接收 DTMF 信号时，交换网络只要将拨号用户的话路连接至相应的 DTMF 收号器即可；当接收 MFC 信号时，交换网络只要将接入中继线上的话路与相应的 MFC 接收器相连即可。数字多频信号接收器的工作原理如图 3.11 所示，一般采用数字滤波器滤波后进行识别的方法。

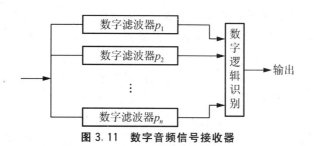

图 3.11 数字音频信号接收器

3.2.2 控制子系统

控制子系统是交换机的"指挥系统",交换机的所有动作都是在控制系统的控制下完成的。随着交换技术的发展,交换机的控制技术也日趋复杂。现代数字程控交换机基本上采用两种多处理机的控制结构,即分级分散控制和分布式分散控制。不论采用何种控制结构,为提高控制系统的可靠性,处理机的配置一般都采用冗余配置。

1. 双机冗余配置

双机冗余配置即控制系统具有两套处理机系统。双机冗余配置根据具体的工作方式分为微同步、话务分担和主备用 3 种工作方式。

微同步(Micro Synchronization)方式的基本结构如图 3.12 所示。它具有两台相同的处理机,两台处理机合用一个存储器,其间有一个比较器。在正常工作时,两台处理机同时接收来自话路设备的各种输入信息,执行相同的程序,进行同样的分析处理,但是只有一台处理机输出控制信息,控制话路设备的工作,即处于主用状态,而另一台则处于备用状态。所谓微同步是指要将两台处理机的执行结果通过比较器不断地进行检查比较。如果结果完全一样,说明工作正常,程序可继续执行;如果结果不一致,表示其中有一台处理机发生故障,应立即告警并进行测试和必要的故障处理。当主用机出现故障时,则由备用机替代其工作。微同步方式的优点是较易发现硬件故障,而一般不影响呼叫处理;缺点是对软件故障的防卫较差。此外,由于要不断地进行同步复核,效率也不高。

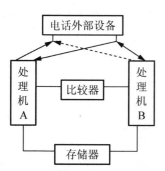

图 3.12 微同步工作方式

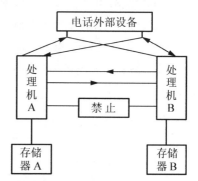

图 3.13 负荷分担工作方式

负荷分担方式的基本结构如图 3.13 所示。负荷分担(Load Sharing)也称为话务分担,两台处理机独立进行工作,在正常情况下各承担一半话务负荷。当一机产生故障时,可由另一机承担全部话务负荷。为了能接替故障处理机的工作,必须互相了解呼叫处理的进展状况,因此双机应具有互通信息的通信链路。在呼叫处理过程中,为避免双机同抢资源,必须有互斥措施。负荷分担方式的主要优点有如下几点。

（1）过负荷能力强。由于每机都具有单独处理整个交换系统的正常话务负荷的能力，当在双机分担负荷时，显然可有较高的过负荷能力，能适应较大的话务波动。

（2）软件故障的防卫能力较强。由于程控交换软件系统的复杂性，不可能没有残留的软件差错。这种程序差错往往要在特定的动态环境下才显示出来。话务分担中的双机是独立工作的，不像微同步那样总是在相同的软件环境下执行相同的程序，因此程序差错一般不会在两台处理机上同时出现，从而加强了对软件差错的防卫性。

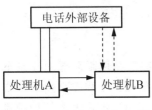

图 3.14　主/备用工作方式

主/备用（Active - Standby）方式的基本结构如图 3.14 所示，一台主用处理机在线运行，另一台处理机与话路设备完全分离并作为备用。当主用机故障，进行主备用转换，由备用机接替工作。主备用有冷备用（Cold Standby）与热备用（Hot Standby）两种方式。冷备用时，备用机中没有呼叫数据的保存，在接替时要根据主用机来更新存储器内容，或者进行数据初始化，会丢失呼叫。通常采用热备用方式，备用机中保存有主用机送来的有关信息，可随时接替工作。

2．分级分散控制

所谓分散控制是指在系统的给定状态下，交换机的资源和所有功能由多台处理机分担完成，即每台处理机只能达到一部分资源和只能执行一部分功能。分级分散控制根据多处理机之间的关系可分为以下两种。

1）单级多机系统

在该系统中，处理机处于同一级别，并行处理所有的控制任务。如图 3.15 所示，每一台处理机有专用的存储器，同时各处理机通过公用存储器，进行处理机间通信。多处理机之间的工作方式有容量分担与功能分担两种方式。在容量分担方式下每台处理机只承担一部分用户的呼叫处理任务，面向固定的一群用户，交换机的处理机数量可随着容量的增加而逐步增加，但是每台处理机要具有所有的功能。在功能分担方式下每台处理机只承担部分功能，只装入一部分程序，各处理机之间分工明确，协同工作。每台处理机只处理特定的任务，效率高，但即使小容量的交换机，也必须配置全部处理机。在大型程控交换机控制系统中，容量分担与功能分担不可能单独使用，通常都采用两种方式的结合。不论是容量分担还是功能分担，为了提高系统的可靠性，每台处理机一般均有其备用机，按双机冗余方式工作，也可采用 $N+1$ 备用方式工作。

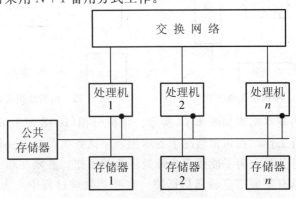

图 3.15　单级多机系统

2）多级多机系统

在该系统中，各处理机分别完成不同的功能并对不同的资源进行控制，各处理机之间分等级，高级别的处理机控制低级别的。数字程控交换机中，通常采用二级或三级的分散控制方式。如图 3.16 所示为表示三级多机系统的示意图。

图 3.16 中，需频繁处理的简单工作用预处理机进行处理，如用户扫描等。与硬件无直接关系的分析处理等较复杂的呼叫功能由中央处理机进行处理。至于执行维护管理等功能则由维护管理处理机进行处理。在图 3.16 所示的三级系统是功能分担与容量分担的结合，三级之间体现了功能分担，而在预处理机这一级采用容量分担，即每个预处理机控制一定容量的用户线或中继线。中央处理机也可以采用容量分担，而维护管理处理机一般只用一对。预处理机又称为外围处理机或区域处理机，通常采用微机。中央处理机和维护管理处理机可采用小型机或功能强的高速微机。

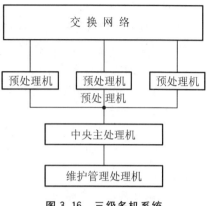

图 3.16 三级多机系统

3. 分布式控制

分布式控制有时也称为全分散控制（Fully Decentralized），与之对应的分级分散控制称为部分分散控制。从严格意义上来说，全分散控制应不包含任何中央处理的介入，然而在实际上，由于某些功能还适合于中央控制，例如，维护管理功能、No.7 号共路信令的信令网管理功能等还需要相当程度的中央控制，因此很难实现不包含任何中央处理的全分散控制结构。即使对于呼叫处理而言，全分散控制的程度也有所不同。

在分布式控制结构中，各个模块中的模块处理机是实现分布式控制的同一级处理机，任何模块处理机之间可独立地进行通信。然而在各个模块内的模块处理机之下还可设置若干台外围处理机和（或）板上控制器，这意味着模块内部可以出现分级控制结构，但从整个系统来观察，这应属于分布式控制结构。

分布式分散控制具有较好的扩充能力、较强的呼叫处理能力，整个系统阻断的可能性很小，系统结构的开放性和适应性强。然而，机间通信频繁而复杂，需要周密地协调分布式控制功能和数据管理。

3.3 数字程控交换机的软件系统

3.3.1 呼叫处理的基本原理

1. 本局呼叫的处理过程

在开始时，用户处于空闲状态，交换机进行扫描，监视用户线状态。用户摘机后呼叫处理过程开始。处理过程分为以下几个步骤。

1）主叫用户 A 摘机

（1）交换机检测到用户 A 摘机状态。

（2）交换机查询用户 A 的类别，以区分是普通电话、公用电话还是用户小交换机等。

（3）查询话机类别，弄清是按钮话机还是号盘话机，以便接上相应的收号器。

2）向 A 送拨号音，准备收号

（1）交换机选择一个空闲收号器以及它和主叫用户间的空闲路由。

（2）选择一条主叫用户和信号音源间的空闲路由，向主叫用户送拨号音。

（3）监视收号器的输入信号，准备收号。

3）收号与号码分析

（1）由收号器接收用户所拨号码。

（2）收到第一位号后，停拨号音。

（3）对收到的号码按位存储。

（4）将号首送至分析程序进行分析，以决定呼叫类别（本局、出局、长途、特服等），并决定该收几位号。

（5）对"应收位"、"已收位"进行计数。

（6）检查这个呼叫是否允许接通（是否限制用户等）。

（7）检查被叫用户是否空闲，若占用，则予以示忙。

4）测试并预占空闲路由

（1）向主叫用户送回铃音路由（这一条可能已经占用，尚未复原）。

（2）向被叫送铃流回路（可直接控制用户接口电路振铃，而不用另找路由）。

（3）预占主叫、被叫用户通话路由。

5）向被叫用户 B 振铃

（1）向用户 B 送铃流。

（2）向用户 A 送回铃音。

（3）监视主叫、被叫用户状态。

6）被叫应答通话

（1）被叫摘机应答，交换机检测到以后，停振铃和回铃音。

（2）建立 A、B 用户间通话路由，开始通话。

（3）启动计费设备，开始计费。

（4）监视主叫、被叫用户状态。

7）话终，主叫先挂机

（1）主叫先挂机，交换机检测到以后，路由复原。

（2）停止计费。

（3）向被叫用户送忙音。

8）被叫先挂机

（1）被叫挂机，交换机检测到后，路由复原。

（2）停止计费。

（3）向主叫用户送忙音。

2. 稳定状态和状态迁移

根据上述对本局接续呼叫过程的叙述，可以看出整个接续过程分为若干阶段，而每一阶段均处于一个相对稳定的状态。两个稳定状态之间由要执行的各种处理来连接。

例如，用户摘机，从"空闲"状态转移到"准备收号"状态，它们之间由主叫摘机识别、收号器接续、拨号音接续等各种处理来连接。又如"振铃"状态和"通话"状态间可由被叫摘机检测、停振铃、停回铃音、路由驱动等处理来连接。

在一个稳定状态下，若有输入信号，则进行新的处理过程，从而进入下一个稳定状态。这个过程称为状态迁移。如在空闲状态时，只有当处理机检测到摘机信号以后，才开始处理，并进行状态迁移。

同样，输入信号在不同状态下会进行不同处理，并会迁移至不同的新状态。如同样检测到摘机信号，在空闲状态下，则认为是主叫摘机呼叫，要找寻空闲收号器和送拨号音转向"等待收号"状态；如在振铃状态，则被认为是被叫摘机应答，要进行通话接续处理，并转向"通话"状态。

在同一状态下，不同输入信号的处理也不同，如在"振铃"状态下，收到主叫挂机信号，则要做中途挂机处理，收到被叫摘机信号，则要做通话接续处理。前者转向"空闲"状态，后者转向"通话"状态。

在同一状态下，输入同样的信号也可能因不同情况得出不同结果。如在空闲状态下，主叫用户摘机要进行收号器接续处理。如果遇到无空闲收号器，或者无空闲路由（收号路由或送拨号音路由），则就要进行"送忙音"处理，转向"听忙音"状态。

因此，用这种稳定状态迁移的办法可以比较简明地反映交换系统呼叫处理中各种可能的状态、各种处理要求以及各种可能结果等一系列复杂过程。

如图 3.17 所示，根据对呼叫过程及状态迁移的分析，可以将呼叫过程划分 3 个阶段。

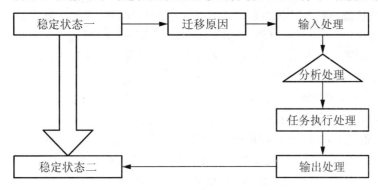

图 3.17　状态迁移过程示意图

1) 输入处理

在呼叫处理的过程中，输入处理是指识别并接收输入的处理请求和其他相关信号的过程。在交换机中，输入处理是与硬件有关的低级处理，所有的扫描程序都属于输入处理。

输入处理的主要任务是识别用户线及中继线路上信号的变化，取得输入信息，然后进行必要的处理，送入相应的队列或存储区，以便进行相应的内部处理。输入处理程序主要包含以下 5 个方面：①用户线扫描监视，监视用户线状态是否发生了变化；②中继线线路信号扫描，监视采用随路信令的中继线的状态是否发生了变化；③接收各种信号，包括拨号脉冲、DTMF 信号和 MFC 信号等；④接收公共信道信令；⑤接收操作台的各种信号等。

（1）用户摘、挂机识别。

用户摘、挂机识别是用户线扫描监视的一部分。通过对用户线状态变化的识别从而确定用户的摘、挂机行为，进而又分为主叫摘机呼出、被叫摘机应答以及挂机拆线这 3 种不同的处理过程。由于用户的摘、挂机行为是随机的，为了能及时地检测到用户线路状态的变化，就必须对用户线进行周期性的扫描。扫描周期不能过长，太长将增大时延，影响服务质量；也不能太短，太短则增加处理机的负荷。一般为100ms左右。

① 主叫摘机呼出识别。用户摘机呼出时，用户线的状态由"断开"状态转变为"接通"状态。主叫摘机时，用户忙闲表对应该用户的比特位也将从"闲"状态转变为"忙"状态。主叫摘机呼出识别就是在用户线扫描周期的100ms中找到用户线从"断开"变为"接通"这种变化，并结合用户忙闲表状态的变化自动识别到主叫摘机呼出。具体的识别原理如图3.18所示。

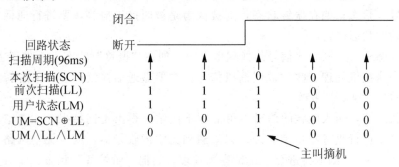

图3.18　主叫摘机呼出

设用户回路闭合时扫描结果为"0"，而回路断开时扫描结果为"1"。用户空闲时状态扫描结果为"1"，用户忙时状态扫描结果为"0"。处理即将本次扫描结果SCN、前次扫描结果LL和用户状态信息LM进行逻辑运算，主叫摘机识别的逻辑运算式为

$$(SCN \otimes LL) \wedge LL \wedge LM = 1$$

其中，$(SCN \oplus LL) \wedge LL = 1$ 只能表示某用户回路发生了由断开到闭合的变化，即用户摘机是主叫摘机呼出还是被叫应答无法识别，这要由用户原来所处的状态来确定。在主叫摘机呼出时，当检测到摘机行为后，再将用户状态由"闲"状态转为"忙"状态。

② 被叫摘机应答。被叫用户摘机应答时，用户线的状态也是由"断开"状态转变为"接通"状态。但用户忙闲表对应的该用户的比特位在应答前已经从"闲"状态转变为"忙"状态。这是主叫、被叫摘机识别的根本区别。因此被叫摘机应答的逻辑表达式为

$$(SCN \otimes LL) \wedge LL \wedge \overline{LM} = 1$$

具体的识别原理如图3.19所示。

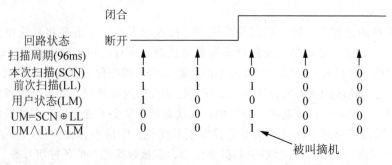

图3.19　被叫摘机应答

③ 挂机拆线。用户挂机拆线时，用户线的状态由"接通"状态转变为"断开"状态。相应的主叫、被叫用户的忙闲表对应的比特位也将从"忙"状态转变为"闲"状态。挂机拆线逻辑表达式为

$$(\text{SCN} \otimes \text{LL}) \wedge \overline{\text{LL}} = 1 \text{ 或 } \text{SCN} \wedge \overline{\text{LL}} = 1$$

具体的识别原理如图 3.20 所示。

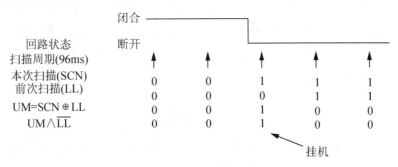

图 3.20 挂机拆线

对用户的扫描监视采用群处理的方法。所谓群处理是指将某些同类设备作为一群来进行监视，当发现一群中有一个或一个以上的设备存在处理要求时，就转入单独处理，采用这种方法比逐个设备监视的方法节省时间，效率也较高。

群处理的概念应用到这里，对于程序执行的逻辑运算应理解为在多个字长上进行运算，也就是运算结果不是代表一个用户的情况，而是一群用户。设处理机的字长为 16 位，以挂机拆线来具体说明，如图 3.21 所示。

最后结果是 UM∧LL≠0，表示至少有一个用户摘机呼出。在 16 位中出现了两个 1 表示有两个用户均摘机呼出。

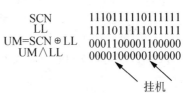

SCN	1110111110111111
LL	1111011111011111
UM=SCN⊕LL	0001100001100000
UM∧LL	0001100000100000

挂机

图 3.21 挂机拆线的群处理示意图

(2) 拨号脉冲识别。拨号脉冲识别包括脉冲识别、脉冲计数以及位间隔识别。脉冲识别用来识别每个脉冲，脉冲计数用来对代表一位数字的一串脉冲进行计数，位间隔识别用来识别两位号码之间的间隔，即相邻两个脉冲串之间的间隔。

① 脉冲识别。用户拨号中采用脉冲方式发送的脉冲信号，实际上就是用户线在一定时间内产生一个从"接通"到"断开"再到"接通"的过程，因此脉冲识别的过程与摘、挂机识别在原理上是一样的。区别只是在于扫描周期上的不同。为了正确地采集用户拨号脉冲信息，脉冲识别扫描周期的取定使得在任何一个脉冲的断、续时间内至少进入一次脉冲扫描。

显然，这就与交换机所允许的脉冲时间参数有关。脉冲时间参数包含脉冲速度（或者为脉冲重复频率）和断续比。

我国规定的号盘脉冲的参数有脉冲速度和脉冲断、续比。

脉冲速度：每秒钟送的脉冲个数。规定脉冲速度为每秒钟 8～20 个。

脉冲断、续比：脉冲宽度（断）和间隔宽度（续）之比，范围是 1∶1～3∶1。

为了满足在任何一个脉冲的断、续时间内至少进入一次脉冲扫描，应考虑最短的变化间隔。最短的变化间隔应为在最大的脉冲速度情况下，脉冲断、续比最大的脉冲的续的时间。这个时间为 1000÷20÷4＝12.5(ms)。脉冲识别扫描周期应比这个时间短，否则会造成脉冲的漏读。假定脉冲识别的扫描周期为 8ms。对于一个脉冲的识别有两种方式：脉冲前沿识别和脉冲后沿识别。脉冲前沿具体的识别过程如图 3.22 所示。

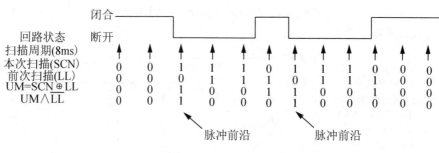

图 3.22 脉冲前沿识别

通过图 3.22 可以看出脉冲前沿识别类似挂机识别，相应地可得出脉冲后沿识别类似摘机识别。

② 脉冲计数。用户所拨号码是由一串脉冲组成的，为了保证收号的正确性，应对用户拨出的脉冲串正确计数。数字程控交换机在此也采用群处理的方法并行计数。根据处理机的字长可同时对 8、16 或 32 个用户进行计数。

图 3.23 表示使用 4 个存储单元进行并行计数的原理。

每个收号器各有一个脉冲计数器，计数器由四位组成，分别用 PC_0、PC_1、PC_2 和 PC_3 代表，每位的权值为 2^0、2^1、2^2、2^3，具体的逻辑运算为

$PC_i \oplus C_i \rightarrow PC_i$ 及 $PC_i \wedge C_i \rightarrow C_{i+1}$。式中 $i=0 \sim 3$；PC_i 指计数器第 i 位；C_i 指对第 i 位的进位。

显然，上面的逻辑运算就是半加运算，C_0 即为脉冲前沿识别的运算结果。首先将 PC_0 与 C_0 按上式进行运算得 PC_0 和 C_1，C_1 为 PC_1 位的计数脉冲，即对 PC_1 的进位脉冲，将 PC_1 与 C_1 进行运算得 PC_1 和 C_2，以此类推，可算出 PC_2 和 PC_3。

如果拨号码"3"，则这个收号器的计数器 $PC_0 \sim PC_3$ 的二进制数值相应于 0011，计数值为"3"。

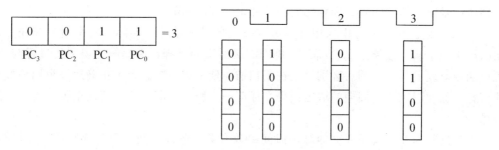

图 3.23 脉冲计数器工作示意图

③ 位间隔识别。两位号码之间的间隔称为位间隔，只有识别了位间隔，才能分清一位号码，停止脉冲计数。如果识别到位间隔，就要将计数器 PC 内的值转储到专用存储区，然后将计数器清零，准备接收下一位号码。如果未到位间隔，则继续进行脉冲识别和计数。

位间隔识别周期与脉冲识别的扫描周期不同，它主要与拨号时两位数字之间的最小时间间隔以及脉冲参数有关。具体的周期确定将在后面接收，在此设位间隔识别周期为 96ms。

位间隔识别的基本思想是：前一个位间隔周期内有脉冲变化，而本次位间隔周期内没有脉冲变化，则有一个位间隔产生。具体的位间隔识别原理如图 3.24 所示。

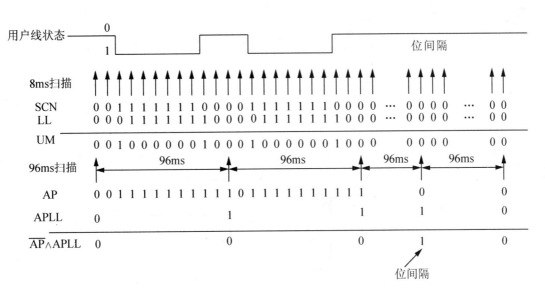

图 3.24　位间隔识别原理图

为了识别位间隔，在每个收号器监视表中设置两个比特，分别为 AP 和 APLL。AP 表示在一个位间隔识别周期（96ms）内脉冲是否发生过变化，不管是前沿变化还是后沿变化，也不管发生过几次变化以及这些变化在 96ms 周期内所处的时间位置。

每隔 8ms 进行扫描一次，识别用户回路状态的变化并进行逻辑运算得脉冲前后沿识别 $UM = SCN \oplus LL$。只要 $UM = 1$ 就表示状态发生了变化，进行下列运算并把结果存入 AP。

$UM \vee AP \rightarrow AP$，$AP = 0$ 表示无脉冲变化，$AP = 1$ 表示有脉冲变化。只要在 96ms 内识别到一次脉冲变化，就使 AP 为 1，并一直保持到这个 96ms 周期结束前为止（在此期间可能 UM 时而为 0 时而为 1）。在下一个位间隔扫描周期开始时，必须将 AP 清 0，即 AP 初始值为 0。

APLL 表示 AP 的前一周期的值。每隔 96ms 在 AP 值未清 0 以前，将 AP 值存入 APLL。如果本次识别无脉冲变化，而上次识别有脉冲变化，若 $\overline{AP} \wedge APLL = 1$，则可能变生了位间隔，但还不能肯定是位间隔，也可能是主叫用户早释。还要再判断 LL 值，若 $\overline{AP} \wedge APLL = 1$ 且 $LL = 0$（摘机）表示位间隔，若 $\overline{AP} \wedge APLL = 1$，$LL = 1$（挂机），则表示用户早释。图 3.25 是位间隔识别流程。

在此应注意变化识别 UM 和 AP 的改写是在脉冲识别和计数程序中以 8ms 的周期进行的，而 APLL 的改写是在位间隔识别程序中以 96ms 的周期进行的，两者的周期不同。在识别到位间隔时存储一位数字，并清除脉冲计数器和 AP，准备进行下一个处理程序。

（3）DTMF 号码的接收。DTMF 号码是由用户话机产生的音频信号，它由两组频率组成：高频组和低频组，每组信号由 4 个频率信号组成。每一个 DTMF 号码由一个高频信号和一个低频信号组成。采用专门的收号器来接收。

DTMF 号码是按位进行接收。当高低两个频率信号同时进入收号器时，收号器的"信号到来"标志 SP 信号出现高电平（即 $SP = 0$），表示收到一位数字，当 SP 信号呈现低电平（即 $SP = 1$）表示没有 DTMF 信号进入收号器。由于 DTMF 信号传送的时间大于 25ms，因此选择扫描周期为 16ms 就可以防止对 DTMF 信号的漏读。具体的收号过程如图 3.26 所示。

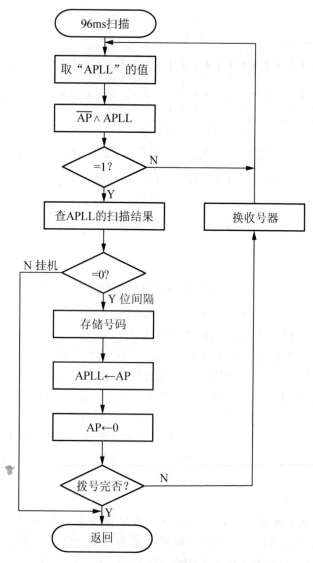

图 3.25 位间隔识别流程图

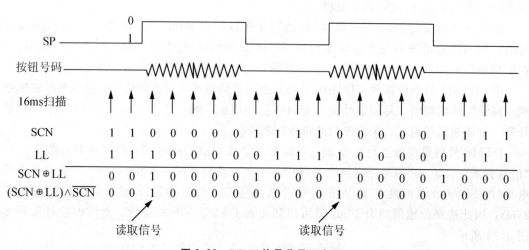

图 3.26 DTMF 信号收号示意图

2）内部处理

内部处理就是内部数据处理，对输入处理的结果（接收到的输入信号）、当前状态以及各种数据进行分析，决定下一步执行什么任务的过程，如号码分析、状态分析等。这些分析处理都属于高级处理，与硬件无关。

内部处理是对接收到的输入处理结果结合其他数据资源决定下一步的工作，它包括分析处理和任务执行处理两部分。内部处理程序的结果可以触发另一个内部处理程序或输出处理程序。

（1）分析处理。分析处理程序的一个共同的特点是要通过查表进行一系列的分析和判断。根据要分析的消息将分析处理分为去话分析、号码分析、来话分析和状态分析 4 部分。

去话分析就是在主叫摘机后，根据主叫用户数据进行一系列分析以确定应执行的任务的过程。去话分析的过程如图 3.27 所示。图中给出的是去话分析的一般流程。数字程控交换机开展的新业务的分析过程并没有给出。在用户呼出权限中的本局呼出接续是针对采用虚拟网技术后只允许访问虚拟网内部而给出的。

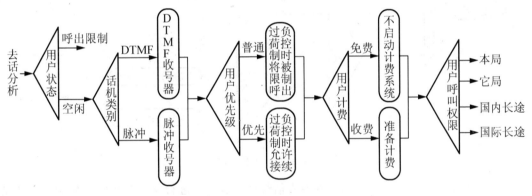

图 3.27 去话分析

号码分析是对收到的用户号码进行分析的过程，这些号码可以从用户线上直接收到，也可能是从中继上接收的其他交换局传送来的号码。号码分析可分为两个步骤：预译处理和号码分析处理。

在收到用户所拨的号码后，首先进行预译处理，即对所收到的前 1～3 号码进行分析，判断呼叫的类型，获取应收号码的长度以及接续路由等信息。当所有号码全部被接收后进行号码分析处理，即将被叫号码映射为所对应的设备号。如为本局或入局接续，则映射为用户线的设备号，如为出局或转移呼叫，则映射为相应的出中继线号。号码分析的过程如图 3.28 所示。

来话分析是在被叫用户所连的交换机中进行的，是对入局呼叫进行的分析处理过程。其数据来源是被叫的用户数据和被叫对应的用户忙闲表。来话分析的过程如图 3.29 所示。

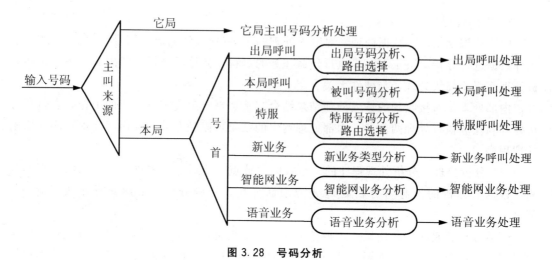

图 3.28　号码分析

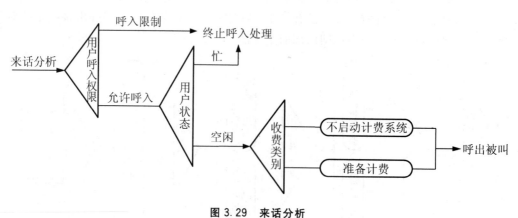

图 3.29　来话分析

在一个稳定状态下，接收到各种输入信号后，首先应进行状态分析，以确定下一步的任务。状态分析的数据来源于稳定状态和输入信息。状态分析流程图如图 3.30 所示。一个呼叫处理过程是由若干个稳定状态构成的。一个稳定状态会在一定的输入信号下迁移到另一个稳定状态。没有输入信号，状态就不会迁移。同一状态下，不同的输入信号可导致不同的处理结果。

（2）任务执行。任务执行是指从一个稳定状态迁移到下一个稳定状态之前，根据分析处理的结果处理机完成相关任务的过程。在呼叫处理过程中，当某个状态下收到输入信号后，分析处理程序要进行分析，确定下一步要执行的任务。在任务执行的过程中，要输出一些信令、消息或动作命令，输出处理就是完成这些信令、消息的发送和相关动作的过程。

3）输出处理

输出处理用来完成话路设备的驱动，即根据分析处理的结果发出一系列的控制命令。输出处理与输入处理一样，也是与硬件相关的低级处理。输出处理就是根据分析结果执行输出指令，使相应的话路设备动作或驱动交换网络，从而使交换机从一个稳定状态迁移到另一个稳定状态。

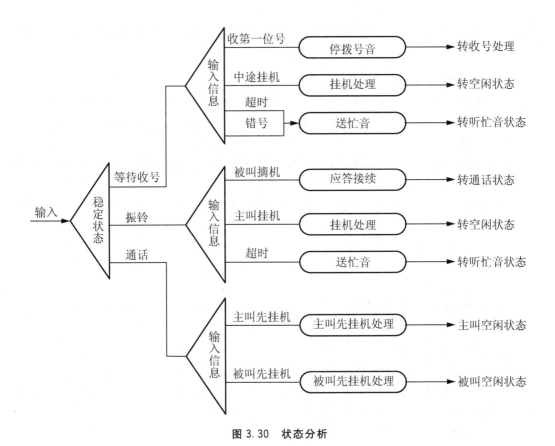

图 3.30　状态分析

对话路设备的驱动包括：对用户电路、中继电路等设备的驱动，如线路测试、振铃控制、发送线路信号和多频互控信号等，由处理机根据分析的结果编制好相应的驱动信息。由于话路设备(动作慢)与处理机(速度快)在速度上不匹配，所以处理机把驱动信息存入驱动存储器(亦叫信号分配存储器)，再由驱动控制器一条一条地取出指令，完成话路的驱动任务。在某项任务完成时，还要进行终了处理，主要是改写相应表格的内容(复原的硬件要在确认复原稳定后在忙闲表中示闲)。对交换网络的驱动信息亦由处理机编制好以后存入控制存储器。驱动信息的内容应包括设备码、PCM 母线号和时隙号，按照控制方式的不同完成通路的建立和时隙交换。

输出处理主要包括以下内容。

(1) 发送并分配各种信号音(例如，拨号音、忙音等)。

(2) 通话话路的驱动、复原(发送路由控制信息)。

(3) 发线路信令和记发器信令。

(4) 发送公共信道信令。

(5) 发送计费脉冲。

(6) 发送处理机间通信信息。

(7) 发送测试码等。

3.3.2　数字程控交换机的软件系统的组成及特点

随着通信技术的不断发展，在数字程控交换机中，硬件设备投资所占的比重越来轻，而软件系统正好相反。软件系统所提供的新功能已经成为数字程控交换机性能的重要特征。

1. 软件系统的组成

整个软件系统由 3 部分组成，分别是操作系统、应用程序以及交换所需的数据。应用程序又包括运行管理程序和支援程序，数据分为交换系统数据、局数据和用户数据。

1) 操作系统

数字程控交换机的操作系统是交换机硬件与应用程序之间的接口，负责资源的调度与管理，包括以下主要功能。

（1）任务调度：在交换机中的程序按其实时性的要求分为不同的优先级，任务调度就是按照优先级的不同为不同的程序分配处理机的机时。

（2）输入/输出控制：控制电话外部设备及数据存储设备的输入/输出操作。

（3）系统资源的分配：为进行中的处理过程分配系统资源，如存储器、外部设备资源等。

（4）处理机间通信的管理与控制：为多处理机系统提供相互通信的平台，并加以控制。

（5）系统运行的监测。

在任务调度过程中，根据程序的其实时性要求可分为三级。

（1）故障级程序。负责故障的识别与处理，它的级别最高，如果产生故障必须立即处理。在故障级程序中根据故障的紧急情况，进一步分为 FH、FM、FL 三级。

（2）时钟级程序。由时钟中断周期性的执行，因此也称为周期级，如脉冲识别、位间隔识别等。根据实时性要求的不同还可分为 H、L 两级。它的优先级介于故障级和基本级之间。

（3）基本级程序。对实时性要求不高或可延迟执行的程序，如交换机的维护、管理等。基本级程序又分为 BQ_1、BQ_2、BQ_3 三个级别。

不同级别程序的调度与处理如图 3.31 所示。在程序的调度过程中，遵循以下基本原则。

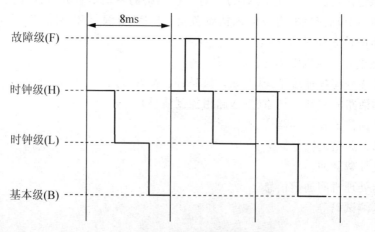

图 3.31 不同级别程序的调动与处理

（1）故障级程序可以打断正常执行的低优先级程序，优先执行。

（2）时钟级由时钟中断周期性执行。

（3）基本级程序按照队列方式采用"先入先出"的方式执行。

按照上述原则，在第一个中断周期中先执行 H 级程序，然后是 L 级程序，最后是 B 级程序，直到下一个时钟中断到来。在第二个中断周期中，H 级程序正在执行中，有了故障级任务，处理机打断正在执行的程序，进行断点保护后执行故障级程序。故障级程序处理完后，返回断点接着执行 H 级剩下的程序，H 级程序处理完后，执行 L 级程序，直到下一个时钟中断到来，没有执行的 B 级任务可延迟执行。在第三个中断周期中，依次执行完 H 级、L 级和 B 级任务后，在下一个时钟中断到来之前处理机处于等待状态，这样的设计可增强处理机的过负荷能力。

正常情况下，在时钟周期到来时，程序的调度执行总是从时钟级开始。时钟级程序的调度执行以一种时钟中断为基准，用时间表作为调度依据来进行。时间表具体的执行过程如下所示。时间表由 4 部分构成，分别是计数器、屏蔽表、时间表和功能程序入口地址表，如图 3.32 所示。

	F	E	D	C	B	A	9	8	7	6	5	4	3	2	1	0	
时间计数器(8ms)																	
屏蔽表	1	1	1	1	1	1	1	1	1	1	1	1	1	1	0	1	屏蔽表
T₀														1	1	1	
T₁										1				1	1	1	
T₂									1				1	1	1	1	
T₃											1			1	1	1	时间表
T₄										1				1	1	1	
T₅									1						1	1	
T₆														1	1	1	
T₇															1	1	
T₈									1					1	1	1	
T₉															1	1	
T_A														1	1	1	
T_B	1														1	1	
功能程序入口地址表					计数器清零				用户群四扫描程序	用户群三扫描程序	用户群二扫描程序	用户群一扫描程序	位间隔识别程序	DTMF号码识别程序	测试用拨号脉冲识别程序	拨号脉冲识别程序	功能程序入口地址表

图 3.32 时间表启动周期级程序

时间计数器是一个时钟中断计数器，初始值为"0"。每次时钟中断到来时，都要对时间计数器做加"1"操作，产生的值作为时间表的行地址，进而对该行的数据进行处理。时间表的行代表时钟周期，列代表程序。因此时间表的行数由时间表要调度管理的程序中周期最长的程序决定，列数由处理机的字长决定。如字长为 16，就可对 16 个时钟级程序进行调度管理。若在第 i 行第 j 列的比特位的值为"1，则表示在第 i 个时钟中断到来时，第 j 列对应的程序被调用；若为"0"则不被调用。程序地址表保存被调用程序的入口地址。屏蔽表用于控制在该时刻该程序是否被调用执行，屏蔽表的每一位对应一个程序，如果某一位为"1"则表示该程序可执行，否则不执行，即使时间表中对应的比特位的值是"1"。屏蔽表提供了一种灵活控制程序调用的机制，不用频繁更改时间表。

根据上述的描述可知时间表控制的程序进行如下操作：拨号脉冲识别每 8ms 执行一次；DTMF 号码识别每 16ms 执行一次；位间隔识别每 96ms 执行一次；用户线扫描每 96ms 执行一次；计数器清零每 96ms 执行一次。

2）应用程序

应用程序包括运行管理程序和支援程序，运行管理程序又分为呼叫处理程序、运转管理程序和故障处理程序。

呼叫处理程序用于处理呼叫，进行电话接续，是直接负责电话交换的软件。它具有以下功能。

（1）交换状态管理：在呼叫处理过程中有不同的状态，如空闲状态、收号状态等，由交换状态管理程序负责状态的转移及管理。

（2）交换资源管理：交换机有许多电话外部设备，如用户设备、中继线、收发码器、交换网络等，它要在呼叫处理过程中测试和调用，因此由呼叫处理程序管理。

（3）交换业务管理：程控交换机有许多新的交换业务，如叫醒业务等，它也属于呼叫处理的一部分。

（4）交换负荷控制：根据交换业务的负荷情况，临时性控制发话和出局呼叫的限制。

运转管理程序用于掌握交换机的工作状态，如话务量统计，如用户号码或类别改变时，均可打入一定格式的命令，即可自动更改。

故障处理程序可以及时识别并切除故障设备，并以无故障设备继续进行交换工作。

支援程序主要是指在软件开发及调试安装过程中使用的程序，这部分程序在设备正常运行情况下是不使用的。

3）交换所需的数据

数字程控交换系统的数据包括交换局的局数据、用户数据和交换系统数据。

局数据是用来反映交换局在交换网中的地位或级别、本交换局与其他交换局的中继关系的相关数据。它主要包括以下几种：中继路由的组织、数量；接收或发送号码的位长、局号、长途区号以及信令点编码等；计费费率及相应数据；信令方式。

局数据的设计涉及电话网中与本局直接相连各局的中继关系，应做到与各相关局在相关数据上完全一致，以避免各交换局中继关系发生矛盾。

用户数据是每个用户所特有的，它反映了用户的具体情况，用户数据主要有以下几种。

（1）用户性质：私人电话用户、公用电话用户、用户交换机用户等。

（2）用户类别：电话用户、数据用户。

（3）话机类别：脉冲话机、DTMF 话机。

（4）计费种类：定期、立即、免费等。

（5）优先级别：普通用户、优先用户。

（6）用户号码：用户号码簿号码、用户设备号。

（7）业务权限：呼叫权限、新业务权限。

（8）呼叫过程中的动态数据：呼叫状态、时隙、收号器编号、所收号码等。

系统数据是在交换机出厂前编写好的，主要包括设备数量，用户线数量，中继线数量及方向，收号器数量，各种框，板的数量，采用何种交换单元组成交换网络等。还包括存储器的地址分配，交换机的各种信号、编号等。

2. 特点

1）并行处理

在数字程控交换机中，若干任务同时在进行，数字程控交换机的软件系统要满足这种要求，在执行过程中就需要同时进行多个任务。根据处理机速度快、硬件设备动作慢的特点，交换机采用处理机被多个终端分时使用，从而使多台设备同时工作。

2）实时性

话音业务对实时性要求很高，为此数字程控交换机的软件系统必须满足这一要求，从而使数字程控交换机具有一定的业务处理能力和服务质量。

3）高可靠性

保证业务的连续性和稳定性是数字程控交换机必须满足的条件之一。所以数字程控交换机的软件系统也必须在多个方面来保证数字程控交换机的正常运行，特别是对故障进行识别和处理的程序必须迅速有效，另外，还采用冗余等方式来保证系统的正常运行。

3.4 数字程控交换机的性能指标

评价一台数字程控交换机的处理性能通常有 3 个指标：话务量、呼损及单位时间内呼叫处理的次数。

3.4.1 话务量

1. 话务量的基本概念

话务量反映电话用户在电话通信使用上的数量要求，它是由用户进行呼叫并且占用交换设备而形成的。话务量受 3 种因素的影响：一是考察话务量的时间范围 T；二是在时间 T 内由终端 i 发出的呼叫数 n_i；三是由话源 i 发出的呼叫平均占用时长 S_i。

在时间 T 内由 N 个话源流入交换系统的话务量 A_T，为

$$A_T = \sum_{i=1}^{N} n_i S_i \tag{3.1}$$

话务量的计量单位用"小时呼"或"分呼"。单位时间内流入的话务量称为话务流量（或话务强度）A，习惯上，人们称话务流量为话务量。

$$A = \frac{\sum_{i=1}^{N} n_i S_i}{T} \tag{3.2}$$

话务流量的计量单位用"爱尔兰"(Erl)表示，简写为"e"或"E"。用来纪念话务理论创始人——丹麦学者爱尔兰。一个爱尔兰的话务流量表示在一小时内有 3 个 20 分钟占用时长的呼叫，或者有 6 个 10 分钟占用时长的呼叫。对话务流量的表示还有另一个单位每小时百秒呼(CCS)，北美各国常用。1Erl＝36 CCS。

2. 话务量的特性

话务量是衡量数字程控交换机的重要指标，了解它的特性可以使交换机更好运行，减少维护量，提高服务质量。话务量具有以下的特性。

1）话务量的波动性

一般来说，交换机的话务量经常处于变化之中。例如，一昼夜内各个小时的话务量是不一样的；不同日子里同一时间的话务量也是不相同的。话务量的这种变化是多方面因素影响的综合结果。如季节性的影响、节假日的影响、临时发生的特殊因素的影响等。就是在一天之内，话务量还受白天与夜间的影响(夜间多数人睡觉)，上班时间与下班时间的影响(上班时间公务电话多)。总之，交换机的话务量是随时间不断变化着的。这种变化称为话务量的波动性。

2）话务量的周期性

对话务量进行的长期观察表明，话务量除了随机性的波动外，还存在着周期性，也就是说有某种规律的波动。在话务量强度的规律性波动中，具有重要意义的是一昼夜内各小时的波动情况。尽管每天的波动规律不尽相同，但都有相似的规律，白天话务量大，晚上话务量小等。

3）话务量集中系数的采用

为了在一天中的任何时候都能给电话用户提供一定质量的服务，交换机设备数量应根据一天中出现的最大话务量进行计算。这样，在话务量非高峰的时间里，服务质量就不会下降。我们把一天中出现最大平均话务量的一个小时称为最繁忙小时，简称为忙时。忙时话务量的集中程度，用话务量集中系数 K 来表示。它是忙时话务量与全天话务量的比值，即

$$K = \frac{\text{忙时话务量}}{\text{全天话务量}}$$

集中系数 K 的值一般为 8％～15％，它主要与用户类型有关，系数越小，设备的性价比越高。

3. 话务量的计算

根据前面的介绍，话务量与呼叫次数以及每次呼叫平均占用的时长有关。如果 N 个话源在时间 T 内发出的呼叫次数都是 n，各次呼叫的平均占用时间都是 S，则

$$A = \frac{n}{T}SN = \lambda SN \tag{3.3}$$

式中：λ 称为平均呼叫强度，单位为"次/小时"，表示 N 个话源在单位时间内产生的平均呼叫次数。

例如，某个话源在 2 小时内共发生 4 次呼叫，每次呼叫持续的时间分别为 600s、100s、900s 和 200s，则

平均呼叫时长为：$S = \dfrac{600+100+900+200}{4} = 450(s) = 0.125(h)$

话务量为：$A_T = n * S = 4 * 0.125 = 0.5h$

话务流量为：$A = \dfrac{A_T}{T} = \dfrac{0.5}{2} = 0.25e$

平均呼叫强度：$\lambda = \dfrac{n}{T} = \dfrac{4}{2} = 2$ 次/小时

实践中 λ 和 S 受到多种因素的影响，均随时间和用户行为而变化。影响 λ 的因素有以下几种。

（1）时间：随不同的月份、不同的日子、不同时刻而不同，如除夕、节假日等。

（2）突发事件：举办奥运会、发生自然灾难等。

（3）话机普及率：与人均占有话机数有关。

（4）用户遇忙时的表现：放弃、重拨。

（5）费率：长途话费减免时拨打长途的用户就多。

影响 S 的因素有以下几种。

（1）通话性质：公务电话短，私人电话长。

（2）通话距离：统计表明近似与通话距离成正比。

（3）费率。

（4）用户习惯。

由于以上的因素，在实际过程中对话务量的分析计算十分困难，一般使用统计的方法，先在计算机中进行模拟，再在实践过程中加以调整。

ITU-T 建议 Q.80 把一年最忙的 30 天内的忙时话务量平均值定义为平均忙时话务量，把一年最忙的 5 天内的忙时话务量的平均值作为异常忙时话务量。

3.4.2 呼损的计算及呼损指标

呼损是指交换机由于机键拥塞或中继线不足而引起的阻塞概率，是衡量交换机质量的重要指标之一，呼损可用小数表示也可用百分数（%）表示。

1. 计算呼损的方法

有两种计算呼损的方法：一种是按时间计算的呼损 E；另一种是按呼叫次数计算的呼损 B。

"时间呼损" E 等于出线全忙时间与总考察时间（一般为忙时）的比值，或指在一小时内全部中继线处于忙态的百分数。

"呼叫呼损" B 是指一段时间内出线全忙时，呼叫损失的次数占总呼叫次数的比例，或指呼叫第一次就失败的次数。

2. 呼损指标及其分配

我国规定的数字电话网的全程呼损指标为：数字长途电话网全程呼损≤0.098；数字本地电话网全程呼损≤0.043；数字市内电话网全程呼损≤0.021（经一次汇接）；数字市内电话网全程呼损≤0.027（经二次汇接）。

数字交换机呼损的分配见表 3-1。

表 3-1 数字程控交换机呼损分配

连接类型	额定负荷 A	最高负荷 $B=1.25A$
本局呼叫	0.01	0.04
出局呼叫	0.005	0.03
入局呼叫	0.005	0.03
转接呼叫	0.001	0.01

3.4.3 呼叫处理能力

呼叫处理能力是在保证规定的服务质量标准前提下，处理机能够处理呼叫的能力。这项指标通常用"最大忙时试呼次数"来表示，即 BHCA。这是评价交换系统的设计水平和服务能力的一个重要指标。

1. BHCA 的基本模型

与话务量一样，对于 BHCA 的精确计算比较烦琐，主要是因为处理机处理不同的程序所花费的时间受诸多因素的影响，因此对于处理机的呼叫处理能力的测算通常采用一个线形模型来粗略估算。根据这个模型，处理机在单位时间内用于处理呼叫的时间开销为

$$t = \alpha + bN \tag{3.4}$$

其中，α 为与话务量无关的固有开销，它主要与系统容量、设备数量等参数有关。b 为处理一次呼叫的平均开销时间，它与不同的呼叫结果(中途挂机、被叫忙、完成呼叫等)以及不同的呼叫类型(本局呼叫、出局呼叫、入局呼叫等)有关。N 为单位时间内处理的所有呼叫的次数，即处理能力值(BHCA)。通常情况下，处理机的忙时利用率不会达到100%，时间开销一般为 $0.75 \sim 0.85$。

例如，某处理机忙时用于呼叫处理的时间开销平均为 0.85(即忙时利用率)，固有开销 $\alpha = 0.29$。处理一个呼叫需 16000 条指令，每个指令平均需要 $2\mu s$。则该处理机的处理能力如何？

根据条件 b 为处理一次呼叫的平均开销时间，在数值上就是执行所有指令的时间的总和，所以

$$b = 16000 \times 2 = 32000\mu s = 32ms$$

代入式(3.4)中，则

$$0.85 = 0.29 + \frac{32 \times 10^{-3}}{3600} \times N$$

$$N = \frac{(0.85 - 0.29) \times 3600}{32 \times 10^{-3}} = 63000 \text{ 次/小时}$$

2. 影响 BHCA 的主要因素

影响程控交换机呼叫处理能力的因素很多，主要有以下几个方面。

(1) 处理机能力。包括处理机的速度，速度越高，呼叫处理能力越强；同样的处理速度的情况下，指令功能越强，呼叫处理能力越强；处理机采用的 I/O 接口的类型，不同 I/O 接口其控制和通信的效率不同，处理机提供的 I/O 接口效率越高，其呼叫处理能力也越强。

(2) 处理机间的结构和通信方式。数字程控交换机均采用多处理机结构。处理机之间

的通信方式、不同处理机之间的负荷(或功能)分配、冗余方式的采用、多处理机系统的组成方式都和系统的呼叫处理能力有关。系统结构合理,各级处理机的负荷(功能)分配合理,所有处理机才能充分发挥效率,这相当于提高了处理机的处理能力。

(3) 各种开销所占的比例。根据前面的介绍,交换机的处理时间可分为两部分,呼叫处理的时间开销和其他开销。在一定范围内呼叫处理的时间开销所占比例越大,呼叫处理能力越强。

(4) 软件设计水平的影响。呼叫处理软件从它的结构、采用的编程语言以及软件编程中采用的技术对呼叫处理能力都会造成很大的影响。例如,高级语言的代码效率比汇编语言的代码效率要低。

(5) 系统容量的影响。系统容量和呼叫处理能力有直接关系,一台处理机所控制的系统容量越大,它用于呼叫处理所花费的开销也就越大,例如,扫描的固有开销越大,处理机的呼叫处理能力就越低。

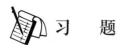 习　题

一、填空题

1. 内部处理中的分析处理程序包括_____种,分别是_____。

2. 按照程序的实时性和紧急性,数字程控交换系统的程序分为_____级,分别是_____。

3. 0.5Erl＝_____CCS。

4. 处理机的双机冗余配置方式有_____种,分别是_____。

二、选择题

1. 模拟用户接口电路包含的功能有(　　)。

A. 同步　　　　　　B. 过压保护　　　　C. 馈电　　　　D. 混合电路

E. 帧码产生　　　　F. 编译码和滤波　　G. 振铃　　　　H. 监视

I. 效验　　　　　　J. 测试

2. 数字程控交换系统的数据包括(　　)。

A. 应用数据　　　　B. 局数据　　　　　C. 存储数据　　　D. 用户数据

E. 交换系统数据　　F. 维护数据

三、思考题

1. 数字程控交换机的特点是什么?

2. 试述几种常用的电话新业务。

3. 程控交换系统的硬件由几部分组成,各部分的功能是什么?

4. 模拟中继接口电路与模拟用户接口电路的功能有什么不同?

5. 试说明数字程控交换机中的主叫摘机识别原理。

6. 图 3.24 的时间表中要加上一个执行周期为 192ms 的程序,在不扩展时间表的容量的情况下,如何实现?

7. 计算呼损的两种方式有什么不同?

8. 什么是 BHCA? 影响 BHCA 的因素有哪些?

第4章 数据交换技术

随着计算机应用的普及，数据交换技术已经替代电话交换技术成为人们在日常生活、工作、学习中进行信息交换最主要的通信技术。数据交换技术采用不同于电话交换的交换技术，其根本思想是利用"存储转发"完成不同终端之间的数据交换。本章按照技术出现的先后顺序，分别介绍分组交换、ATM交换、IP交换等数据交换技术。

■ 教学目标

> 了解数据通信的基本概念；
> 掌握分组交换的基本原理、工作方式及特点；
> 掌握分组交换网路由选择和流量控制的方法；
> 理解 ATM 交换技术的基本概念及工作原理；
> 掌握 ATM 交换机的组成及 ATM 网络拥塞控制技术；
> 掌握 IP 交换技术的基本概念及工作原理；
> 理解标记交换、多协议标记的基本概念及工作原理。

■ 教学要求

知识要点	能力要求	相关知识
数据通信的方式及特点	掌握 3 种交换技术的特点及工作原理	分组的概念
分组交换原理及工作方式	(1) 了解同步时分和异步时分的特点 (2) 掌握分组交换的工作原理 (3) 掌握分组交换的两种工作方式	统计时分复用
分组交换网路由选择和流量控制	(1) 掌握路由选择的要求和方法 (2) 掌握流量控制的目的和方法	
ATM 概念和特点	(1) 了解异步传输的特点 (2) 掌握信元结构和 ATM 交换的特点 (3) 了解 B–ISDN 协议模型的结构	VC、VP 交换
ATM 交换原理	(1) 掌握 ATM 交换原理 (2) 掌握 ATM 交换机的基本组成和基本功能 (3) 掌握 ATM 网络拥塞控制的方法	
IP 交换的特点及工作原理	(1) 了解 IP 与 ATM 结合的两种模型 (2) 掌握 IP 交换机的组成及工作原理	
标记交换的特点及工作原理	(1) 了解 IP 与 ATM 结合的两种模型 (2) 掌握 IP 交换机的组成及工作原理	

推荐阅读资料

陈锡生，糜正琨. 现代电信交换[M]. 北京邮电大学出版社，1999.

郑少仁，罗国明. 现代交换原理和技术[M]. 电子工业出版社，2006.

茅正冲，姚军. 现代交换技术[M]. 北京大学出版社，2006.

基本概念

分组交换：是指将用户要传送的信息分割成若干个分组，传输网采用存储转发的方式传送分组至目的用户。

ATM：是指异步传输模式。在这个模式中用户信息被组织成固定长度的信元，信元随机占用信道资源。

IP 交换：是在第三层上进行的交换技术，它是 Ispilon 公司提出的专门用在 ATM 网上传送 IP 分组的技术。

标记交换：是 Cisco 公司推出的一种传统路由器与 ATM 技术相结合的多层交换技术，是利用标记进行的分组交换技术。

多协议标记交换：是标记交换的进一步发展，其特点是支持多种协议。

引例： 分组交换技术的产生

分组交换技术是在冷战时期美国军方研究人员在如何确保军事电话安全的研究课题中提出来的，针对的是话音通信，而非数据通信。但当时的数据通信基于传输质量相对较差的电话通信网络，如何保证数据传输的安全、可靠是一个亟待解决的课题。当时美国国防部领导的远景研究规划局 ARPA 提出要研制一种崭新的网络对付来自苏联的攻击威胁。

这个新型网络必须满足以下几个基本要求。

(1) 不是为了打电话，而是用于计算机之间的数据传送。

(2) 能连接不同类型的计算机。

(3) 所有的网络节点都同等重要，这就大大提高了网络的生存性。

(4) 计算机在通信时，必须有迂回路由。当链路或节点被破坏时，迂回路由能使正在进行的通信自动地找到合适的路由。

(5) 网络结构要尽可能地简单，但要非常可靠地传送数据。

分组交换技术的提出很好地满足了上述要求，并且可以提供较为丰富和普遍的接入。随着技术的不断进步，分组交换技术在数据通信方面得到了长足的发展和普遍的应用。

4.1 数据通信概述

数据通信是计算机技术和通信技术相结合而产生的一种通信方式。它通过通信线路将数据终端(信源或信宿)与计算机连接起来，从而可使不同地点的数据终端直接利用计算机来实现软件、硬件和信息资源的共享。

4.1.1　数据通信系统的基本概念

数据通信系统基本构成如图4.1所示，它是由数据终端设备(DTE)、数据电路和计算机系统组成的。数据终端设备根据数据通信业务内容的不同，可分为分组型终端(PT)和非分组型终端(NPT)两大类。

(1) 分组型终端：包括计算机、数字传真机、智能用户电报终端(Teletex)、用户分组装拆设备(PAD)、用户分组交换机、专用电话交换机(PABX)、可视图文接入设备(VAP)、局部地区网(LAN)设备和各种专用终端等。

(2) 非分组型终端：包括个人计算机终端、可视图文终端、用户电报终端和各种专用终端等。

数据电路由传输信道和数据电路终接设备(DCE)组成。

DCE是数据通信设备中的一种，其主要功能是在数据终端设备和其接入的网络之间进行接口规程及电气上的适配，不同的数据通信系统所用的数据电路终接设备可以有所不同。如果传输信道属于模拟信道，DCE的作用就是把DTE送来的数据信号变换为模拟信号再送往信道，或者反过来把信道送来的模拟信号变换成数字信号再送到DTE；如果信道是数字的，则DCE的作用是实现信号码型与电平的转换、信道特性的均衡、收发时钟的形成与供给以及线路接续控制等。

传输信道的分类如下所示。

(1) 根据信道中传输的信号的性质，可分为模拟信道和数字信道。

(2) 根据信道采用的介质，可分为有线信道和无线信道。

(3) 根据信道的复用方式，可分为频分信道和时分信道。

(4) 根据用途还可分为专用线路和交换网线路。

计算机系统是数据通信系统的核心部分，通常由通信控制器和中央处理机两部分组成。它具有处理由数据终端设备输入的信息数据并将其结果输出给数据终端的功能。通信控制器设在中央处理机和通信线路之间，用于管理与数据终端相联结的所有通信线路。中央处理机用于处理由数据终端输入的数据。

当数据电路建立之后，为了进行有效的通信还必须按一定的规程对传输过程进行控制，以达到双方协调而可靠地工作。这些功能在图4.1所示的系统中是由传输控制器和通信控制器来完成的。

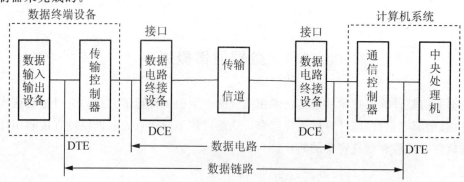

图 4.1　数据通信系统构成

4.1.2 数据通信的特点

数据通信和传统的电报、电话通信有着重要的区别。电报、电话通信是人与人之间的通信，而数据通信则是实现终端与终端或计算机之间的通信，在传输过程中按一定的规程进行控制，以便双方稳定可靠地工作。这些规程由图4.1中的传输控制器和通信控制器具体地执行。数据电路加上传输控制规程就是数据链路(Data Link)。当建立了数据链路之后，由于它具有严格的传输控制规程所赋予的差错检测与纠正功能，故所提供的数据传输质量要比一般的传输电路的质量好得多，误码率可由 1×10^{-5} 提高到 1×10^{-10} 左右。其次，数据通信克服了距离和时间上的障碍。通常使用计算机时，其信息源不一定在计算机中心附近，如果采用成批处理和集中运算，势必造成人力、物力的巨大浪费，而且满足不了实时处理的需要。有了数据通信系统以后，计算机处理的信息只需几秒至数十秒即可获得结果，为计算机的应用开辟了广阔的前景。

综上所述，数据通信具有如下特点。

(1) 数据通信是人-机或机-机间的通信，计算机直接参与通信是一个重要特征。

(2) 数据通信传输和处理的是离散数字信号，而不是连续的模拟信号。

(3) 传输速率高，要求接续和传输响应时间快。

(4) 传输系统质量高，要求误码率在 $10^{-8}\sim10^{-10}$ 左右。

4.1.3 分组交换技术的产生

目前数据通信系统中广泛采用的交换技术是分组交换技术，这种技术可以很好地满足数据通信的特点。在分组交换技术产生之前，数据交换方式经历了电路交换、报文交换、分组交换等过程。

1. 电路交换

电路交换是指两台计算机或终端在相互通信时，使用同一条实际的物理链路，在通信过程中始终使用该条链路进行信息传输，且不允许其他计算机或终端同时共享该链路。电路交换包括公用电话网、公用电报网和电路交换的公用数据网(CSPDN)。前两种电路交换方式属于传统方式，后一种电路交换的公用数据网是在 20 世纪 60 年代发展起来的，它的原理与公用电话网基本相似，所不同的是它以 4 线或 2 线方式连接用户，速率为1200～9600bps。

为突破用户线上传输比特率的限制，20 世纪 70 年代又提出了基于电路交换的数据网络，改造后的用户线允许直接进行数字信号的传输，这样就构成了全数字化的电路交换数据网络(CSDN)。在该网络中，数字接入可以提供 64Kbps 和 128Kbps 速率的数字信号的直接接入，而不需要其他附加设备来完成模/数和数/模转换。

电路交换的优点：首先是传输时延小，对一次接续而言，传输时延固定不变；其次，信息在数据通路中"透明"传输，交换机在处理方面的开销比较小，对用户的数据信息没有附加的控制信息，信息的传输效率比较高；再次，信息的编码方法和信息格式不受网络的限制，由通信双方协商。

电路交换的缺点：首先是电路的接续时间较长，当传输较短信息时，网络利用率低；其次，电路资源被通信双方独占，电路利用率低；再次，通信双方在信息传输、编码格式、同步方式、通信协议等方面要完全兼容，限制了各种不同速率、不同代码格式、不同通信协议的用户终端的直接互通；最后，有呼损现象的产生。

2. 报文交换

为了克服电路交换中的缺点，提高线路利用率，提出了报文交换的思想，其基本原理是"存储—转发"的概念，即将用户的报文存储在交换机的存储器中（内存或外存），当所需要的输出电路空闲时，再将该报文发向接收交换机或终端。

在报文交换中信息的格式是以报文为基本单位的。一份报文包括3部分：报头（发信站地址、收信站地址及其他辅助信息）、正文（传输用户信息）和报尾（报文的结束标志，若报文长度有规定，则可省去此标志）。

报文交换的优点：首先是由于其局间中继线并不固定分配给一对用户，而是多个用户报文共同使用，所以中继线利用率高；其次是由于采用"存储—转发"方式，可实现不同速率、不同规程、不同代码终端间的互通，而且可以采用点对多点的同文广播等新业务。

报文交换的缺点是：因为以报文为单位进行存储转发，所以网路传输时延大并且占用大量的内存与外存空间，对于系统安全性要求特别高，要求网路时延较短的数据通信系统不能适应。

能否找到既有较高的中继线利用率，又具有较短的网路传输时延的方式呢？也就是说，能集电路交换和报文交换的优点于一体的交换方式，就是分组交换方式。

3. 分组交换

分组交换也称包交换，它也采用"存储—转发"方式在网内传输，但是将用户发来的一整份报文分割成若干定长的数据块（即分组），这是分组交换与报文交换的一个主要区别。

在分组交换网中，由于分组长度较短，又具有统一的格式，因此便于在处理机中进行存储与转发，同时在交换机中采用了具有高速处理能力的计算机，从而减少了交换机对分组的处理时间，因此减少了网路传输时延，从而满足了大多数数据用户对信息传输的实时性要求。

分组交换在线路上采用动态复用的技术传送各个分组，所以线路利用率较高，同时也大大降低了用户的通信费用，经济性好；其次，分组交换实质上是在"存储—转发"的基础上发展起来的，它兼有电路交换和报文交换的优点，可以向用户提供不同速率、不同代码、不同同步方式、不同通信控制协议的数据终端之间相互通信的通信环境；再次，由于每个分组在网络中传输时可以在用户线和中继线上采用差错校验，因此可靠性得到很大的提高，一般可以达到 10^{-9}。

分组交换由于采用了不同于电路交换的"存储—转发"的交换技术，由网络附加的传输信息较多，因此对长报文通信的传输效率较低；其次，由于分组交换机要对各种类型的"分组"进行分析处理，所以技术实现复杂。

综上所述，数据交换技术经历了电路交换、报文交换、分组交换的发展过程，3种交换技术具有各自的优缺点。表4-1是3种交换方式的比较。

表 4-1 3种交换方式的比较

分类	电路交换	报文交换	分组交换
接续时间	较长，平均 15s	较短，只需接通交换机	较短，不需要物理链路的建立
传输时延	短，偏差小，ms 级	长，偏差大，约 1min 左右	短，偏差大，在 200ms 左右
传输质量（误码率）	1×10^{-7}	1×10^{-10}	1×10^{-15}
数据可靠性	一般	较高	高
实时会话业务	适用	不适用	轻负荷下适用
电路利用率	低	高	高
交换机费用	比较便宜	较高	较高
信号传输的"透明"性	有	无	无
异种终端的互连性	不可	可以	可以
对过载的反应	拒绝呼叫接续	排队等待，时延增加	进行流量控制，时延增加

4.2 分组交换技术

分组交换也称包交换，它是为了适应计算机通信的需要而发展起来的，也是数据通信的重要手段之一。针对数据通信业务的突发性和高可靠性的特点，分组交换采用统计时分复用（按需分配通信资源）和存储转发（进行差错控制）技术以适应数据通信的需求，在通信资源的利用方面比电路交换具有更高的效率，因而，分组交换成为数据通信领域中的主导交换方式，是数据交换技术的基础。

4.2.1 分组交换的基本概念及原理

随着计算机网络的发展，数据通信业务急剧增长，数据通信与话音通信对通信网的传输要求有很大区别。

数据通信的主要特点是突发性很强、对传输的时延不太敏感、对传输差错十分敏感。突发性的定量描述为峰值比特率和平均比特率之比，对于数据通信而言，突发性可高达 50，突发性强表现为在短时间内会集中产生大量的信息。如果数据通信采用电路交换方式，为用户固定分配传输带宽，则在用户没有信息发送时，其他的用户也不能使用这部分已分配的空闲带宽，信道利用率低；而在用户需要高速传输数据时，用户能够使用的最大传输带宽又受限于分配给用户的带宽，也不能满足用户的传输要求。传输差错敏感是指数据通信要求数据传输的内容不能出错，重要数据微小的错误都可能造成灾难性后果，由于电路交换方式中没有提供数据传输过程中差错控制的措施，所以无法保证数据通信的可靠性。由于数据通信的上述特点，所以数据通信不采用电路交换方式，而主要采用分组交换方式。

分组交换采用存储转发技术。在分组交换中，将用户需发送的整块数据分割成较小的数据段，在每个数据段的前面加上一些必要的地址和控制信息组成分组头，就构成了一个分组。这些分组以"存储转发"的方式在网络中传输。即每个节点首先对收到的分组进行暂存，检测分组在传输中有无差错，对有差错的分组进行恢复，再分析分组头中的有关选路信息，进行路由选择，并在选择的路由中排队，等到信道空闲时转发给下一个节点或目的用户终端。这一过程就称为分组交换，进行分组交换的通信网称为分组交换网。

分组交换是把电路交换和报文交换的优点结合起来而产生的一种交换技术。电路交换的过程类似于打电话，当用户需发送数据时，主叫方需通过呼叫，由交换网建立主叫方与被叫方之间的物理数据通路，固定分配网络的传输资源供通信双方使用（占用），在主叫方与被叫方物理数据通路连接期间，其他用户不能使用该传输资源，需拆除连接时，由通信双方中任一方完成，交换网释放其占用的传输资源。它的特点是适合发送一次性、大批量的信息，由于建立连接时间长，传递短报文时，网络传输资源利用率较低，并且对通信双方在信息传输速率、编码格式、通信协议等方面要求完全兼容，这就限制了不同速率、不同编码格式、不同通信协议的双方用户进行通信。为了解决电路交换方式网络传输资源利用率低的问题，分组交换采用统计时分复用技术，它在给用户分配传输资源时，不像电路交换固定分配带宽，而是按需动态分配。即只在用户有数据传输时才给它分配资源，因此网络传输资源利用率高。分组交换中，统计时分复用的功能是通过具有存储和处理能力的专用计算机接口信息处理机（IMP，Interface Message Processor）来实现的，IMP 完成对数据流的缓冲存储和对信息流的控制处理，解决各用户争用线路资源时产生的冲突。当一个用户有数据要传输时，IMP 为其分配线路资源；一旦没有数据传输，则线路资源被其他用户使用。因此，这种动态分配线路资源的方式，可在同样的传输能力条件下传送更多的信息，可允许每个用户的数据传输速率高于其平均速率，最高可达到线路的总传输能力。例如，4 个用户信息在速率为 9.6Kbps 的线路上传输，平均速率为 2.4Kbps。对固定分配的同步时分方式（TDM），每个用户最高传输速率为 2.4Kbps；对于统计时分复用方式（STDM），每个用户最高传输速率，则可达 9.6Kbps。

图 4.2 所示为 3 个用户（终端）采用统计时分复用方式共享线路资源的情况。

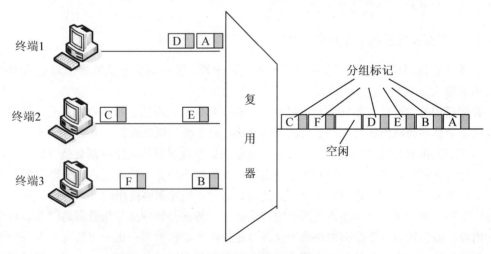

图 4.2　统计时分复用示意图

如图 4.2 所示，来自终端的各个分组按到达的先后顺序在复用器的存储器中排队缓冲。复用器按照先进先出原则，从队列中逐个取出分组，并向线路上发送。当复用器存储器空闲时，线路也暂时空闲；当存储器队列中有了新的分组时，复用器继续向线路上发送。开始时终端 1 有 A、D 分组要传送，终端 2 有 E 分组要传送，终端 3 有 B 分组要传

送，它们按照到达的先后顺序进行排队：A、B、E、D，因此在线路上的分组传输顺序
为：A、B、E、D，此后各终端均暂无分组传送，则线路空闲，随后，终端2有C分组要
传送，终端3有F分组要传送，则线路上又按照分组到达顺序传送F分组和C分组。这
样，在高速传输线路上，形成了各用户终端分组的交织传送。各用户分组数据的区分，不
是像同步时分复用那样按时间位置区分，而是按照各用户数据分组的"标志"来区分，每
个用户终端数据在线路上的传输时间不受限制，网络可以把线路的传输资源按需动态分配
给各个用户，从而提高了线路传输资源的利用率。

　　报文交换也是采用存储转发技术，不需要像电路交换那样在传输过程中长时间建立一
条物理通路。从源站发送报文时，把目的地址添加在报文中，然后网络中的交换机将源站
的报文接收后暂时存储在存储器中，再根据提供的目的地址，不断通过网络中的其他交换
机选择空闲的路径转发，最后送到目的地址。报文交换可以进行速率、码型的变换，具有
差错控制措施，这样就解决了不同类型用户之间的通信，并且提高了用户数据传输的可靠
性。但是，当用户报文数据量过大或由于传输出错进行重发纠错时，报文数据的传输时延
较长，时延变化大不适用于实时及会话式通信业务。分组交换与报文交换的区别在于：分
组交换将用户要传输的报文数据分割为若干的分组，每个分组中含有一个分组头，分组头
中包含可供选路信息和其他控制信息。分组交换节点对所收到的各个分组分别处理并独立
传送，即收到一个分组后按其中的选路信息选择转发路径并进行发送，从而减少了用户数
据在网络节点的存储时间，并且在采用逐段重发纠错方式时，分组交换只需重传传输出错
的分组数据，无须重传整个用户报文数据。因此，分组交换的时延要小于报文交换的时
延。图4.3所示为报文交换与分组交换的时延比较。

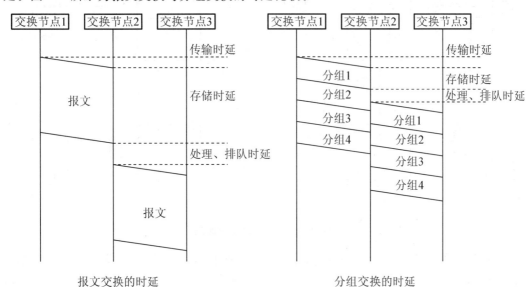

图4.3　报文交换与分组交换的时延比较

　　综上所述，在分组交换网中，由于分组长度较短，又具有统一的格式，因此便于在处
理机中进行存储与转发，同时在交换机中采用了具有高速处理能力的计算机，从而减少了
交换机对分组的处理时间，因此减少网路传输时延，从而满足了大多数数据用户对信息传
输的实时性要求。

分组交换在线路上采用动态复用的技术传送各个分组，所以线路利用率较高，同时也大大降低了用户的通信费用，经济性好；其次，分组交换实质上是在"存储转发"的基础上发展起来的，它兼有电路交换和报文交换的优点，可以向用户提供不同速率、不同代码、不同同步方式、不同通信控制协议的数据终端之间相互通信的通信环境；第三，由于每个分组在网络中传输时可以在用户线和中继线上采用差错校验，因此可靠性得到很大的提高，一般误码率可以达到 10^{-9}。

分组交换由于采用了不同于电路交换的"存储—转发"的交换技术，由网络附加的传输信息较多，因此对长报文通信的传输效率较低；其次，由于分组交换机要对各种类型的"分组"进行分析处理，所以技术实现复杂。

分组交换方式的工作过程是分组终端把用户要发送的数据信息分割成许多用户数据段，每个用户数据段被送往下一个交换点时应附加一些必要的操作信息，如源地址、目的地址、用户数据段编号及差错控制信息等（如 X.25 的分组格式）。这个装配好了的数据信息块被称为一个"分组"。根据分组的业务信息量，选择一条最佳路由（即最经济合理的路由）把这个分组经一个或几个转接交换机最后送到收信终端所连接的交换机，此交换机再把这个"分组"送给收信终端，收信终端从"分组"中取出用户数据段，再把它按顺序装配恢复成原有的数据信息。

图 4.4 所示为分组交换的工作原理，图中有 4 个终端 A、B、C 和 D，可分为非分组终端和分组终端两大类。分组终端是指终端可以将数据信息分成若干个分组，并能执行分

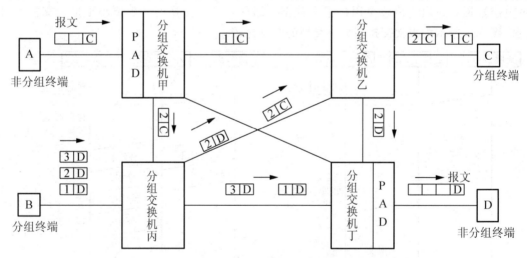

图 4.4　分组交换的工作原理

组通信协议，可以直接和分组网络相接进行通信，图中 B 和 C 是分组终端。非分组终端是指没有能力将数据信息分组的一般终端，为了能够使这些终端利用分组交换网络进行通信，通常在分组交换机中设置分组装拆（PAD）模块来完成用户报文信息和分组之间的转换，图中 A、D 是非分组终端。在图中存在两个通信过程分别是终端 A 和终端 C，以及终端 B 和终端 D 之间的通信。非分组终端 A 发出带有接收终端 C 地址标号的报文，分组交换机甲将此报文分成两个分组，存入存储器并进行路由选择，决定将分组 1 直接传送给分组交换机乙，将分组 2 通过分组交换机丙传输给分组交换机乙，路由选择完毕，同时相应路由有空闲，分组交换机将两个分组从存储器中取出送往相应的路由。其他相应的交换机

也进行同样的操作。如果接收终端接收的分组是由不同的路径传输而来的，则分组之间的顺序会被打乱，接收终端必须有能力将接收的分组重新排序，然后递交给相应的处理器。另外一个通信过程是在分组终端 B 和非分组终端 D 之间进行的。分组传输过程与 A—C 间传输相似，在接收端通过装拆设备将分组组装成报文传输给非分组终端。

4.2.2 分组交换的工作方式

分组交换，即分组从源端经分组交换网中各交换节点的交换到达目的端的过程。分组交换网可采用两种分组交换工作方式：一种是虚电路方式（Virtual Circuit），另一种是数据报方式（Datagram）。

1. 虚电路方式

虚电路方式就是在用户数据传输前先通过发送呼叫请求分组建立端到端的虚电路连接，一旦虚电路建立后，属于同一呼叫的数据分组均沿着这一虚电路传输，用户数据传输完毕，再通过发送呼叫清除分组来拆除虚电路。虚电路方式中，用户的通信过程需要经过连接建立、数据传输和连接拆除 3 个阶段。因此，虚电路提供的是面向连接的服务。

分组交换中的虚电路不同于电路交换中的物理连接，而是虚（逻辑）连接。虚电路并不独占线路，在一条物理线路上以统计时分复用方式可以同时建立多个虚电路，用户终端之间建立的是虚连接。在电路交换方式中，一条物理线路按同步时分复用方式建立多个实电路，多个用户终端在固定的时隙向所复用的物理线路上发送信息，若属于某个终端或通信过程的某个时隙无信息传送，则其他终端也不能在这个时隙向线路上发送信息。而虚电路则不同，每个用户终端发送信息没有指定固定的时间（时隙），各终端的分组在节点的相应端口统一进行调度和排队，当某终端暂时没有信息发送时，线路的所有带宽资源立即由其他终端分享。也就是说，建立实电路连接，不但确定了用户信息所走的路径，同时也为用户信息的传送预留了带宽资源；而在建立虚电路时，只是确定了用户信息的端到端的路径，并不一定要求预留线路的带宽资源。因此，将每个连接只在占用它的用户发送数据时才排队竞争线路带宽资源称为虚电路。

虚电路的工作方式如图 4.5 所示。终端 1 和终端 2 通过网络分别建立两条虚电路，VC1：终端 1—节点 1—节点 2—节点 3—终端 3，VC2：终端 2—节点 1—节点 2—节点 4—终端 4。所有终端 1 至终端 3 的分组均沿着 VC1 由终端 1 到终端 3，所有终端 2 至终端 4 的分组均沿着 VC2 由终端 2 到终端 4，在节点 1—节点 2 之间的物理线路上，VC1 和 VC2 共享传输资源。若 VC1 暂时没有数据传输时，所有的线路传输资源和交换机的处理能力将为 VC2 服务，此时，VC1 并不实际占用带宽和处理机资源。

分组交换网提供的虚电路工作方式又分为两种：一种是交换虚电路（SVC），又称为虚呼叫；另一种是永久虚电路（PVC）。交换虚电路方式是指电路只在通信过程中存在，在数据传送之前要建立逻辑连接，也叫做虚连接或虚电路，在数据传送结束后需要拆除虚连接。永久虚电路方式是指在两个用户之间存在的一条永久的虚连接（按用户预约，由网络运营管理者事先建好），不论用户之间是否在通信，这条虚连接都是存在的。用户之间若要通信则直接进入数据传输阶段，如同专线，不用经历虚电路的建立和拆除阶段。在实际应用中，虚电路一般是指交换虚电路方式。在虚电路的信息传输阶段，所有数据分组都沿着已建立好的连接经相同的路径到达目的地。

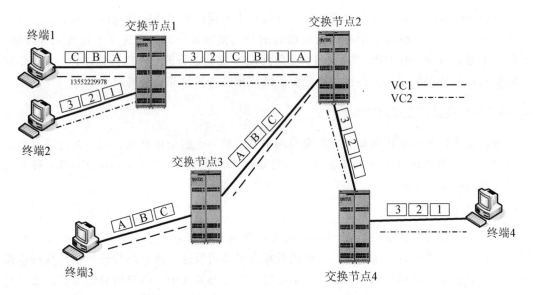

图 4.5　虚电路的工作方式

2. 数据报方式

数据报方式用户通信不需要预先建立逻辑连接，交换节点对每一个分组单独进行处理，每个分组都含有目的地址信息。当分组到达网络节点时，节点交换机根据分组头中目的地址对各个分组独立进行选路，属于同一用户的不同分组可能沿着不同的路径到达终点，会出现分组失序现象，因此，需要在网络的终点重新排序。由于不需要建立连接，数据报方式也称为无连接方式。

数据报工作方式如图 4.6 所示。终端 1 有 3 个分组 A、B、C 要发送到终端 2，在网络中，分组 A 由节点 1 经节点 3 转接到达节点 4，分组 B 通过节点 1 和节点 4 之间的直达路由到达节点 4，分组 C 由节点 1 经节点 2 转接到达节点 4。由于每条路由上的业务情况（负荷、带宽、时延等）不尽相同，3 个分组的到达顺序可能与发送时顺序不一致，因此，在目的节点 4 要将它们重新排序，再交给终端 2。

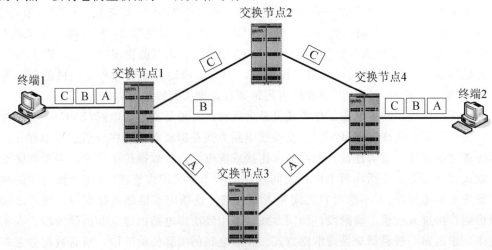

图 4.6　数据报工作方式

3. 两种工作方式的特点

虚电路方式具有以下特点。

(1) 面向连接的工作方式。虚电路方式的通信具有严格的 3 个过程,即连接建立(呼叫建立)、数据传输和连接拆除(呼叫清除)。因此说它是面向连接的,当然这个连接是一个逻辑的连接,即虚连接。面向连接的工作方式对于长报文(大数据量)传输效率较高。

(2) 分组按序传送。分组在传送过程中不会出现失序现象,分组发送的顺序与接收的顺序一致。因而虚电路方式适于传送连续的数据流。

(3) 分组头简单。由于在传送信息之前已建立好连接,所以数据分组的分组头较简单,不需要包含目的终端地址,只需要包含能够识别虚连接的标志即可完成寻址功能。信息传输的效率较高。

(4) 对故障敏感。在虚电路方式中,一旦出现故障或虚连接中断,则通信中断,这有可能丢失数据,所以这种方式对故障比较敏感。

数据报方式具有以下特点。

(1) 无连接的工作方式。数据报方式在信息传输之前无须建立连接,这种无连接工作方式对于短报文(小数据量)的传输效率较高。

(2) 存在分组失序现象。由于每个数据分组都是独立选路的,所以属于同一个通信的不同分组有可能会沿着不同的路径到达终点,先传送的分组后到,后发送的分组先到。

(3) 分组头复杂。数据报方式的分组头比虚电路方式的分组头复杂,它包含目的终端地址,每个分组交换节点需要依此进行选路。

(4) 对网络故障的适应能力较强。由于每个数据分组是独立选路的,所以当网络出现故障时,只要到目的终端还存在一条路由,通信就不会中断。

通过对虚电路和数据报这两种交换方式及其特点的介绍,可以很容易地分析出它们的优缺点。数据报省掉了呼叫的建立和拆除过程,如果只传送少量的分组,那么采用数据报方式的传输效率会比较高。而虚电路一次通信需要经过呼叫建立、数据传输和呼叫清除 3 个阶段,但是其分组头简单,因此传送大量数据分组时,采用虚电路方式的传输效率会比较高。

对于数据报方式,由于每个分组是各自独立在网络中传输的,所以分组不一定按照发送时的顺序到达网络终点,因此在网络终点必须对分组重新排序。而对于虚电路的方式,分组按已建立的路径顺序通过网络,在网络终点不需要对分组重新排序。数据报方式的每个数据分组都要独立寻找路径,所以单个数据分组传输的时延较大;而对于虚电路方式,一旦虚电路建立好,单个数据分组的传输时延则会小得多。数据报方式对网络的适应能力较强。当网络的某一部分发生拥塞时,节点可以为收到的分组选择一条绕过拥塞部分的路由。如果使用虚电路,则分组是沿着固定的路径传送的,网络处理拥塞时就会比较困难。假设一个节点出现了故障,如果使用虚电路,则经过该节点的所有虚电路都会断开,要继续通信必须重新建立虚电路。而使用数据报的方式,仅是丢失部分分组,其后的分组可以绕过该节点,通过其他路径进行传送。

4.2.3 路由选择及流量控制

1. 路由选择概述

在通信网中，网络节点之间一般都存在一条或多条路由。多路由不但有利于提高通信的可靠性，而且有利于业务流量的控制。交换节点路由选择的问题，就是在网内任何两个数据终端间的呼叫建立过程中，交换机在多条路由中选择一条较好的路由。获得这种较好路由的方法称为路由算法。所谓较好的路由算法是指应该使报文通过网路的平均延迟时间较短，平衡网内业务量的能力较强。也就是说，路由选择问题不只是考虑走最短的路由，还要考虑对通信资源的综合利用以及对网路结构变化的适应能力，从而使全网的通过量最大。在选择路由方法时，需要考虑以下 3 个方面的问题。

1）路由选择准则

即以什么参数作为路由选择的基本依据，可以分为两类：以路由所经历的转接次数（跳数）为准则或以链路状态为准则。以链路的状态为准则时，可以考虑链路的距离、带宽、费用、时延等。路由选择的结果应该使得路由准则参数最小，因此可以有最小跳数法、最短距离法、最小费用法、最小时延法等。

2）路由选择协议

依据路由选择的准则，在相关节点之间进行路由信息的收集和发布的规程及方法称为路由选择协议。路由参数可以从来不变化（静态配置）、周期性变化或动态变化等；路由信息的收集和发布可以集中进行，也可以分散进行。

3）路由选择算法

即如何获得一个准则参数最小的路由。可以由网络中心统一计算，然后发送到各个节点（集中式），也可以由各个节点根据自己的路由信息进行计算（分布式）。实用化的路由算法有多种，用得较多的有静态的固定路由算法及动态路由算法。通常，对于小规模的专用分组交换网采用固定路由算法，对于大规模的公用分组交换网大多采用动态路由算法，同时仍保留固定路由算法作为备用。

2. 路由选择方法

1）固定路由算法

所谓固定路由算法是指在网络拓扑结构不变的情况下，根据网路结构、传输线路的速率、途径交换机的个数等，预先算出某一交换机至各交换机的路由表，说明该交换机至各目的交换机的路由选取的第一选择、第二选择及第三选择等，然后将此表装入交换机的主存储器内。因此，网络中每一对源节点和目的节点之间的路由都是固定的。当网络的拓扑结构发生变化时，路由才可能发生改变。

使用固定的路由选择，无论是数据报还是虚电路，从指定源节点到指定目的节点的所有分组都沿着相同的路径传送。固定路由选择策略的优点是：处理简单、在可靠的负荷稳定的网络中可以很好地运行。它的缺点是：缺乏灵活性、无法对网络拥塞和故障做出反应。一般在小规模的专用分组交换网上采用固定路由选择策略。

2）自适应路由算法

所谓自适应路由算法是指路由选择过程中所用的路由表要考虑网内当前业务量情况、线路通畅的情况，并对网路结构发生变化时及时更新，以便在新情况下仍能获得较好的路由。为了做到自适应，必须及时测量网内业务量、交换机处理能力和线路通畅的情况等，并把测量的结果通知各相关交换机，以便各交换机计算出新的路由表。

自适应路由算法有多种，从工作方法来分，可分为分布式、集中式和两者的混合式。集中式自适应路由算法是由一个网路管理中心（NMC）定时收集全网情况，按一定的算法分别计算出当时各个交换机的路由表，并通过网路分别传送通知各个交换机。分布式自适应路由算法是指每个交换机定时把本身的处理能力及与其相连的线路通畅等情况向全网或相邻交换机报告，各交换机根据其他交换机送来的情况，按一定的算法定时计算出本交换机的路由表。上述两种方法各有优缺点，前者传送路由信息的开销少，实现也较简单，但功能过于集中，所以可靠性较差；后者与此相反。为了综合两者的优点出现了混合式自适应路由算法，它既有集中控制部分，又有分布控制部分。

虽然使用自适应路由选择策略会给网络带来额外的通信量负荷，并使得路由选择算法复杂，但是由于这种方法能够提高网络的性能，路由选择灵活，所以是目前使用最普遍的路由选择策略，并被大规模公用分组交换网普遍采用。

从上述可见，路由算法与网路结构有很大关系，路由算法的复杂程度视网路规模及网路结构的形式而异。显然，要使路由选择能获得好的效果，首先必须要有合理的网路结构，一个设计不合理的网路结构，很难通过路由选择来改善其网路性能。

3. 流量控制

与电路交换不同，分组交换采用时延损失制，只要传输链路不全部阻断，路由选择总能选到一条链路，但是，如果链路上等待传送的分组过多，就会造成传输时延增加，引起网络性能下降，严重时甚至会使网络崩溃。因此，流量控制是分组交换网必不可少的重要功能。

1）流量控制的作用

（1）防止由于网络和用户过载而导致网络吞吐量下降和传输时延增加。当网络负载比较小时，各节点分组的队列都很短，节点有足够的存储空间接收新到达的分组，相邻节点中的分组转发也较快，使网络吞吐量和负荷之间基本上保持线性增长的关系。当网络负荷增大到一定程度时，节点中的分组队列加长，造成时延迅速增加，并且有的存储器已占满，节点将丢弃继续到达的分组，造成分组的重传次数增多，从而使吞吐量下降，尤其严重的是，当输入负荷达到某一数值后，由于重发分组的增加大量占用节点队列，网络吞吐量将随负荷的增加而下降，网络进入严重拥塞状态，当负荷增大到一定程度时，网络吞吐量下降为零，网络进入死锁状态，此时分组的时延无限增加。如果有流量控制，吞吐量将随着输入负荷的增加而增加，直至饱和，不再出现拥塞和死锁现象。

（2）避免网络死锁。如上所述，网络面临的一个严重的问题是死锁。网络死锁也可能在负荷不重的情况下发生，这可能是一组节点间由于没有可用的存储空间而无法转发分组引起的。死锁有直接死锁、间接死锁和装配死锁 3 种类型。

（3）公平分配网络资源。不难想象，如果某一终端的数据速率远大于另一终端，那么在争用节点存储空间的过程中，前一终端将占上风，导致其所占的网络吞吐量远大于另一终端。流量控制的作用之一就是避免这类不公平现象。

2）流量控制的方法

根据流量控制的目的，实际应用中流量控制的方法主要有以下3种。

（1）证实法。发送方发送一个分组之后不再继续发送新的分组，接收方收到一个分组之后会向发送方发送一个证实，发送方收到这个证实之后再发送新的分组。这样接收方可以通过暂缓发送证实来控制发送方的发送速度，从而达到控制流量的目的。

（2）预约法。发送端在向接收端发送分组之前，先向接收端预约缓冲存储区，然后发送端再根据接收端所允许发送分组的数量发送分组，从而有效地避免接收端发生死锁。网络的源节点和终点节点之间的端到端的流量控制，以及源用户终端和目的终端之间的端到端的流量控制可采用此方法。

（3）许可证法。许可证法就是在网络内设置一定数量的"许可证"，许可证的状态分为空载和满载，不携带分组时为空载，携带分组时为满载。每个许可证可以携带一个分组，满载的许可证在到达终点节点时卸下分组变成空载。分组需要在节点等待得到空载的许可证后才能被发送，因而通过在网内设置一定数量的许可证，可达到流量控制的目的。由于存在分组等待许可证的时延，所以这种方法会产生一定的额外时延，尤其是当网络负荷较大时，这种额外时延也较大。

4.3 ATM 交换技术

随着通信业务的快速增长，人们开始寻求一种通用的通信网络，以适应现在和将来各种不同类型信息业务的传递要求。1986年，国际电联提出了宽带综合业务数字网络（B-ISDN）的概念，B-ISDN的目标是以一个综合的、通用的网络来承载全部现有的和将来可能出现的业务。为此需要开发新的信息传递技术，以适应B-ISDN业务范围大、通信过程中比特率可变的要求。ATM（Asynchronous Transfer Mode）异步传送模式是能够满足B-ISDN网络传输要求的可行技术，1988年，国际电联将ATM推荐为未来宽带网络的信息传送模式。

4.3.1 基本概念及特点

1. ATM 基本概念

长期以来，电信网是按照电信业务组建和扩展的，每种业务有其自己的网络，如电话网、电报网、分组数据网等，这些网络有其自己的网络结构、编号计划、接口标准和信令规范，整个电信网是由这些并存的网络混合组成的重叠网，随着信息多样化的发展，新的电信业务将越来越多，如果继续按照这种思路建设电信网，则网络的运行和管理将难以控制，不同业务之间的互通也十分复杂。另外，目前的计算能力以指数规律增长，加上在Web上的个人通信和企业网通信使得网络通信量呈非线性增长，导致网络中的数据通信量大于指数规律的增长趋势，因而，对电信网提出了更大的传输带宽要求。如何采用单一的网络来提供所有的业务，包括未来的未知业务，并满足所有业务的传输要求呢？1986年，国际电联提出了 B－ISDN 的概念，B－ISDN 的目标是以一个综合的、通用的网络来承载全部现有的和将来可能出现的业务。人们通过对电路交换网和分组交换网技术的研究和分析，认为 ATM(异步传送模式)是实现 B－ISDN 的行之有效的技术。ATM 是以信元(短数据分组)为基本单位进行信息传输、复接和交换的传送方式。ATM 是一种在宽带电路上可以同时传送声音、数据和视频信号的技术，在 ATM 网络中，声音、数据和视频等信息被分解成长度固定的信元，并且信元的长度较短，来自不同信源的信元以异步时分复用的方式汇集在一起，在网络节点缓冲器内排队，按照先进先出或其他仲裁机制逐个传送到传输线路上，形成首尾相连的信元流。网络节点是根据每个信元携带的虚通路标示符(VPI)/虚信道标识符(VCI)，选择节点的输出端口，转发信元。采用很短的信元可以减少网络节点内部的缓冲器容量以及排队时延和时延抖动，固定长度的信元便于简化交换控制和缓冲器管理，转发部件可以采用硬件实现，因此，信元的转发速度快、时延小。由于采用异步时分方式传输信元，线路的传输资源没有预先分配，使得任何业务可以按照实际需要来占用线路的带宽资源，网络资源得到最大限度的利用；另外，ATM 传输模式适合于任何业务，任何业务的信息经过切割、封装成统一格式的信元，ATM 网络都按照同样的方式进行处理，真正做到业务的完全综合。

ATM 交换是一种融合了电路交换和分组交换的优点而形成的一种新型交换技术。但它对电路交换和分组交换并不是简单地继承，而是有所摒弃和发展。对于电路交换，ATM 交换采用异步时分复用代替同步时分复用，解决了电路交换信道利用率低和不适于突发业务的问题。ATM 靠标记识别通路(STM 靠时隙位置识别通路)。它吸取了电路交换低时延的优点，摒弃了电路交换信道利用率低的缺点。ATM 是面向连接的，采用类似于电路交换的呼叫连接控制方式，在呼叫建立时，交换机为用户在发送端和接收端之间建立起虚通路，用户双方可直接传递信息，保证了实时性。当信道无信息传送时，虚通路可为其他用户使用。对于分组交换，ATM 交换采用固定分组方式，吸取了分组交换信息分组带来的传输灵活、信道利用率高的优点，摒弃了分组交换时延大、协议复杂的缺点。由于ATM 的传输线路质量高，不需要逐段进行差错控制，因而简化了分组交换中的许多通信规程，取消了反馈重发及局间转接时的差错控制和流量控制，只对信头部分检错，从而降低了处理时间，大大提高了传输速度，增加了网络的吞吐量，保证了交换机的实时性。ATM 利用固定长度的短分组——信元传输信息，可以适应几 Kbps 到几百 Mbps 的各种业务。

2. ATM 信元结构

ATM 信元是一种固定长度的数据分组。一个 ATM 信元为 53 个字节，前面 5 个字节称为信头，用于表征信元去向的逻辑地址、优先等级等控制信息；后面 48 个字节称为信息域，用来装载来自不同用户、不同业务的信息。

在 ATM 网络中，用户线路接口称为用户—网络接口，简称 UNI；中继线路接口称为网络—节点接口，简称 NNI。ATM 信元的信头定义在 UNI 和 NNI 上略有差别，如图 4.7 所示。ATM 信元在线路上的发送顺序是从左往右，从上到下。

两种接口上 ATM 信头的不同之处仅在于 NNI 接口上没有定义 GFC 域，VPI 占用了12 比特。上述信元中各个域的用途说明如下。

（1）GFC：一般流量控制域。4 比特。仅用于 UNI 接口，用于控制 ATM 接续的业务流量，减少用户侧出现的短期过载。只控制产生用户终端方向的信息流量，而不控制网络方向的业务流量。

（2）VPI：虚通路标识，其中 NNI 为 12 比特，UNI 为 8 比特。VCI：虚信道标识，16 比特，标识虚通路内的虚信道。VPI 和 VCI 用于将一条传输 ATM 信元的线路划分为多个子信道，每个子信道相当于分组交换网中的一条虚电路具有相同的 VPI 和 VCI 的信元属于同一条虚电路。

（3）PTI：净荷类型指示域，3 比特，用来指示信元类型。PTI 把 ATM 信元分为 8 种不同的类型，其中包括用于传输用户数据的 4 种，用于传送网络管理信息的 3 种，目前尚未定义的 1 种。用于传送用户数据的信元称为用户信元，用于传送网络管理信息的信元称为网管信元或 OAM 信元。

（4）CLP：信元丢失优先级，1 比特。CLP 域将信元区分为两种不同的优先级：CLP＝1，表示该信元为低优先级；CLP＝0，则为高优先级。当传输超限发生拥塞时，首先丢弃的是低优先级信元。

（5）HEC：信头差错控制域，8 比特。用于信头纠错，保证信头正确传输及信元同步。

（6）信息域：48 个字节，用于装载用户数据或网络管理信息。OAM 信元的信息域内容有统一的规定，用户信元的信息域内容由用户确定。

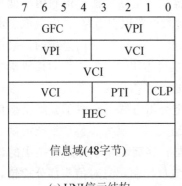

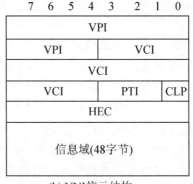

(a) UNI信元结构   (b) NNI信元结构

图 4.7 ATM 信元结构

ATM 信元信头中包含控制信息的多少反映了网络节点的处理能力，应尽量使信头简化，以减少处理开销。ATM 信元中信头的功能比分组交换中分组头的功能大大简化了，不需要进行逐段链路的差错控制，只进行端到端的差错控制，HEC 只负责信头的差错控制，并且只用 VPI 和 VCI 来标识一条虚电路，不需要源地址、目的地址和包序号，信元传输的顺序由网络来保证。

3. ATM 交换的特点

ATM 交换具有以下特点。

（1）采用统计时分复用。传统的电路交换中用 STM 方式将来自各种信道上的数据组成帧格式，每路信号占固定比特位组，在时间上相当于固定的时隙，即属于同步时分复用。在 ATM 方式中保持了时隙的概念，但是采用统计时分复用的方式，取消了 STM 中帧的概念，在 ATM 时隙中存放的实际上是信元。

(2) 以固定长度(53 字节)的信元为传输单位，响应时间短。ATM 的信元长度比 X.25 网络中的分组长度要小得多，这样可以降低交换节点内部缓冲区的容量要求，减少信息在这些缓冲区中的排队时延，从而满足了实时业务短时延的要求。

(3) 采用面向连接并预约传输资源的方式工作。在 ATM 方式中采用的是虚电路形式，同时在呼叫过程向网络提出传输所希望使用的资源。考虑到业务具有波动的特点和网络中同时存在连接的数量，网络预分配的通信资源小于信源传输时的峰值速率。

(4) 在 ATM 网络内部取消逐段链路的差错控制和流量控制，而将这些工作推到了网络的边缘。X.25 运行环境是误码率很高的频分制模拟信道，所以 X.25 执行逐段链路的差错控制，又由于 X.25 无法预约网络资源，任何链路上的数据量都可能超过链路的传输能力，因此 X.25 需要逐段链路的流量控制。而 ATM 协议运行在误码率较低的光纤传输网上，同时预约资源、保证网络中传输的负荷小于网络的传输能力，ATM 将差错控制和流量控制放到网络边缘的终端设备完成。

(5) ATM 支持综合业务。ATM 充分综合了电路交换和分组交换的优点，既具有电路交换"处理简单"的特点，支持实时业务、数据透明传输，在网络内部不对数据做复杂处理，采用端—端通信协议；又具有分组交换的特点，如支持可变比特率业务、对链路上传输的业务采用统计时分复用等。所以 ATM 支持话音、数据、图像等综合业务。

4. 虚通路(VP)和虚信道(VC)

ATM 采用面向连接的工作方式，为了提供端到端的信息传送能力，ATM 在用户网络接口之间建立虚连接，并在整个呼叫期间保持虚连接。为了适应不同应用和管理的需要，ATM 在两个等级上建立虚连接，即 VC 级和虚通路(VP)级。

1) VC、虚信道连接(VCC)

VC 指 ATM 信元的单向传送能力，即指在 ATM 网络中两个相邻节点之间的一个传送 ATM 信元的通信信道，用 VCI 标识，ATM 网络中两个相邻节点的传输线上具有相同 VCI 的信元在同一个 VC 上传送。VCC 是 VCC 端点之间的 VC 级端到端的连接。所谓 VCC 端点是指 ATM 层与其上层(利用 ATM 层服务的用户)交换信元信息段的点，连接点是指连接中包含的具有两条邻接的链路的点。VCC 由多条 VC 链路串接而成。VCI 用来识别一条特定的 VC 链路，分配了一定的 VCI 值就产生了一条 VC 链路，取消 VCI 值就终止了该 VC 链路。VCI 只与某一段链路有关，不具有端到端的意义，VC 和 VCC 如图 4.8 所示。

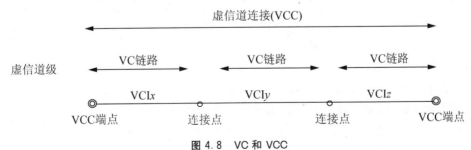

图 4.8 VC 和 VCC

2) VP、虚通路连接(VPC)

对于较大的 ATM 网络，要支持多个终端用户的多种通信业务，网络中必定会出现大量速率不同的、特征各异的虚信道，在高速环境下对这些虚信道进行管理，难度很大，因此，ATM 引入了分级的方法，即将多个 VC 组成 VP。VP 是一组具有相同端点的 VC 链路，用 VPI 标识，ATM 网络中两个相邻节点传输线上具有相同 VPI 的信元在同一个 VP 上传送。VPC 是 VPC 端点之间的 VP 级端到端的连接。VPC 由多条 VP 链路串接而成。VPI 用来识别一条特定的 VP 链路，分配了一定的 VPI 值就产生了一条 VP 链路，取消 VPI 值就终止了该 VP 链路。与 VCI 的含义一样，VPI 只与某一段链路有关，不具有端到端的意义，VP 和 VPC 如图 4.9 所示。

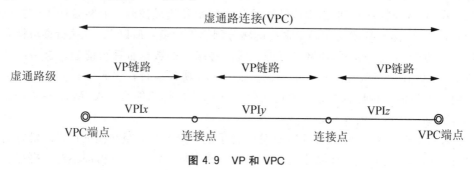

图 4.9　VP 和 VPC

3）VP 与 VC 的关系

传输线路、VP 和 VC 之间的关系如图 4.10 所示。在一个物理通道中可以包含一定数量的 VP，而一条 VP 中又可以包含一定数量的 VC。在一个给定的接口上，两个分别属于不同 VP 的 VC 可以具有同样的 VCI 值，因此，在一个接口上必须用 VPI 和 VCI 两个值才能完全标识一个 VC。

4）VP 交换与 VC 交换

VP 交换时，交换节点根据 VP 连接的目的地，将输入信元的 VPI 值改为下一个导向端口可接收信元的新 VPI 值赋予信头并输出。VP 交换的原理如图 4.11 所示，在 VP 交换过程中，VCI 值不变。VP 交换可以单独进行。这时物理实现比较简单，通常只是在传输通道中将某个等级的数字复用线交叉连接起来。

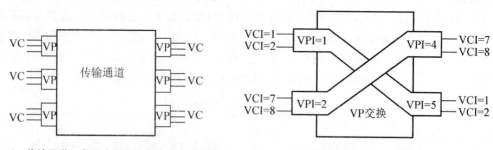

图 4.10　传输通道、虚通路(VP)、虚信道(VC)的关系　　　图 4.11　VP 交换

VC 交换需要与 VP 交换同时进行。在交换时，交换节点终止原来的 VC 连接和 VP 连接，信元中的 VCI 和 VPI 将同时被改为新值，其原理如图 4.12 所示。当一个 VC 连接终止时，相应的 VP 连接也就终止了，这时 VP 连接和 VC 连接可以独立进行，分别加入到不同方向的新的 VP 连接中去。

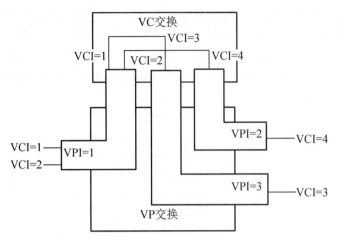

图 4.12　VC 交换

5. ATM 协议参考模型

完成 ATM 交换功能的 ATM 交换系统是 B-ISDN 中的网络节点,因此有必要了解 B-ISDN 的分层结构,以了解 ATM 交换在 B-ISDN 分层结构中所处的地位。

为了保证各厂家的终端设备能互联通信,在 ITU-T 的建议 I.321 中,定义了 B-IS-DN 的协议参考模型,如图 4.13 所示。只要符合这个参考模型和相应标准的任何两个系统均可互连进行通信。

B-ISDN 协议参考模型分成 3 个平面:用户平面、控制平面和管理平面。用户平面传送用户信息,包括与业务相关的协议及数据、话音和视频信息;控制平面用于传送信令信息,包括连接建立、拆除等功能;管理平面用于维护网络和执行操作功能,其中层管理用于各层内部的管理,面管理用于各层之间管理信息的交互和管理。

B-ISDN 协议参考模型的分层结构含有 4 层,从下到上分别为:物理层、ATM 层、ATM 适配层(AAL)和高层。物理层负责通过物理媒介正确、有效地传送信元;ATM 层主要负责信元的交换、选路和复用;AAL 层的主要功能是将高层业务信息或信令信息适配成 ATM 信元;高层负责各种业务的应用层或信令的高层处理。

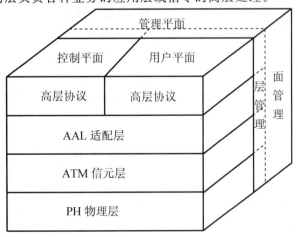

图 4.13　B-ISDN 协议参考模型

分层结构中的某层可通过下一层的业务接入点(SAP)获得下一层的服务。相邻层间采用原语调用,在相邻层之间传送的是用户数据的称为业务数据单元(SDU),在对等层之间交换的数据称为协议数据单元(PDU),本层的 SDU 与本层的协议控制信息构成本层的 PDU,如图 4.14 所示,协议控制信息(PCI)在本层实体与对等层实体之间传送,以实现该层的通信规程。

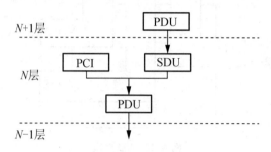

图 4.14　SDU 与 PDU 的关系

各层还可细分为几个子层,各层和子层的功能见表 4-2。

1) 物理层

B-ISDN 协议模型中的物理层向上与 ATM 层交互的 SDU 是 53 字节的信元,对下则必须适配不同的传输系统。物理层完成的主要功能分别是信元和传输系统比特流适配、实现媒体中传输信号的定时和与媒体特性有关的功能等,为此将物理层进一步分为传输会聚(TC)和物理媒体(PM)两个子层。TC 子层执行的是和物理媒体相对无关的协议,向 ATM 层提供 SAP,主要完成传输帧适配、信元速率解耦、信元定界、HEC 控制、扰码等功能;而相应的 PM 子层和实际物理通信线路相关,执行物理层中和物理媒体有关的功能,提供比特流传输、定时和媒体的物理接入。

表 4-2　B-ISDN 协议参考模型下三层功能

AAL	CS	汇聚子层
	SAR	分段与重组子层
ATM 层		一般流量控制 信头产生/提取 信元 VPI/VCI 翻译 信元复用与分路
物理层	TC	信元速率解耦 HEC 产生/验证 信元定界 传输帧适配 传输帧产生/恢复
	PM	比特定时 物理媒体

2) ATM 信元层

ATM 层和用来传送 ATM 信元的物理媒体完全无关,它利用物理层提供的信元(53

字节)传送功能,向上提供 ATM 业务数据单元(48 字节)的传送能力,为 ATM 适配层和物理层之间提供接口。ATM 层具有如下功能:①信元的复用和分路,即在源端点负责对多个虚连接的信元进行复用和在目的端点对接收的信元进行分路;②VPI 和 VCI 的翻译;③负责在每个 ATM 节点上对信头进行标记/识别;④负责 ATM 信头的产生和提取;⑤负责在源端点产生信头(除 HEC 外)和在目的端点翻译信头,例如,在目的端点可以把 VPI/VCI 翻译成 SAP;⑥支持用户网的 ATM 通信流量控制。

3) ATM 适配层

ATM 层提供的只是一种基本的数据传送能力,为了使 ATM 能够承载不同业务,并具有端到端的差错控制能力,在 ATM 系统中增加了业务适配层(AAL 层)。AAL 层增强了 ATM 的数据传输能力,以适应各种通信业务的要求。AAL 层分为分段重装子层(SAR)和汇聚子层(CS)两个子层。

SAR 实现 CS 协议数据单元与信元负载格式之间的适配。CS 协议数据单元的格式与具体应用有关,信息长度不定,而 ATM 层处理的是统一的、长度固定的 ATM 信元。所以 SAR 完成的是两种数据格式的适配。CS 的基本功能是进行端到端的差错控制和时钟恢复(实时业务的同步),它和具体的应用有关。

AAL 用于增强 ATM 层的能力,以适合各种特定业务的需要。这些业务可能是用户业务,也可能是控制平面和管理平面所需的功能业务。ITU-T 根据 3 个基本参数将所有业务划分成 4 种类型,建立不同的 AAL 协议,具体的应用可以基于不同的 AAL 协议,设计完成具体应用的通信过程。业务的划分基于下列 3 个基本参数。

信源和信宿之间的时间关系:信息传送是否需要实时进行,即实时性或时间透明性要求。

信息传输的比特率:信息传送的速率是否恒定。

连接方式:信源和信宿之间的通信是否采用面向连接方式。对于实时业务和数据量比较大的通信过程,一般采用面向连接方式,这样可以减少信息单元的选路开销。对于短消息的传送,没有必要采用面向连接方式,可以直接采用数据报方式进行通信。即采用无连接方式传送信息。

根据上述 3 个基本参数 ITU-T 将所有业务种类划分为 A、B、C、D 这 4 类。

A 类:固定比特率(CBR)业务,ATM 适配层 1(AAL1),支持面向连接的业务,其比特率固定,常见业务为 64Kbps 话音业务,固定码率为非压缩的视频通信及专用数据网的租用电路。

B 类:可变比特率(VBR)业务,ATM 适配层 2(AAL2)。支持面向连接的业务,其比特率是可变的。常见业务为压缩的分组话音通信和压缩的视频传输。

C 类:面向连接的数据服务,ATM 适配层 3.4(AAL3.4)。该业务为面向连接的业务,适用于文件传递和数据网业务,其连接是在数据被传送以前建立的。它是可变比特率的,但是没有传递延迟。

D 类:无连接数据业务,常见业务为数据报业务和数据网业务。在传递数据前,其连接不会被建立。AAL3.4 或 AAL5 均支持此业务。基本参数、业务类别和相应的 AAL 适配类型见表 4-3。

表 4-3　基本参数、业务类别和相应的 AAL 适配类型

业务 基本参数	A 类	B 类	C 类	D 类
源和目的定时	需要		不需要	
比特率	固定	可变		
连接方式	面向连接			无连接
AAL 类型	AAL1	AAL2	AAL3	AAL4
			AAL 5	
用户业务举例	电路仿真	运动图像频声频	面向连接数据传输	无连接数据传输

注：AAL1——恒定比特率实时业务适配协议；AAL2——可变比特率实时业务适配协议；AAL3/4——数据业务传送适配协议；AAL5——高效数据业务传送适配协议。

4.3.2　ATM 交换原理

ATM 交换技术是 ATM 网络技术的核心。交换结构的性能将决定 ATM 网络的性能和规模。交换机设计的方法将影响交换吞吐量、信元阻塞、信元丢失和交换延时等，交换结构不仅影响交换机的性能和扩展特性，而且也影响交换机支持广播方式和点到点方式的能力。

1. ATM 交换原理

ATM 交换是电交换，它以信元为单位，即以 53 个字节（424bit）为一个整体进行交换，但它仅对信头进行处理。ATM 采用了虚连接技术，将逻辑子网和物理子网分离。类似于电路交换，ATM 首先选择路径，在两个通信实体之间建立虚信道，将路由选择与数据转发分开，使传输中间的控制较为简单，解决了路由选择的瓶颈问题。在一条链路上可以建立多个虚信道。在一条信道上传输的数据单元均在相同的物理线路上传输，且保持其先后顺序，因此克服了分组交换中无序接收的缺点，保证了数据的连续性，更适合于多媒体数据的传输。在信头的各个组成部分中，VPI 和 VCI 是最重要的。这两个部分合起来构成了一个信元的路由信息，该信息表示这个信元从哪里来，到哪里去。为此常把这两个部分合起来记为 VPI 和 VCI。ATM 交换就是依据各个信元上的 VPI 和 VCI 来决定把它们送到哪一条输出线上去。每个 ATM 交换机建立一张翻译表，对于每个交换端口的每一个 VPI 和 VCI，都有对应表中的一个入口，当 VPI 和 VCI 分配给某一信道时，对照翻译表将给出该交换机的一个对应输出端口以及用于更新信头的 VPI 和 VCI 值。当某一信元到达交换机时，交换机将读出该信元信头的 VPI 和 VCI 值，并与路由对照翻译表比较。当找到输出端口时，信头的 VPI 和 VCI 被更新，信元被发往下一段路程。

如图 4.15 所示，ATM 交换单元有 n 条入线（$I_1 \sim I_n$），m 条出线（$O_1 \sim O_m$），每条入线和出线上传送的都是 ATM 信元流，而每个信元的信头值则表明该信元所在的虚信道（由 VPI/VCI 值确定）。不同的入线（或出线）可以采用相同的虚信道值。ATM 交换的基本任务就是将任意入线上的任意虚信道中的信元交换到所需的任意出线上的任意虚信道上去，例如图 4.15 中入线 I_1 的虚信道 a 被交换到出线 O_1 的虚信道 x 上，入线 I_1 的虚信道 b 被交

换到出线 O_m 的虚信道 s 上等。这里交换包含了两个方面的功能：一是空间交换，即将信元从一条传输线(I_1)传送到另一条传输线(O_m)上去，这个功能又叫做路由选择；另一个功能是时隙交换，即将信元从一个虚信道(如 I_1 的 b)改换到另一个虚信道(如 O_m 的 s)，这个功能又称信头变换。以上空间交换和时间交换的功能可以用一张翻译表来实现。

由于 ATM 是一种异步传输方式，所以信元在虚信道上的出现是随机的，而在时隙和虚信道之间没有固定的对应关系，因此很有可能会存在竞争。就是说，在某一时刻，可能会发生两条或多条入线上的信元都要求转发到同一条输出线上。例如，I_1 的虚信道 a 和 I_n 的虚信道 b 都要求交换到 O_1，前者使用 O_1 的虚信道 x，后者使用 O_1 的虚信道 y，虽然它们占用 O_1 不同的虚信道，但由于这两个信元同时到达 O_1，在 O_1 上当前时隙只能满足其中一个的需求，另一个必须被丢弃。为了不在发生竞争时引起信元丢失，因此在交换节点中必须提供一系列缓冲区，以供信元排队用。

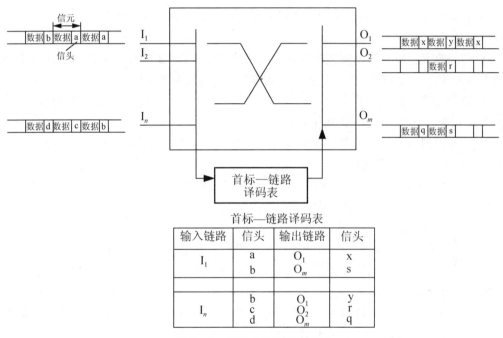

首标—链路译码表

输入链路	信头	输出链路	信头
I_1	a b	O_1 O_m	x s
I_n	b c d	O_1 O_2 O_m	y r q

图 4.15 ATM 交换的基本原理

综上所述，可以得出这样的结论，ATM 交换系统应具备 3 种基本功能：路由选择、排队缓冲和信头变换。

2. ATM 交换机的基本组成

在前面介绍 ATM 传输网络中引入 VCC 和 VPC 概念时讲述到 VP 交换和 VC 交换，实际上 ATM 交换就是相应的 VC/VP 交换，即进行 VPI/VCI 转换和将来自于特定 VC/VP 的信元根据要求输出到另一特定的 VC/VP 上。完成这样功能的一个 ATM 交换机由 4 部分组成，如图 4.16 所示，由入线处理部件、出线处理部件、ATM 交换单元和 ATM 控制单元组成。其中 ATM 交换单元完成交换的实际操作(将输入信元交换到实际的输出线上去)；ATM 控制单元控制 ATM 交换模块的具体动作(VPI/VCI 转换、路由选择)；入线处理对各入线上的 ATM 信元进行处理，使它们成为适合 ATM 交换模块处理的形式；出线处理则对 ATM 交换模块送出的 ATM 信元进行处理，使它们成为适合在线路上传输的形式。下面简单介绍这些单元的基本功能。

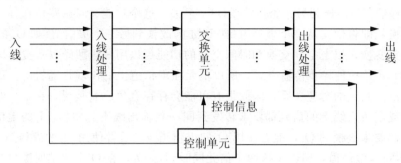

图 4.16 ATM 交换机基本组织模块

（1）入线处理部件：对各入线上的 ATM 信元进行处理，使它们成为适合 ATM 交换单元处理的形式，即为物理层向 ATM 层提交的过程，将比特流转换成信元流。入线处理部件完成的功能如下：

① 信元定界：将基于不同传输系统的比特流分解成以 53 字节为单位的信元。信元定界的基本原理是通过 HEC 和信头中前 4 个字节消息的关系来确定。

② 信元有效性检验：将信元中的空闲信元（物理层）、传输中信头出错的信元丢弃，将有效信元送入系统的交换/控制单元。

③ 信元类型分离：根据 VCI 标志分离 VP 级 OAM 信元，根据 PTI 标志分离 VC 级 OAM 信元并提交控制单元，其他用户消息信元送入交换单元。

（2）控制单元：负责建立和拆除 VCC 和 VPC，并对 ATM 交换单元进行控制，同时处理和发送 OAM 信息。控制单元的主要功能如下。

① 连接控制：完成 VCC 和 VPC 的建立和拆除操作。例如，在接收到一个建立 VCC 的信令后，如果经过控制单元分析处理后允许建立，那么控制单元就向交换单元发出控制信息，指明交换单元凡是 VCI 等于该值的 ATM 信元均被输出到某特定的出线上去。拆除操作则执行相反的处理过程。

② 信令信元发送：在进行 UNI 和 NNI 应答时，控制信元必须可以发送相应的信令信元以使用户/网络之间的协商过程得以顺利进行。

③ OAM 信元处理和发送：根据接收到 OAM 信元的信息，进行相应处理，如性能参数统计或者进行故障处理，同时控制单元能够根据本节点接收到的传输性能参数或故障消息发送相应的 OAM 信元。

（3）出线处理部件：完成与入线处理部件相反的处理，即对 ATM 交换单元送出的 ATM 信元进行处理，使它们成为适合在线路上传输的形式，即为 ATM 层向物理层提交的过程，将信元流转换成比特流。出线处理部件完成的功能如下。

① 复用：将交换单元输出信元流、控制单元的 OAM 信元流，以及将相应的信令信元消息流复合，形成送往出线的信元流。

② 速率适配：将来自 ATM 交换机的信元适配成适合线路传输的速率。例如，当收到的信元流速率过低时，填充空闲信元；当信元流速率过高时，使用存储器进行缓存。

③ 成帧：将信元比特流适配成特定的传输媒体要求的格式。例如，PDH 和 SDH 帧结构格式。

（4）交换单元：交换模块是整个交换机的核心模块，它提供了信元交换的通路，通过交换模块的两个基本功能（路由和缓存），将信元从一个端口交换到另一个端口上去，从一个 VP/VC 交换到另一个 VP/VC。交换模块还完成一定的流量控制功能，主要是优先级控制和 ABR 业务的流量控制。作为实际执行交换动作的部件，其实现的好坏直接关系到交换机的效率和性能。交换单元的核心是交换结构，小型交换机的交换单元一般由单个交换结构构成，而大型交换机的交换单元则由多个交换结构互连而成。

ATM 交换机由软件进行控制和管理。软件主要指指挥交换机运行的各种规约，包括各种信令协议和标准。交换机必须能够按照预先规定的各种规约工作，自动产生、发送和接收、识别工作中所需要的各种指令，使交换机受到正确控制并合理地运行，从而完成交换机的任务。

3. ATM 交换结构

ATM 交换结构是实现 ATM 交换的关键之一。交换的实质是将某条入线的信息输出到特定的出线上，任意时刻入线和出线之间可能出现的关联可以有多种形式：一对多连接、一对一连接、入线和出线空闲状态等。ATM 交换结构的分类如图 4.17 所示。

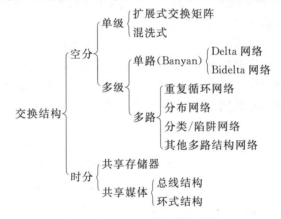

图 4.17 ATM 交换结构的分类

1）空分交换结构（矩阵交换）

ATM 交换的最简单方法是将每一条入线和每一条出线相连接，在每条连接线上装上相应的开关，根据信头 VPI/VCI 决定相应的开关是否闭合来接通特定的输入和输出线路，以将某入线上的信元交换到指定出线上去。最简单的实现方法就是空分交换方式，也称矩阵交换方式。它的基本原理来源于纵横制交换机。矩阵交换的基本原理如图 4.18 所示。

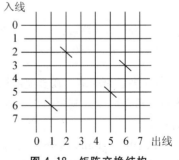

图 4.18 矩阵交换结构

矩阵交换的优点是输入/输出端口间的一组通路可以同时工作，即信元可以并行传送，吞吐率和时延特性较好。缺点是：交叉结点的复杂程度随入线和出线的 N^2 函数增长，导致硬件复杂，因此其规模不宜过大。空分交换矩阵分为单级交换矩阵和多级交换矩阵两种类型。

（1）单级交换矩阵。单级交换矩阵只有一级交换元素与输入/输出端口相连。混洗式（Shuffle）交换网络如图 4.19 所示。

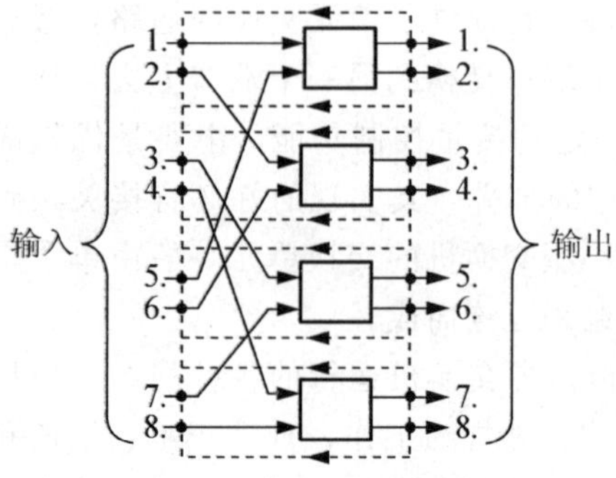

图 4.19　混洗式交换网络

它的主要原理是利用反馈机制将发生冲突的信元返回输入端重新寻找合适的输出端，图中的虚线为反馈线，利用这种反馈可使某一输入端的信元能在任意一个输出端输出。很明显，一个信元要达到合适的输出端可能需要重复几次，因此又叫循环网络。如从输入端口 2 到输出端口 8 的信元先从输入端口 2 到输出端口 4，然后反馈到输入端口 4，再从输入端口 4 到输出端口 8。构成这种网络只需少量的交换元素，但其性能并不太好，关键是内部延迟较长。

（2）多级交换矩阵。多级交换矩阵由多个交换元素互连组成，它可以克服单级交换矩阵交叉节点数过多的缺点。多级交换矩阵又可分为单通路和多通路两种网络。

① 单通路网络（Banyan）单通路网络指的是从一个给定的输入到达一个输出端只有一条通路，最常见的就是"榕树"——Banyan 网络（图 4.20），它是因其布线像印度一种榕树的根而得名。Banyan 网络的每个交换元素都为 2×2（两个输入和两个输出）。Banyan 网络具有唯一路径特性和自选路由功能。唯一路径特性指任何一条入线与任何一条出线之间存在且仅存在一条通路；自选路由功能指不论信元从哪条入线进入网络，它总能到达指定出线。由于到达指定的输出端仅有唯一一条通路，因此路由选择十分简单，即可由输出地址确定输入和输出之间的唯一路由。缺点是：会发生内部阻塞，这是由于一条内部链路可以被多个不同的输入端同时使用。Banyan 网络的优点是：结构简单、模块化、可扩展性好、信元交换时延小。

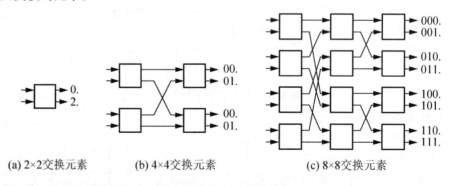

(a) 2×2交换元素　　(b) 4×4交换元素　　(c) 8×8交换元素

图 4.20　Banyan 交换网络

② 多通路网络。在多通路网络中，从一个输入端到一个输出端存在着多条可选的通路，优点是可以减少或避免内部拥塞。多通路网络类型较多，本节仅介绍 Batcher – Banyan 分布式网络。

Batcher – Banyan 分布式网络如图 4.21 所示，在 Banyan 网络前增加 Batcher 网络构成。这里 Batcher 网络的作用是将信元尽可能均匀地分配到 Banyan 网的各个输入端，对进入 Banyan 网络的信元重新排列，以减少内部阻塞的发生。Batcher 网络就是一个由一些排序器构成的排序 Banyan 网络。构成 Batcher 网络的基本元素是 2×2 双调排序器，它的输入是双调序列，输出是有序数列。双调排序器比较输出端口的整个地址，大致按箭头指示的输出端输出。不论输入信元的虚信道地址在输入端怎样紊乱，它们在排序网的输出端总能以一定顺序排好(升序或降序)。用硬件实现 N 个数据排序时，必须先将数据两两排序，然后将数据 4 个一组排序，应用前两两排序结果变成双调序列，依此进行直到获得 N 个数据序列。由 Batcher 排序器和 Banyan 构造的网络称为 Batcher – Banyan 网络，如图 4.21 所示。在此 Batcher – Banyan 网络中对 Banyan 网络的连线稍做了改动，目的是使进入 Banyan 网络的信元有一定的顺序。

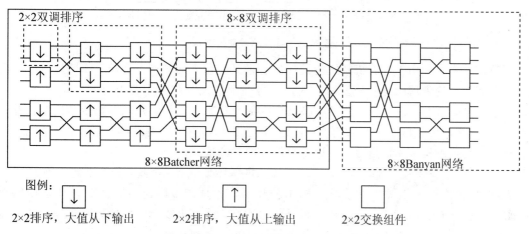

图 4.21 Batcher – Banyan 网络

2) 时分交换结构

时分交换结构的设计基于程控交换机中的时分复用和局域网中的共享媒体的思想，因此时分交换结构分为共享存储器和共享媒体两类。共享媒体又分为共享总线和环行总线两种，下面分别介绍这几种交换结构的工作原理。

(1) 共享存储器交换结构(中央存储式)。共享存储器式的 ATM 交换的本质是异步时分复用，它借鉴同步时分复用中的时分交换的概念，也是将信道分成等长的时隙，但同步时分复用中一个时隙为固定处理一个话路所需要的时间，而异步时分复用中一个时隙为处理一个信元所需要的时间(不同的端口速率其时隙不同)。假定 ATM 交换机具有 N 个输入端口、N 个输出端口，端口速率为每秒 V 信元。则 ATM 交换机中一个时隙定义为以端口速率

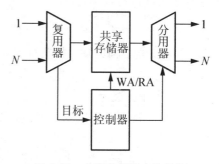

图 4.22 共享存储器交换结构

传输或接收一个信元的时间，即 $1/V$。如 155.520Mbps 的端口速率为 $155.520 \times 10^6\,\text{bps} \div 8 \div 53 = 366792$ 信元/s，此时一个时隙为 $1/366792 = 2.7\mu s$，这也是 ATM 交换机的工作周期。共享存储器的工作原理类似于程控交换机中的 T 接线器。它由数据存储器(共享存储器)、控制存储器、复用器和分用器组成。共享存储器交换结构如图 4.22 所示。

(2) 共享总线交换结构。共享总线交换结构的交换机利用高速时分复用总线构成，它由时分复用(TDM)总线、串/并转换(S/P)、并/串转换(P/S)、地址筛选 A/F 及输出缓冲器几部分组成，如图 4.23 所示。

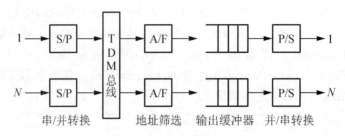

图 4.23 共享总线交换结构

总线技术最早用于计算机系统的设计,后来又应用于局域网。在 ATM 交换机中,共享总线交换结构采用的是时分复用方式,它将一个信元时隙分为若干时间片,对 N 条入线的信元分时进行处理。为了降低交换结构内部处理速度,在信元进入交换结构时,首先要进行串/并转换。目前一般采用 32 位或 64 位以上的总线来提供尽可能高的传输能力。共享总线交换结构采用输出缓冲器以获得较佳的吞吐量。

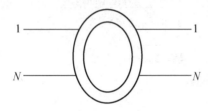

图 4.24 共享环型交换结构

(3) 共享环型交换结构。共享环型交换结构如图 4.24 所示,它是借鉴高速局域网令牌环工作原理设计的。所有入线、出线都通过环形网相连,环形网与总线一样采用时间片操作。环被分成许多等长的时间片,这些时间片绕环旋转,入线可将信息送入"空"时间片中,当该时间片到达目的出线时,信息被相应的出线读出。环型结构比总线结构的优越之处在于如果入线和出线的位置安排得合理,那么一个时间片在一个时隙内可使用多次,使环形结构的实际传输效率超过 100%,当然这需要增加许多额外的设计和开销。

4. ATM 交换结构基本排队缓冲机制

ATM 交换结构的基本排队机制有输入排队缓冲、输出排队缓冲和中央排队缓冲,如图 4.25 所示。

1) 输入排队缓冲

在这种情况下采用图 4.25 所示的方法来解决输入端可能出现的竞争问题。在每个输入线上设置队列,对信元进行排队,由一个仲裁机构根据各输出线的忙闲、输入队列的状态、交换传输媒体的状态来决定哪些队列中的信元可以进行交换。

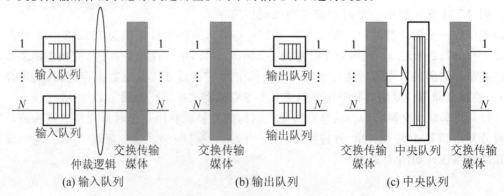

图 4.25 基本排队缓冲方式

输入排队的特点有：存在信头阻塞(HOL)，如线 1 队列上的第一个信元要到出线 2 上时，若出线忙，队列的第一个信元出不去，则它后面的信元的出线即使空着，这些信元也不能输出，这就是信头阻塞(HOL)，HOL 降低了交换传输媒体的利用效率。从队列本身的结构和实现方法来看，输入队列是比较简单的，可以用简单的 FIFO 来实现，对存储器速度的要求较低。

2）输出排队缓冲

输出排队缓冲中，交换传输媒体本身可保证输入的任一个信元都可以被交换到输出端，但输出线的速率是有限的，所以要在输出端进行排队，以解决输出线的竞争。

输出队列有以下特点：输出队列的控制比较简单，在输出队列中，只需判断信元的目的输出线，由交换传输媒体将信元放到相应的输出队列中就可以了；输出队列可以由 FIFO 实现，但它要求存储器的速度较高，极端的情况是：N 个入线的信元都要求输出到同一条出线，为保证无信元丢失，要求存储器的写速率是入线速率的总和；为达到同样的信元丢失率，输出队列要求更大的存储空间，因为一个输出队列只被一个输出线利用，每个队列都需要按照最坏的情况来设计存储容量，输出队列的利用率较低。

3）中央排队缓冲

在中央排队缓冲机制中，交换传输媒体分为两部分，队列设在两个交换传输媒体中间，所有入线和出线共用一个缓冲器，所有信元都经过这一个缓冲器进行缓存。

中央排队缓冲的特点是：由于存储器不再由一个输入、输出线所用，所以队列不能用简单的 FIFO 实现，而必须用随机寻址的存储器来实现，需要一套复杂的管理机制，存储管理复杂；由于存储器被所有虚连接共享，相当于对每一个输入、输出线都有一个长度可变的队列，所以存储器利用率高。输入、输出端的存储器读/写速度都必须是所有的端口速率之和，对存储器的速度要求是 3 种方式中最高的。

5．ATM 交换网络的选路方法

在交换网络中，多个交换结构间(空分交换结构还包括交换元素间)有多条通路，这就需要有路由选择功能。路由选择方法涉及两个参数：确定路由的时间和选路信息放置的位置。

（1）确定路由的时间：对确定路由的时间，可以在整个连接期间只做一次选择，即交换网络内部是面向连接的，同一连接的所有信元沿着相同的路由顺序到达出口；也可以为每个信元单独选择，即交换网络内部是无连接的，同一连接的信元可以沿不同的路由不按原顺序到达出口，这样就需要在出口重新排序。

（2）选路信息放置的位置：对选路信息放置的位置也有两种：一种是将路由标记在信元前面一起传送；另一种是将路由信息放在路由表中，根据路由表进行信元交换。

以上两种参数的不同组合就产生了各种路由选择策略。下面介绍常使用的路由选择方法：自选路由法和路由表控制法。

1）自选路由法（路由标签法）

在自选路由方法中，要在交换机的输入单元中进行信头变换和扩展。信头变换是指 VPI/VCI 的转换，它只在交换机的输入端进行一次；扩展是指为每个输入信元添加一个路由标签，因此也被称作路由标签法。该路由标签基于对输入信元的 VPI/VCI 值的分析，用来进行路由选择，所以说它是基于信元的。大多数基于空分交换结构的交换机设计都采用自选路由法。

路由标签必须包含交换网络的每一级路由信息，如果一个交换网是由 L 级组成的，那么该路由标签将有 L 个字段，字段中含有相应级交换单元的输出端口号，例如，由 16×16 基本交换元素组成的五级交换网络，需要 $5\times4=20\text{bit}$ 的路由标签。注意：这里的路由标签和信头 VPI/VCI 标记不同，路由标签仅作用于交换机网络内部作为路由选择，VPI/VCI 则标识整个通信网络中的连接过程。图 4.26 所示为自选路由交换单元构成的交换网络中信元的处理过程。

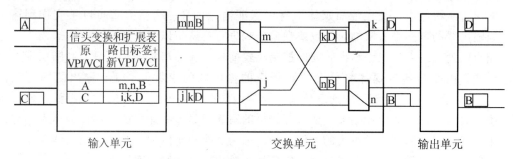

图 4.26　自选路由法信元交换过程

2）路由表控制法（标记选路法）

在路由表控制法中，交换单元中每级交换元素都有一张信头变换表，每级都要进行信头变换。它利用信元头中的 VPI/VCI（标记）标识交换结构中的路由表，当信元到达每级交换结构时，通过相应的路由表来确定交换路由，因此又称标记选路法。在路由表控制法中，不用添加任何标签，因此信元本身的长度不会改变。图 4.27 所示为路由表控制法构成的交换网中的信头处理原理。

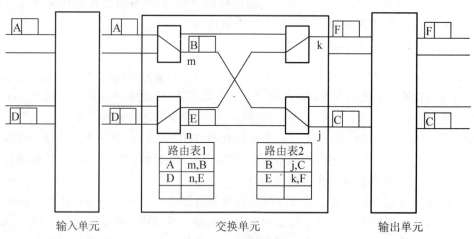

图 4.27　路由表控制法信元交换过程

自选路由法和路由表控制法各有优点，就目前来看，自选路由法在寻路效率方面要高些，较适合构造大型交换网络。

4.3.3　ATM 网络的拥塞控制

1. ATM 网络拥塞管理的重要性

根据 ITU-T 的定义，ATM 网络的拥塞指的是网络元素（如交换机、复接器或传输设备等)的一种状态,在这种状态下网络不能保证已建立连接的服务质量或者不能接纳新的连接请求。出现拥塞的原因有两方面:一是由于网络中流量强度不可预测地随机波动而造成网络负荷过重;二是由于网络本身出现故障。任何一个实用的电信网都需要解决网络拥塞的管理问题,也就是解决有限的网络资源与用户需求间的矛盾,在满足用户对服务质量要求的前提下尽可能地充分利用网络资源。

ATM 网络与以往的电路交换方式或分组交换方式的网络相比,这一问题显得更加突出,这是因为 ATM 网络的拥塞管理既重要又困难。说它重要是因为 ATM 是一种异步时分、统计型复用的信息传送方式,而统计复用在提高网络资源利用率、增强灵活性的同时不可避免地增加了引起网络拥塞的风险。拥塞管理的困难又表现在两个方面:一方面,ATM 网中传送的是各种类型的业务信息综合而成的数据流,其流量特性十分复杂、难于控制;另一方面,由于 ATM 网络传输速率高,一旦某处发生拥塞而不能及时解决,拥塞范围将迅速扩大。由此可见,ATM 网络的拥塞管理是个很重要的问题。

2. ATM 网络拥塞管理的基本思想

由于 ATM 网络拥塞管理的复杂性,以往在电路交换网与分组交换中采用的拥塞管理方法不再适用。电路交换网中拥塞控制的基本思想是资源预分配与即时拒绝,在为呼叫请求建立一条连接的同时分配一部分被这条连接所独占的资源,当网络资源不足时拒绝新的呼叫请求。这种方法的主要缺陷是缺乏灵活性,与 ATM 动态分配资源的特性相矛盾。分组交换网中目前普遍使用 X.25 协议中的窗口流量控制技术来控制拥塞,其基本思想是通过反馈的方法来限制发送端发出过多的流量,这种方法控制的速度较慢,不适合用于高速的 ATM 网络。

为了满足 ATM 网络中拥塞管理的要求,ITU-T 提出了一套新的拥塞控制机制。其基本思想在于:引入预防性控制措施,不再是出现拥塞之后再采取措施来消除拥塞,而是通过精心管理网络资源而避免拥塞的出现。拥塞管理的功能分成两个层次:第一层是预防性措施,称为流量控制,是为防止网络出现拥塞而采取的一系列措施,包括网络资源管理(NRM)、连接允许控制(CAC)、使用参数控制(UPC)以及优先级控制等;第二层是反应性措施,称为拥塞控制,是当网络出现拥塞后为将拥塞的强度、影响范围、持续时间减到最小而采取的一系列措施,包括信元选择性丢弃与拥塞指示等。

ATM 网中拥塞管理由流量控制与拥塞控制功能配合完成。用户向网络发出呼叫请求时需要向网络提交即将发送的流量特性,以及对服务质量的要求,网络此时执行 CAC 功能,确定网络是否有足够的资源来支持这一新的呼叫请求。如果能支持就建立相应的虚电路连接,并同用户协商允许通过这条虚电路输入网络的流量的特性参数。只有用户实际输入网络的流量特性满足协定的特性参数时,网络才保证对它的服务质量。在通信过程中执行 UPC 功能,监测每条虚电路中实际输入网络的流量,一旦发现超越了协定参数就采取措施加以限制。以上这些功能的目的都在于防止拥塞的出现,属于流量控制范围。

ATM 网络一旦检测到出现拥塞状况,则启动拥塞控制功能,首先是有选择地丢弃重要程度相对低的信元以缓解拥塞,同时进行拥塞状态信息的前向、反向指示。当这些措施仍不能很好地控制住拥塞时,网络将进行释放连接或重选路由。

由此可见,ATM 网的流量管理机制可分成如下几个阶段:①呼叫请求建立连接阶段,其关键技术是连接允许控制;②通信过程中对入网流量的监测与控制,关键技术是使用参数控制；③拥塞控制阶段，关键技术是选择信元丢弃与拥塞指示。

3. 网络拥塞管理的主要功能

1）连接允许控制（CAC）

CAC 位于交换机内部，它是在呼叫建立阶段或在协商呼叫请求时，网络决定是否接纳呼叫而采取的一系列操作。当网络收到呼叫请求后，首先启动 CAC 功能，检测当前网络资源的分配与占用情况，对照用户呼叫请求中提交的流量特性与服务质量要求，确定当前可供使用的网络资源能否满足用户要求。如果能够满足要求并在建立新连接的同时仍能保证已有连接的服务质量，则网络将接纳这一呼叫并建立相应的虚电路，否则拒绝用户的请求。CAC 功能在于建立连接的同时还完成两方面的功能：其一是同用户协商相应虚电路中允许入网流量的特性参数供 UPC 利用；其二是为相应的虚电路分配资源。

2）入网流量的监控

入网流量监控功能根据所处的位置分成 UPC 与网络参数控制（NPC）。前者位于用户/网络接口，而后者用在网络接口上，两者的功能类似，下面主要介绍 UPC 功能。在通信过程中用户实际输入网络的流量特性可能会超越 CAC 功能执行过程中所确定的值，对这种情况需要加以限制，否则将影响网络的服务质量。为此在用户/网络接口设立了监测与限制机制，以确保每条虚电路中实际入网的流量特性参数符合协商值，这一机制即 UPC 功能。目前 UPC 中的限制措施主要是给属于超越协商值的那部分流量的信元打上标记，表示这部分信元的服务质量不能保证，一旦网络发生拥塞，则首先丢弃这类信元。

3）网络资源管理

网络资源管理用于控制网络资源的分配，目的是按照业务特性区分不同的流量。VP 是流量控制管理网络资源的一个十分有效的手段，它把对多个 VC 的处理转化成对一个 VP 的统一管理，大大简化了 CAC 和 UPC 的控制。通过 VP，可以根据业务流类型申请不同的服务质量，很好地支持优先级控制。此外，简单的 VP 管理技术对统计复用也有很好的支持，可防止复用信息流中已确保的传输质量受到干扰。VPC 在网络资源管理中起作用的关键是它预留了一部分网络带宽，大大减轻了建立 VCC 的审核工作的负担。预留多少网络带宽取决于增加网络带宽的代价与降低控制代价的平衡和统筹兼顾。

4）业务流整形

业务流整形的目的是改善（或平滑）VPC 或 VCC 连接上信元流的业务特性，以降低信元峰值速率，限制突发信元流的持续时间。经过整形后的业务流消除了时延抖动，从而可更好地满足服务要求。对于 ATM 端设备，业务流整形是为了实现指定 VPC 和 VCC 连接上信元流特性，对于 ATM 交换设备，则是改善信元流的特性。业务流整形不仅可以使线路利用率更加平稳，各类业务传送得更加公平，而且还可以提高业务（特别是实时业务）质量。

5）选择性信元丢弃

ATM 网中传送的信元有两种优先级别，通过信元头中的 CLP 位来区分。CLP＝0 表示优先级高，CLP＝1 表示优先级低。当网络发生拥塞时首先丢弃 CLP＝1 的信元，以缓解拥塞。CLP＝1 的信元有两个来源：一是由用户产生，说明此信元所承载的信息属于低优先级；二是 UPC 将某些 CLP＝0 的信元改成 CLP＝1，说明此信元属于超越协定值的流量部分。实际上 ATM 网拥塞时就是牺牲掉这些信元来保证高优先级信元的传送质量。

6）显示拥塞指示

选择性信元丢弃是在网络发生拥塞的地点进行的，在有些情况下仅仅依靠这一处采取措施不足以控制拥塞，而要求整个网络协调行动，这就要求某处发生拥塞后能及时地将拥塞信息传递给网络的其他部分，以便采取措施协助对拥塞的控制。拥塞信息指示根据传送方向可分成前向拥塞指示与反馈拥塞指示。当网络节点发现自己处于或即将处于拥塞时，网络设备就会在信元头设置拥塞指示位，并向目的终端或信源发送拥塞指示，目的终端监视拥塞指示，向信源回送拥塞信元，信源收到拥塞指示后，利用高层功能降低信元的接收或发送速率，以达到消除拥塞的目的。

4.4 IP 交换

4.4.1 IP 交换概述

IP 交换是在第三层上进行的交换技术，它是 Ispilon 公司提出的专门用于在 ATM 网上传送 IP 分组的技术。它将第三层的路由选择功能与第二层的交换功能结合起来，在下层通过 ATMPVC 虚电路建立连接，在上层运行 TCP/IP 协议，从而实现在 ATM 硬件的基础之上直接进行 IP 路由的选择，进而同时获得 IP 的强壮性以及 ATM 交换的高速、大容量的优点。

1. IP 与 ATM 的比较及相结合的模型

IP 交换是 IP 技术与 ATM 技术的结合，这两种技术都有自身显著的特点。IP 技术是一种无连接技术，它的优点是易于实现异种网络的互联；技术简单，可扩展性好、具有统一的寻址体系、便于管理。但也存在着对实时业务支持不好、没有 QoS、传输效率低等缺点。

ATM 是结合了电路交换及分组交换方式的优点发展而成的传输模式。具有以下优点：由于采用统计时分复用方式，从而实现了动态分配带宽，可适应任意速率的业务；采用面向连接的工作方式、固定长度的信元及简化的信元头，从而实现了快速交换；提供可靠的 QoS，保证话音、数据、图像等业务的传输；具有较强的自愈能力。同时 ATM 也存在着可扩展性不好、技术复杂、相应设备价格较高等缺点。表 4-4 给出了 IP 与 ATM 的特性比较。

表 4-4 IP 与 ATM 的特性比较

特性	连接方式	最小信息单位	交换方式	路由方向	组播	QoS	成本	发展推动力
IP	无连接	可变长度分组	数据报方式	双向	多点到多点	没有，尽力而为	低	市场驱动
ATM	面向连接	53 字节	ATM方式	单向	点到多点	有，按业务提供	高	技术驱动

通过上述对 IP 及 ATM 特性的介绍，可以看出 IP 技术和 ATM 技术各有优缺点，若将两者结合起来，即将 IP 路由的灵活性和 ATM 交换的高效性结合起来，将给网络发展带来很大的推动。为此，世界上各大通信公司、研究机构相继推出了将两种技术集成在一起的新技术。如 Ipsilon 公司提出的 IP 交换（IP Switch），Cisco 公司提出的标签交换（Tag Switch），IBM 提出的基于 IP 交换的路由聚合技术（ARIS），IETF 推荐的 ATM 上 IP 技术（IPOA）和 ATM 上的多协议（MPOA）等。这些技术的本质都是通过 IP 进行选路，建立基于 ATM 面向连接的传输通道，将 IP 封装在 ATM 信元中，IP 分组以 ATM 信元形式在信道中传输和交换，从而使 IP 分组的转发速度提高到了交换的速度。以上各大通信公司、研究机构的集成技术从 IP 技术与 ATM 技术结合的不同方式可以分为两类：重叠模型和集成模型。

1）重叠模型

重叠技术的核心思路是：IP 运行在 ATM 之上，IP 选路和 ATM 选路相互独立。系统中运行两种选路协议：IP 选路协议和 ATM 选路协议，IP 的路由功能仍由 IP 路由器来实现。通过地址解析协议（ARP）实现介质访问控制（MAC）地址与 ATM 地址或 IP 地址与 ATM 地址的映射。

重叠模型使用标准的 ATM 论坛/ITU - T 的信令标准，与标准的 ATM 网络及业务兼容。利用这种模型构建网络不会对 IP 和 ATM 双方的技术和设备进行任何改动，只需要在网络的边缘进行协议和地址的转换。但是这种网络需要维护两个独立的网络拓扑结构、地址重复、路由功能重复，因而网络扩展性不强、不便于管理、IP 分组的传输效率较低。

重叠模型的实现方式主要有：Internet 网络工程部（1ETF）推荐的 IPOA、ATM Forum 推荐的 LAN 仿真（LANE）和多协议 MPOA 等。

2）集成模型

集成模型的核心思路是：将 ATM 层看成是 IP 层的对等层，把 IP 层的路由功能与 ATM 层的交换功能结合起来，使 IP 网络获得 ATM 的选路功能。在该模型中只使用 IP 地址和 IP 选路协议，不使用 ATM 地址与选路协议，即具有一套地址和一种选路协议，因此也不需要地址解析功能。通过另外的控制协议将三层的选路映射到二层的直通交换上。集成模型通常也采用 ATM 交换结构，但不使用 ATM 信令，而是采用比 ATM 信令简单的信令协议来完成连接的建立。

集成模型将三层的选路映射为二层的交换连接，变无连接方式为面向连接方式，使用短的标记替代长的 IP 地址，基于标记进行数据分组的转发，因而速度快。其次，集成模型只需一套地址和一种选路协议，不需要地址解析协议，将逐跳转发的信息传送方式变为直通连接的信息传送方式，因而传送 IP 分组的效率高。但它只采用 IP 地址和 IP 选路协议，因此与标准的 ATM 融合较为困难。

集成模型的实现技术主要有：Ipsilon 公司提出的 IP Switch 技术、Cisco 公司提出的 Tag Switch 技术和 IETF 推荐的 MPLS 技术。

2. IP 交换中的流

流是 IP 交换的基本概念，流是从 ATM 交换机输入端口输入的一系列有先后关系的 IP 包，它将由 IP 交换机控制器的路由软件处理。

IP 交换的核心是把输入的数据分为两种类型。

（1）持续期长、业务量大的用户数据流，包括文件传输协议（FTP）、远程登陆（Tel-net）、超文本传输协议（HTTP）数据、多媒体音频、视频等数据。这些用户数据流是在 ATM 交换机硬件中直接交换（即快速通道）的；可以在 ATM 交换机中交换时利用 ATM 交换机硬件的广播和组播能力。

（2）持续期短、业务量小、呈突发分布的用户数据流，包括域名服务器（DNS）查询、简单邮件传输协议（SMTP）数据、简单网络管理协议（SNMP）查询等。这些用户数据流可通过 IP 交换机控制器中的 IP 路由软件传输，采用逐跳（Hop－by－Hop）和存储转发方法，省去了建立 ATMVCC 的开销。这种传输方式也称为慢速通信。

4.4.2 IP 交换机的组成及工作原理

1. IP 交换机的组成

IP 交换机是 IP 交换的核心。它由 IP 交换控制器和 ATM 交换机组成，如图 4.28 所示。

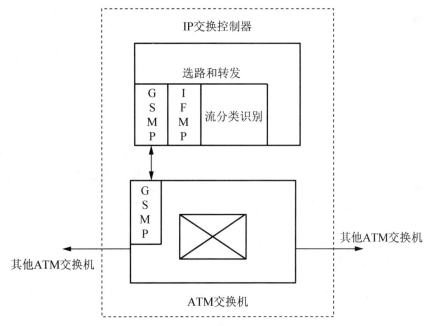

图 4.28 IP 交换机的结构

1）IP 交换控制器

IP 交换控制器是系统的控制处理器。交换控制器既能实现传统路由器的 IP 选路和转发功能，也能运行流分类识别、GSMP 和 IFMP 协议。通过流分类识别软件来判定数据流的特性，以决定是采用 ATM 交换方式，还是采用传统的 IP 传输方式。IP 交换控制器通过 GSMP 协议对 ATM 交换机进行控制，从而实现连接管理、端口管理、统计管理、配置管理和事件管理等功能。当 IP 交换机之间进行通信时，采用 IFMP 协议，用以标记 IP 交换机之间的数据流，即传递分配标记信息和将标记与特定 IP 流相关联的信息，从而实现基于流的第二层交换。

2）ATM 交换机

ATM 交换机硬件保持原状，去掉 ATM 高层信令和控制软件，用一个标准的 IP 路由软件来取代，同时支持 GSMP 协议，用于接受 IP 交换控制器的控制。

2. IP 交换的工作原理

IP 交换机通过传统的 IP 方式和 ATM 交换机的直接交换方式来实现 IP 分组的传输。其工作过程可分为 4 个阶段，如图 4.29 所示。

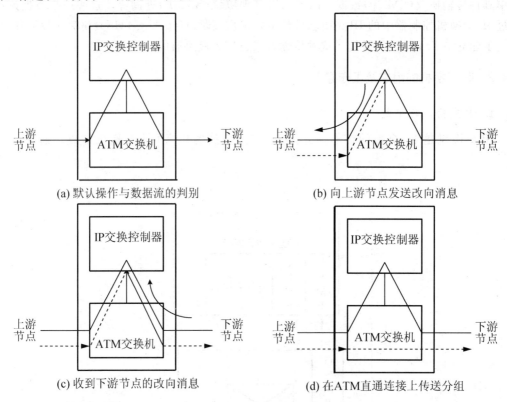

图 4.29　IP 交换的过程

1）默认操作与数据流的判别

在系统开始运行时，输入端口输入的业务流是封装在信元中的传统 IP 数据包，该信元通过默认通道被传送到 IP 交换机，由 IP 交换控制器将信元中的信息重新组合成为 IP 数据分组，按照传统的 IP 选路方式在第三层上进行存储转发，在输出端口上再被拆成信元在默认的通道上进行传送。同时，IP 交换控制器中的流分类识别软件对数据流进行判别，以确定采用何种技术进行传输。对于连续、业务量大的数据流，则建立 ATM 直通连接，进行 ATM 交换式传输；对于持续时间短的、业务量小的数据流，则仍采用传统的 IP 存储转发方式。

2）向上游节点发送改向消息

当需要建立 ATM 直通连接时，则从该数据流输入的端口上分配一个空闲的 VCI，并向上游节点发送 IFMP 的改向消息，通知上游节点将属于该流的 IP 数据分组在指定端口的 VC 上传送到 IP 交换机。上游 IP 交换机收到 IFMP 的改向消息后，开始把指定流的信元在相应 VC 上进行传送。

3）收到下游节点的改向消息

在同一个 IP 交换网内，各个交换节点对流的判识方法是一致的，因此 IP 交换机也会收到下游节点要求建立 ATM 直通连接的 IFMP 改向消息，改向消息含有数据流标识和下游节点分配的 VCI。随后，IP 交换机将属于该数据流的信元在此 VC 上传送到下游节点。

4）在 ATM 直通连接上传送分组

IP 交换机检测到流在输入端口指定的 VCI 上传送过来，并收到下游节点分配的 VCI 后，IP 交换控制器通过 GSMP 消息指示 ATM 控制器，建立相应输入和输出端口的 VCI 的连接，这样就建立起 ATM 直通连接，属于该数据流的信元就会在 ATM 连接上以 ATM 交换机的速度在 IP 交换机中转发。

4.5 标记交换技术

4.5.1 标记交换的基本概念及特点

标记交换是 Cisco 公司推出的一种传统路由器与 ATM 技术相结合的多层交换技术。在 IP 交换中，连续、业务量大的数据流采用 ATM 转发，可以获得较高的效率，但对于大多数持续时间短的、业务量小的数据流效率就较低，一台 IP 交换机通常只相当于一台中等速率的路由器。在标记交换中，每一个进入交换网的数据分组都会被附加一个短小的标记，所有的数据分组的转发均根据标记来完成。由于标记短小，所以可以大大提高分组的传输速率和转发的效率。

1. 标记交换的基本概念

标记是一个长度较短且固定的数字，该数字本身与网络层地址(如 IP 地址)并无直接关系，且只具有本地意义，因此不同的标记交换机可以使用相同的标记。标记可以位于 ATM 信元的 VCI 域、IPv6 的 Flow Label 域或在二层和三层头信息之间，这使得标记交换可用于广泛的介质之上。因此它的实现并不依赖于 ATM，也可以由路由器来完成，通过路由器实现标记交换，使得标记交换扩展到 ATM 网以外的其他网络中，甚至包括局域网。因而可以说，标记交换是一种不依赖于链路层协议的技术，这个特性使得标记交换技术相对于 IP 交换有很大的适用范围。

标记存放在标记信息库中。标记信息库用于存放标记传递的相关信息，这些信息包括输入端口号、输出端口号、输入标记、输出标记、目的网段地址等。

标记交换中的数据分组是 IP 分组，因此标记交换所面对的业务不同于其他数据通信中常用的面向连接，而是无连接业务。

2. 标记交换网络的网络组成

标记交换网络包含 3 个成分：标记边缘路由器(TER)、标记交换机和标记分发协议(TDP)，如图 4.30 所示。

标记边缘路由器位于标记交换网络的边缘。含有完整三层功能，它们检查到来的分组，在转发给标记交换网络前打上适当的标记，当分组退出标记交换网络时删去该标记。因为具有完整的第三层功能，标记边缘路由器还可应用增值的三层服务，如安全、计费和 QoS 分类。标记边缘路由器使用标准的路由协议(OSPF、BGP)来创建转发信息库(FIB)。标记边缘路由器根据转发信息库的内容，使用标记分发协议(TDP)向相邻的设备分发标记。标记边缘路由器不需要特别的硬件，它作为 Cisco 软件的一个附加特性来实现，原有的路由器或三层交换机可通过软件升级使其具有标记边缘路由器的功能。

标记交换机是标记交换网络的核心，负责根据标记来转发数据分组。除了标记交换外，还支持完整的第三层路由或第二层功能。标记交换由两个部分组成：传递元件和控制元件。

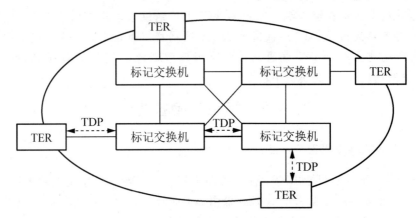

图 4.30　标记交换网的网络结构

1）传递元件

传递元件可以看成是标记交换机中的标记交换器。根据标记交换分组中携带的标记信息与标记交换信息库(TIB)中保留的标记信息，将数据分组在输入端口上获得的标记替换为输出端口上分配的标记，进而完成数据分组的传递。

2）控制元件

控制元件负责产生标记，并负责维护标记的一致性。它可以使用单独的标记分发协议或利用现有的控制协议携带相关信息，实现标记分发和标记的维护。控制元件采用模块化结构，每个模块支持一种特定的选路功能。

标记分发协议提供了标记交换机和其他标记交换机或标记边缘路由器交换标记信息的方法。标记边缘路由器和标记交换机用标准的路由协议（如 BGP、OSPF）建立它们的路由数据库。相邻的标记交换机和边缘路由器通过标记分发协议彼此分发存储在标记信息库(TIB)中的标记值。

3. 标记交换的特点

标记交换的本质特点并没有脱离传统的路由器技术，只是在一定程度上将数据的传送由路由方式转变为交换方式，从而提高了传送效率。具体的特点有如下几个方面。

（1）与 IP 交换不同，标记交换不是基于数据流驱动，而是采用基于拓扑结构的控制驱动，即在数据流传输之前预先建立二层的直通连接，并将选路拓扑映射到直通连接上。

（2）标记交换不依赖于链路层协议，二层技术可以使用 ATM 技术，还可以使用其他二层技术，如帧中继、以太网等。

（3）标记交换支持路由信息层次化结构，并通过分离内部路由和外部路由来扩展现有网络的规模，使网络具有较强的扩展能力和可管理性。

（4）具有一定的服务质量保证。标记交换提供两种机制来保证服务质量。其一是将业务进行分类，通过资源预留协议(RSVP)为每种业务申请相应的服务质量等级。若需要特殊质量保证的业务则需要申请专用标记虚电路，提供端到端的业务质量保证。

（5）具有支持多媒体应用中所需的 QoS 和组播能力，但组播需要预先配置，灵活性较差。

（6）支持基于目的地的路由选择，减少了数据转发时延。最有效地使用现有的连接，无须在数据流到达时才建立通道，因此没有连接建立时延。

4.5.2 标记交换的工作原理

1. 标记交换的工作过程

标记交换网络中进行的只是"标记"的交换，根据"标记"对贴有"标记"的数据分组进行分组交换。具体的工作过程如下：首先，当一个要转发的数据分组进入标记交换网络时，由标记分发协议和路由协议建立路由和标记映射表，并将标记信息放入标记信息库；其次，当标记边缘路由器接收到需要通过标记交换网络的数据分组的，分析其网络层头信息，执行可用的网络层服务，从其路由表中给该分组选择路由，打上标记，然后转发到下一节点的标记交换机。标记交换机接收到加有标记的数据分组时，不再分析数据分组头，只是根据标记，结合标记信息库中的内容进行快速的交换；最后加有标记的数据分组到达出口点的标记边缘路由器，标记被剥除，然后把数据分组交给上层应用，从而完成数据分组在标记交换网络中的传输。

2. 标记分配方法

在标记交换中，所有数据分组的交换都是基于标记的，因此标记的分配是至关重要的。标记的分配主要通过使用独立的标记分发协议（TDP）来完成。在 TDP 中规定了 3 种标记分配方法：上游分配、下游分配和下游按需分配。所谓的上游和下游是指站在标记交换网络中的某个节点上，指向某个目的地址的路由方向称为下游，反之称为上游，如图 4.31所示，按照数据流方向，RTA 是 RTB 的上游，RTC 是 RTB 的下游。

1）上游分配

上游节点根据本节点的 TIB 分配一个输出标记，然后通过 TDP 将所分配的标记通知下游节点。下游节点将该标记填入自己的 TIB 中后，按照路由表中的信息，分配一个输出标记。依此类推，直到整个通路的标记交换设备建立起相应的 TIB。也就是说标记交换网的节点根据上游节点的输出标记确定本节点的输入标记，然后根据 TIB 确定输出标记。

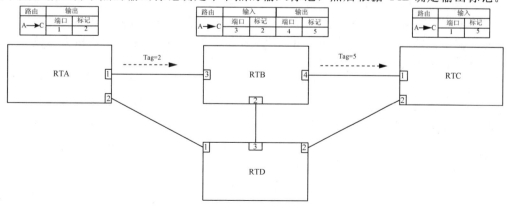

图 4.31 上游分配

2) 下游分配

下游节点根据本节点的 TIB 分配一个输入标记,然后通过 TDP 将所分配的标记通知上游节点。上游节点将该标记填入自己的 TIB 中后,按照路由表中的信息,分配一个输入标记。依此类推,直到整个通路的标记交换设备建立起相应的 TIB。也就是说,标记交换网的节点根据下游节点的输入标记确定本节点的输出标记,然后根据 TIB 确定输入标记。

3) 下游按需分配

下游按需分配与下游分配过程相似,所不同的是只在上游节点提出标记分配请求的时候,下游节点才分配标记。

在 3 种分配方式中每个节点的 TIB 是至关重要的。对于节点中的 TIB 有两种管理方式:一种称为单接口 TIB;另一种称为单节点 TIB。在第一种方式中,一个接口配置一个 TIB,所有接口的 TIB 相互独立,所有的标记只在本接口或本段有效,跟节点的其他接口无关。这时标记的选择只需考虑本接口的使用情况,使用上游分配和下游分配均可;在第二种管理方式下,一个节点只设一个 TIB,所有接口使用的标记均取自该 TIB。在这种情况下,只能使用下游分配而不能使用上游分配。

4.6 多协议标记交换(MPLS)

4.6.1 多协议标记交换的基本概念

MPLS 是标记交换的进一步发展,它在标记交换的基本思想的基础上,由 IETF 进行标准化,目的是为了提高网络设备的性价比,改善网络层的转发处理能力。MPLS 的一个最大的特点就是其"多协议"特性。表现在它可以兼容多种网络层协议(如 IPv4、IPv6、IPX),同时还支持多种数据链路层协议(如 ATM、PPP、Ethernet、SDH、DWDM 等)。它的另一个特点是采用面向连接的工作方式,而传统的 IP 网络采用的是无连接的工作方式。

1. MPLS 的网络结构

MPLS 的网络是指运行 MPLS 协议的交换节点构成的区域,如图 4.32 所示,由标记边缘路由器(LER)和标记交换路由器(LSR)组成。通过标记协议(LDP)在节点间完成标记信息的发布。同时节点间依旧需要运行路由协议(如 OSPF、BGP 等)来获取网络拓扑信息,进而根据这些信息决定第三层转发时的下一跳地址或第二层转发时交换路径的建立。在 MPLS 网络中,由入口的标记边缘路由器(LER)、一系列标记交换路由器(LSR)和出口标记边缘路由器(LER)以及它们之间由标记所标识的逻辑信道组成的通道称为标记交换路径。它是具有一些共同特性的分组网络的通路。

LER 是一个位于 MPLS 交换网络边缘的转发分组的传统路由器。它分析 IP 包头,决定相应的传送级别,与 MPLS 内部的标记交换机通信交换与标记相关的信息。

LSR 是负责第三层转发分组和第二层标记分组的设备,是 MPLS 的基本构成单元。

LDP 是一个单独的 MPLS 控制协议,它用于 LSR 之间信息的交换,使得对等 LSR 就一个特定标记的数值达成一致。每个 LSR 关联它们标记信息库中的入口标记与一个对应的出口标记,之后就形成了一个从入口到出口的 LSP。

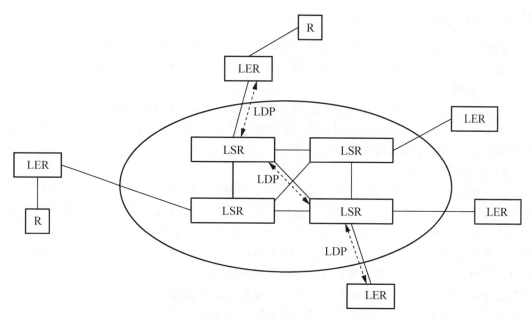

图 4.32　MPLS 的网络结构

2. MPLS 的一些基本概念

MPLS 引入了转发等价类(FEC)的概念。FEC 是一组具有相同特性的数据分组，这一组数据分组以相似的方式在网络中转发。给属于同一个 FEC 的数据分组打上相同的标记。

标记交换式路径(LSP)：是一个从入口到出口的交换式路径。它由 MPLS 节点建立，目的是采用一个标记交换转发机制转发一个特定 FEC 的分组。

标记信息库(LIB)：保存在一个 LSR(LER)中的连接表，在 LSR 中包含有 FEC/标记关联信息和关联端口以及媒质的封装信息。

径流(Stream)：沿着同一路径、属于同一 FEC 的一组分组被视为一个径流。径流是在一个 LSP 中将业务分类。在不支持径流合并(Stream Merge)的网络中，一个径流也将对应一个标记。

Flow：一个应用到另一个应用的数据称为"Flow"。早期的 IP 交换技术就是根据"Flow"来决定转发的路由。很显然，"Flow"的数量远远大于"Stream"的数量，因而其转发效率将大大低于基于"Stream"的技术的转变发效率。

流分类。在业务流进入 LSR 时首先需要进行分类，也就是将业务流划分为不同的 FEC。有两种标准的流分类机制，一种称为粗分类，另一种称为细分类。粗分类是将具有相同网络层地址前缀的数据包归为一个 FEC。细分类由要求必须是同一对主机，甚至必须是同属于某一对特定应用的数据包才可归属为一个 FEC，也就是说，只有具有相同的源和目的网络层地址，并且具有相同的传输层端口号(如 TCP 端口号)的数据才可称为同一个 FEC。粗分类有助于提高网络的可扩展性，因为它占用较少的网络资源。细分类可以针对不同应用的不同需求提供相应的服务，使网络具有更强的可用性。如何在网络的可扩展性和可用性之间权衡，是网络规划者们需要慎重考虑的问题。一般而言，骨干网络应强调可扩展性，而本地网络应强调可用性，所以总体上看是两者的结合。

3. MPLS 的封装

MPLS 引入了一种层次化结构路由的新概念，层次化结构对于提高网络的可扩展性是非常重要的。要介绍该内容之前先对 MPLS 标记格式及封装再作扼要的说明。

1) 标记的格式

一个标记的格式依赖分组封装所在的介质。例如，ATM 封装的分组（信元）采用 VPI/VCI 数值作为标记，而帧中继采用 DLCI 作为标记。对于那些没有内在标记结构的介质封装，则采用一个特殊的数值填充。

2) 标记交换的封装

标记交换是一种支持多协议的技术，它可以在多种链路协议上运行。其中 ATM 和帧中继所采用的交换技术与标记交换非常相似，所以当标记交换以 ATM 或帧中继作为其链路层协议时，就借用 ATM 和帧中继的封装，标记也相应地采用 VPI/VCI 或 DLCI。但当标记交换的链路层是 FDDI、Ethernet 或 PPP 时，因为它们原有的格式中完全不具备标记信息，所以必须加上额外的封装，标记交换采用的是被称为"Shim"的格式的封装。在采用层次化路由时，一个 Shim 会拥有多个标记栈条目，这被称为"标记栈"。Shim 位于第二层和第三层之间，因而可以应用于任何链路层协议之上。

3) MPLS 的封装

为了能够在数据包中携带标记栈信息，需要在封装中引入栈字段。MPLS 为底层的链路规定了不同的封装格式。在 MPLS 专用的环境中，也就是在以太网和点到点这样的链路上采用 Shim 封装。Shim 位于第 3 层和第 2 层协议头之间，与两层协议无关，因而被称为通用 MPLS 封装。MPLS 的封装及标记栈格式如图 4.33 所示，在图中，通用 MPLS 封装包括栈标识符 S、TTL（生存期）和 CoS（业务等级）等字段。

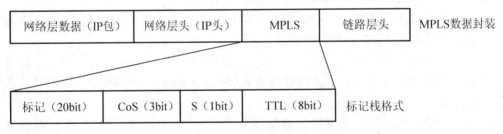

图 4.33 MPLS 的封装及标记格式

4.6.2 多协议标记交换的工作原理

MPLS 采用面向连接的工作方式，所以 MPLS 在工作过程中将经历建立连接阶段（即形成标记交换路径 LSP 的过程）、数据传输阶段（即数据分组沿 LSP 进行转发的过程）和连接拆除阶段（即通信结束或发生故障异常时释放 LSP 的过程）。

1. 建立连接

1) 驱动连接建立的方式

MPLS 技术支持 3 种驱动虚连接建立的方式：拓扑驱动、请求驱动和数据驱动。简单地说，拓扑驱动是指由路由表信息更新消息（例如，发现了新的网络层目的地址）触发建立虚连接；请求驱动是指由 RSVP（资源预留协议）消息触发建立虚连接；数据驱动是指由数据流触发建立虚连接。目前，在 MPLS 网络中，拓扑驱动应用得较为广泛。这里需要说明的是，对于请求驱动，RSVP 与路由协议结合运用，要在节点间传送 QoS，以建立一条满足传输质量要求的路径。

2）标记分配

MPLS 存在着两种 LSP 建立控制方式：独立控制方式和有序控制方式。两者的区别在于，在独立控制方式中，每个 LSR 可以独立地为 FEC 分配标记并将映射关系向相邻 LSR 分发；而在有序控制方式中，一个 LSR 为某一 FEC 分配标记，当且仅当该 LSR 是 MPLS 网络的出口 LER，或者该 LSR 收到某 FEC 目的地址前缀的下一跳 LSR 发来的对应此 FEC 的标记映射。

标记分发有上游分配和下游分配两种方式，上游分配和下游分配的区别显而易见，就是指某 FEC 在两个相邻 LSR 之间传输时采用的标记是由上游 LSR 分配（上游分配方式）还是由下游 LSR 分配（下游分配方式）。

下游分配方式存在着自主分配和按需分配。如果下游 LSR 是在接收到上游 LSR 对于某 FEC 的标记请求时才分配标记并将映射关系分发给上游 LSR，那么下游 LSR 采用的就是按需分配方式；如果下游 LSR 不等上游 LSR 的请求，而在获知某 FEC 时就予以分配标记，并将映射关系分发给上游 LSR，那么下游 LSR 采用的就是自主分配方式。

3）连接建立过程

MPLS 网络中的各 LSR 要在路由协议的控制下分别建立路由表。MPLS 技术中常用的路由协议为 OSPF 和 BGP。

在 LDP 的控制下，在路由表的作用下，LSR 进行标记分配，LSR 之间进行标记分发，分发的内容是 FEC 与标记的映射关系，从而通过标记的交换建立起针对某一 FEC 的 LSP。

分发的内容被保存在标记信息库（LIB，Lib Information Base）中，LIB 类似于路由表，记录与某一 FEC 相关的信息，例如，输入端口、输入标记、FEC 标识（例如，目的网络地址前缀、主机地址等）、输出端口、输出标记等内容。LSP 的建立实质上就是在 LSP 的各个 LSR 的 LIB 中，记录某一 FEC 在交换节点的入出端口和入出标记的对应关系。

4）MPLS 路由方式

实际上，目前的 MPLS 协议支持两种路由方式：一种就是如上介绍的，也是目前 IP 网络中广泛应用的逐跳式路由 LSP，这种方法的特点是，每个节点均可独立地为某 FEC 选择下一跳；还有一种就是显式路由方式，在这种方式中，每个节点路由器不能独立地决定某 FEC 的下一跳，而要由网络的入口路由器或出口路由器依照某些策略和规定来确定路由。显示路由能够很好地支持 QoS 和流量工程，MPLS 的一大优势就在于它对显式路由的支持。

2. 数据传输

MPLS 网络的数据传输采用基于标记的转发机制，其工作过程有以下几个步骤。

1）入口 LER 的处理过程

当数据流到达入口 LER 时，入口 LER 需完成 3 项工作：将数据分组映射到 LSP 上；将数据分组封装成标记分组；将标记分组从相应端口转发出去。

入口 LER 检查数据分组中的网络层目的地址，将分组映射为某个 LSP，也就是映射为某个 FEC。在这里有必要详细介绍一下 FEC 的属性以及分组与 LSP 的映射原则。

FEC 可包含多个属性，目前只有两个属性：地址前缀(长度可从 0 到完整的地址长度)和主机地址(即为完整的主机地址)，今后可能将不断有新的属性被定义。FEC 属性的作用在于规范和指定分组与 LSP 的映射。简而言之，分组与 LSP 的映射原则就是主机地址匹配优先，最长地址前缀匹配优先。

入口 LER 的封装操作就是在网络层分组和数据链路层头之间加入 Shim 垫片，如图 4.34 所示。Shim 实际上是一个标记栈，其中可以包含多个标记，标记栈这项技术使得网络层次化运作成为可能，在 MPLS VPN 和流量工程中有很好的应用。这样的封装使得 MPLS 协议独立于网络层协议和数据链路层协议，这也就解释了上面提到的 MPLS 支持"多协议"的特性。标记值可以从该分组所映射的 FEC 对应的 LIB 表项中获得。

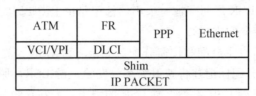

图 4.34　入口 LER 的封装操作

入口 LER 从该分组映射的 FEC 在 LIB 中的表项中可获得该分组的输出端口，将封装好的分组从该端口转发出去即可。

2) LSR 的处理过程

LSR 从 Shim 中获得标记值，用此标记值索引 LIB 表，找到对应表项的输出端口和输出标记，用输出标记替换输入标记，从输出端口转发出去。对于采用标记栈的情况，只对栈顶标记进行操作。

显而易见，在核心 LSR 中，对分组转发不必检查分析网络层分组中的目的地址，不需要进行网络层的路由选择，仅需通过标记即可实现数据分组的转发。这一点极大地简化了分组转发的操作，提高了分组转发的速度，从而实现了高速交换，突破了传统路由器交换过程复杂、耗时过长的瓶颈，改善了网络性能。

3) 出口 LER 的处理过程

出口路由器是数据分组在 MPLS 网络中经历的最后一个节点，所以出口路由器要进行相应的弹出标记等操作。当数据分组到达出口路由器 LER 时，出口路由器同样从 Shim 获得入口标记值，索引 LIB 表，找到相应表项，发现该表项出口标记为空，于是将整个垫片 Shim 从标记分组中取出，这就是弹出标记操作。

同时，出口路由器 LER 检查网络层分组的目的地址，用这个网络层地址查找路由表，找到下一跳。然后，从相应端口将这个分组转发出去。

3. 连接拆除

因为 MPLS 网络中的虚连接，也就是 LSP 路径是由标记所标识的逻辑信道串接而成的，所以连接的拆除也就是标记的取消。标记取消的方式主要有两种。一种是采用计时器的方式，即分配标记的时候为标记确定一个生存时间，并将生存时间与标记一同分发给相邻的 LSR，相邻的 LSR 设定定时器对标记计时。如果在生存时间内收到此标记的更新消息，则标记依然有效并更新定时器；否则，标记将被取消。在数据驱动方式中，常采用这种方式,因为很难确定数据流何时结束。

另一种就是不设置定时器,这种方式下 LSP 要被明确地拆除,网络中拓扑结构发生变化(例如,某目的地址不存在或者某 LSR 的下一跳发生变化等)或者网络某些链路出现故障等原因,可能促使 LSR 通过 LDP 取消标记,拆除 LSP。

习 题

一、填空题

1. 分组交换的工作方式有_____种,分别是_____。
2. 分组交换网流量控制的方法主要有_____、_____、_____。
3. ATM 交换系统应具备_____、_____、_____3 种基本功能。
4. ATM 网络中,在 UNI 接口处最多可以定义_____个虚连接。

二、选择题

1. MPLS 可兼容的协议包括( )。

A. ATM   B. PPP   C. IPv4   D. EthernetE. SDH

F. IPv6   G. DWDM   H. IPX

2. IP 协议采用的连接方式是( )。

A. 面向连接   B. 无连接   C. 可靠连接   D. 不可靠连接

3. ATM 用的连接方式是( )。

A. 面向连接   B. 无连接   C. 可靠连接   D. 不可靠连接

4. 分组交换要为每个分组增加控制和地址比特(增加额外的开销),所以分组交换比电路交换的线路传输资源的利用率肯定要( )。

A. 高   B. 低

5. ATM 适配层是位于( )。

A. ATM 交换机中   B. ATM 端系统中

三、名词解释

1. 转发等价类   2. DCE

四、问答题

1. 比较虚电路和数据报两种数据传送方式的特点。
2. ATM 信元结构是怎样的?信元首部包含哪些字段?各有何作用?
3. 简述 ATM 信元定界的方法。
4. 常见的 ATM 交换结构有哪几种?
5. ATM 网络具有哪些流量控制和拥塞控制方法?
6. 简述 IP 与 ATM 结合的几种方式的特点及应用。
7. 标记交换的上游分配与下游分配有什么不同?
8. IP 交换机由哪些基本模块组成?简述各模块的功能。

第5章 光交换技术

在现代通信网中，先进的光纤通信技术以其高速、带宽的明显特征而为世人瞩目。实现透明的、具有高度生存性的全光通信网是宽带通信网未来的发展目标。从系统角度来看，支撑全光网络的关键技术又基本上可分为光监控技术、光交换技术、光放大技术和光处理技术几大类。而光交换技术作为全光网络系统中的一个重要支撑技术，它在全光通信系统中发挥着重要的作用，可以这样说，光交换技术的发展在某种程度上也决定了全光通信的发展。光交换技术是一项高新技术，大部分还处在实验室研究阶段，光交换技术还有很长的路要走，很多未知的问题有待发现和解决。本章就各种光交换技术的概念、特点、分类以及发展趋势进行详细的介绍。

教学目标

了解光交换的特点及其发展；
理解光交换技术的特点；
了解光交换技术的关键技术；
了解光交换技术在实际中的应用。

教学要求

知识要点	能力要求	相关知识
光交换发展	(1) 了解光交换的发展 (2) 熟悉光交换的特点及其分类	SDH、PDH
光交换技术	(1) 理解时分光交换的概念和特点 (2) 理解码分交换的概念和特点 (3) 理解波分光交换的概念和特点	强度调制
光交换在数据通信中的应用	(1) 熟悉光分级交换技术 (2) 熟悉光标记交换技术	分组交换、标记交换
全光通信	(1) 了解全光通信的概念和特点 (2) 理解全光通信的工作原理 (3) 了解全光通信的基本结构	光传输、光交换

推荐阅读资料

1. 郑少仁. 现代交换原理与技术[M]. 电子工业出版社，2006.
2. 张中荃. 现代交换技术(第2版)[M]. 人民邮电出版社，2009.

3. 郑仲桥，张建生，等. 现代交换技术教程[M]. 东南大学出版社，2009.

 基本概念

光交换：指对光纤传送的光信号直接进行交换。

光时分复用：与电时分复用相同，把多路的光信号复用到一条信道上。

光码分多址：一种全新的频率资源利用思路，信道占用同一个宽频带，从而原则上不需要光滤波器件。

光波分复用：在一根光纤中同时传输多个波长光信号的一项技术。

光标记交换：利用各种方法在光包上打上标记，把光包的包头地址信号用各种方法打在光包上，这样在交换节点上根据光标记来实现全光交换。

全光通信网络：光信息流在网络中的传输及交换时始终以光的形式存在，而不需要经过光/电、电/光变换。

光交叉连接：用于光纤网络节点的设备，通过对光信号进行交叉连接，是实现可靠的网络保护、恢复以及自动配线和监控的重要手段。

 引例： 光交换技术前景

因特网用户与业务迅猛发展，公用电信网正面临着巨大的挑战与变革，正朝着分组化、宽带化、智能化与开放式网络的方向发展。下一代网络既不是现在的公用电话交换网，也不是目前的因特网，而是结合了两者长处的新一代公用网。

长期以来，高速全光网的梦想一直受到交换问题的困扰。因为传统的交换技术需要将数据转换成电信号进行交换，然后再转换为光信号传输。虽然传统的交换技术与光技术结合，在带宽和速度上有十分积极的意义，但是其中的光电转换设备体积过于庞大且费用昂贵。光交换不存在这些问题，而光纤传输技术与光交换技术的融合更能相得益彰，因此光交换技术必然是通信网交换技术未来的发展方向。

作为全光网络系统的重要支撑技术，世界各国都在着手研究开发全光网络产品。目前市场上出现的光交换机大多数是基于光电和光机械的，随着光交换技术的不断发展和成熟，基于热学、液晶、声学、微机电技术的光交换机将会逐步被研究和开发出来，其中将以纳米技术为基础的 MEMS 应用于光交换产品的开发更是加速了光交换技术的发展。

5.1 光交换概述

5.1.1 光交换技术的概念及特点

光交换是指对光纤传送的光信号直接进行交换。与电子数字程控交换相比，光交换无须在光纤传输线路和交换机之间设置光端机进行光/电（O/E）和电/光（E/O）变换，而且在交换过程中，还能充分发挥光信号的高速、宽带和无电磁感应的优点。光纤传输技术与光交换技术融合在一起，可以起到相得益彰的作用，从而使光交换技术成为通信网交换技术的一个发展方向。

随着通信网络逐渐向全光平台发展，网络的优化、路由、保护和自愈功能在光通信领域中越来越重要。光交换技术能够保证网络的可靠性并提供灵活的信号路由平台，尽管现有的通信系统都采用电路交换技术，但发展中的全光网络却需要由纯光交换技术来完成信号路由功能以实现网络的高速率和协议透明性。光交换技术为进入节点的高速信息流提供动态光域处理，仅将属于该节点及其子网的信息进行上/下通路交由电交换设备继续处理，这样具有以下几个优点。

（1）可以克服纯电子交换的容量瓶颈问题。

（2）可以大量节省建网和网络升级成本。如果采用全光网技术，将使网络的运行费用节省70%，设备费用节省90%。

（3）可以大大提高网络的重构灵活性和生存性，以及加快网络恢复的时间。

5.1.2 光交换的分类

在各种不同类型的光网络系统中，使用到的光交换技术又有所不同，所以，可以根据光网络系统类型的不同，使用不同的光交换技术，目前对光网络的技术和结构进行分类也存在两种侧重点不同的分类思路：一种是从复用传输的角度进行分类；另一种是从交换系统的配置功能和所使用的交换模式角度进行分类。

1. 按复用方式分类

为了更进一步提高光纤的利用率，挖掘出更大的带宽资源，复用技术不失为加大通信线路传输容量的一种很好的办法。从分割复用技术所分割的"域"的角度可将复用技术分为空间域的空分复用(SDM)、时间域的时分复用(TDM)、频率域的频分复用(FDM)和码字域的码分复用(CDM)。相应也存在空分、时分、波分和码分4种光交换。

1）波分光交换技术

在光纤中传输一路波长信道时，其容量就比电缆大得多，如果能够在一根光纤中同时传输很多路波长信道，则通信容量还会大幅度增加。这种在一根光纤中传输多个波长信道的技术就是波分复用技术。应用波分复用技术，大量的波长信道可以同时在一芯光纤中传输，使通信容量成倍、数十倍或数百倍地增长，可以满足日益增长的信息传输的需要。

2）时分光交换技术

该技术的原理与现行的电子程控交换中的时分交换系统完全相同，因此它能与采用全光时分多路复用方法的光传输系统匹配。在这种技术下，可以时分复用各个光器件，能够减少硬件设备，构成大容量的光交换机。该技术组成的通信网由时分型交换模块和空分型交换模块构成。它所采用的空分交换模块与上述的空分光交换功能模块完全相同，而在时分型光交换模块中则需要有光存储器(如光纤延迟存储器、双稳态激光二极管存储器)、光选通器(如定向复合型阵列开关)以进行相应的交换。

3）空分光交换技术

该技术的基本原理是将光交换元件组成门阵列开关，并适当控制门阵列开关，即可在任一路输入光纤和任一路输出光纤之间构成通路。根据其交换元件的不同可分为机械型、光电转换型、复合波导型、全反射型和激光二极管门开关等，如耦合波导型交换元件钶酸钾，它是一种电光材料，具有折射率随外界电场的变化而发生变化的光学特性。以铌酸钾为基片，在基片上进行钛扩散，以形成折射率逐渐增加的光波导，即光通路，再焊上电极后即可将它作为光交换元件使用。将两条很接近的波导进行适当的复合，通过这两条波导的光束将发生能量交换。能量交换的强弱随复合系数的改变而改变。平行波导的长度和两波导之间的相位差变化，只要所选取的参数适当，光束就在波导上完全交错，如果在电极上施加一定的电压，则可改变折射率及相位差。由此可见，通过控制电极上的电压，可以得到平行和交叉这两种交换状态。

　　4）码分复用光交换技术

　　在电通信领域，码分复用是一种扩频通信技术，在发射端将不同的用户信息采用相互正交的扩频码序列进行调制后再发送，在接收端采用相关解调来恢复原始信息。光码分复用与电码分复用相比，无论是在适用范围、目的，还是在实现技术上都有显著不同。由于这种伪随机序列可以对光信号的任意信息进行标记来实现编/解码，如光振幅编/解码、光相位编/解码、光波长编/解码等，因此，光码分复用的实现方式是多种多样的。

　　5）复合光交换技术

　　该技术是指在一个交换网络中同时应用两种以上的光交换方式。例如，在波分技术的基础上设计大规模交换网络的一种方法是进行多级链路连接，链路连接在各级内均采用波分交换技术。因这种方法需要把多路信号分路接入链路，故抵消了波分复用的优点。解决这个问题的措施是在链路上利用波分复用方法，为实现多路化链路的连接，可采用空分——波分复合型光交换系统来实现。除此之外，还可将波分和时分技术结合起来得到另一种极有前途的复合型光交换，其复用度是时分多路复用度与波分多路复用度的乘积。如它们的复用度分别为 16，则可实现 256 路的时分——波分复合型交换。

　　2. 按交换配置模式分类

　　1）光路交换（OCS，Optical Circuit Switching）技术

　　在光子层面的最小交换单元是一个波长通道上的业务流量。光路交换又可分成 3 种类型，即空分（SD）、时分（TD）和波分（WD）光交换，以及由这些交换组合而成的结合型。

　　2）光分组交换（OPS，Optical Packet Switching）技术

　　光分组交换以分组（包）作为最小的交换颗粒，主要指 ATM（异步转移模式）光交换和 IP 包光交换，它是近来被广泛研究的一种光交换方式，其特征是对信元/分组/包等数据串（而不是比特流）进行交换。分组业务具有很大的突发性，如果用光路交换的方式处理将会造成资源的浪费。在这种情况下，采用光分组交换将是最为理想的选择，它将大大提高链路的利用率。在分组交换矩阵里，每个分组都必须包含自己的选路信息，通常是放在信头中。交换机根据信头信息发送信号，而其他信息（如净荷）则不需由交换机处理，只是透明地通过。

　　3）光突发交换（OBS，Optical Burst Switching）技术

　　光突发交换技术采用数据分组和控制分组独立传送，在时间和空间信道上都是分离的，它采用单向资源预留机制，以光突发包作为最小交换单元。该技术是针对目前光信号处理技术尚未足够成熟而提出的，在这种技术中有两种光分组技术：包含路由信息的控制分组技术和承载业务的数据分组技术。控制分组技术中的控制信息要通过路由器的电子处理，而数据分组技术不需光电/电光转换和电子路由器的转发，直接在端到端的透明传输信道中传输。控制分组在 WDM 传输链路中的某一特定信道中传送，每一个突发的数据分组对应一个控制分组，并且控制分组先于数据分组传送，通过"数据报"或"虚电路"路由模式指定路由器分配空闲信道，实现数据信道的带宽资源动态分配。数据信道与控制信道的隔离简化了突发数据交换的处理，且控制分组长度非常短，因此使高速处理得以实

现。同时由于控制分组和数据分组是通过控制分组中含有的可"重置"的时延信息相联系的，所以传输过程中可以根据链路的实际状况用电子处理对控制信元进行调整，因此控制分组和信号分组都不需要光同步。由上可以看出，这种路由器充分发挥了现有的光子技术和电子技术的特长，实现成本相对较低、非常适合于在承载未来高突发业务的局域网(LAN)中应用，超大容量的光突发数据路由器同样可用于构建骨干网。

4) 光标记分组交换(OMPLS，Optical Multi-Protocol Label Switching)技术

光标记分组交换将多协议标签交换(MPLS，Multi-Protocol Label Switching)技术与光网络技术相结合，由 MPLS 控制平面运行标签分发机制，向下游各节点发送标签，标签对应相应的波长，由各节点的控制平面进行光开关的倒换控制，建立光通道。

5.1.3 光交换的发展

目前市场上出现的光交换机大多数是基于光电和光机械的，随着光交换技术的不断发展和成熟，基于热学、液晶、声学、微机电技术的光交换机将会逐步被研究和开发出来。

由光电交换技术实现的交换机通常在输入/输出端各有两个有光电晶体材料的波导，而最新的光电交换机则采用了钡钛材料，这种交换机使用了一种分子束取相附生的技术，与波导交换机相比，该交换机消耗的能量比较小。基于光机械技术的光交换机是目前比较常见的交换设备，该交换机通过移动光纤终端或棱镜来将光线引导或反射到输出光纤，实现输入光信号的机械交换。光机械交换机交换速度为毫秒级，但因为它成本较低，设计简单和光性能较好，所以得到广泛应用。使用热光交换技术的交换机由受热量影响较大的聚合体波导组成，它在交换数据信息时，由分布于聚合体堆中的薄膜加热元素控制。当电流通过加热器时，它改变波导分支区域内的热量分布，从而改变折射率，将光从主波导引导至目的分支波导。热光交换机体积非常小，能实现微秒级的交换速度。

随着液晶技术的成熟，液晶光交换机将会成为光网络系统中的一个重要设备，该交换设备主要由液晶片、极化光束分离器、成光束调相器组成，而液晶在交换机中的主要作用是旋转入射光的极化角。当电极上没有电压时，经过液晶片的光线极化角为90°，当有电压加在液晶片的电极上时，入射光束将维持它的极化状态不变。而由声光技术实现的光交换设备，因其中加入了横向声波，从而可以将光线从一根光纤准确地引导到另一根光纤，该类型的交换机可以实现微秒级的交换速度，可方便地构成端口较少的交换机。但它不适合用于矩阵交换机中。

另外，市场上目前又开发了不同类型的特殊微光器件的光交换机，这些交换机可以由小型化的机械系统激活，而且它的体积小、集成度高，可大规模生产，我们相信，这些类型的交换机在生产工艺水平不断提高的将来一定能成为市场的主流。

5.2 光交换技术的种类

5.2.1 时分光交换技术

光时分复用(OTDM)技术是当比特率超过 10Gbps 时，为克服高速电子器件和半导体激光器直接调制能力限制所采用的扩大传输容量复用方式。它用多个电信道信号调制具有同一个光频的不同光信道，经复用后在同一根光纤传输的技术。该方法避开使用高速电子器件而改用宽带光电器件。光时分复用系统还有与目前已经存在的全光数字网兼用的优

点，OTDM 技术将会在高速光纤通信系统中发挥重要的作用。

1．光时分复用基本原理

光时分复用原理和电时分复用相同，电时分复用由于受到电子速率极限的限制，速率不可能很高，于是人们自然想到了直接在光域上进行时分复用的方法。

OTDM 是实现高比特率传输的关键技术之一，在光传输技术中，通常把由基带比特流数据级通道混合成高比特流数据级通道，称之为复用；把已经复用的高比特流数据拆分成原来的低速比特流，称之为解复用。在 OTDM 系统中，由于各支路脉冲的位置可用光学方法来调整，并由光纤耦合器来合路，因而复用和解复用设备中的电子电路只工作在相对较低的速率。图 5.1 是一个典型的 OTDM 传输系统示意图。在该系统中，尽管在光纤中传输的信号码率很高（数十 Gbps～数 Tbps），但与信号处理有关的所有电子设备均工作在较低比特率（10Gbps）下，并不存在"电子瓶颈"问题。解复用所需控制信号，既可以是电子也可以是光子，主要取决于复用技术。目前大多数实际光解复用器均基于实用电子控制信号电光方法实现。对于 OTDM 系统中的解复用器，电子控制信号无须很宽的带宽。

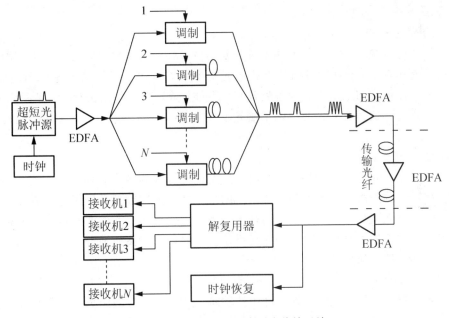

图 5.1 典型的 OTDM 点对点传输系统

超短脉冲光源在时钟控制下，产生重复频率为时钟频率的超短光脉冲，该超短光脉冲经掺铒光纤放大器（EDFA）放大后分成 N 路，每路光脉冲由各支路信号单独调制，调制后的信号经过不同的时延后用合路器合并成一路高速 OTDM 信号，完成复用功能。假设支路信号的速率为 B，则复用后的 OTDM 信号速率为 $N \times B$，其中 B 可为任意速率的 SDH 信号。OTDM 信号经光纤传输到达接收端后首先进行时钟提取，提取的时钟作为控制信号送到解复用器解出各个支路信号，再对各个支路信号单独接收。光时分复用将低速基带信号复用成高速率信号过程可以由采样、延时和复合 3 步完成。

OTDM 技术是利用解复用器来完成由高速信道到低速信道的转换。解复用器是 OTDM 系统最关键的器件。它的目的是分配到达的复用比特流中的每一个比特到适当的 O/E

转换器(接收机)。构成光解复用器的基本器件是 1×2 光开关。通常光开关是按 2×2 制造的,少用一个端口就变成了 1×2 开关。对于多信道系统,连接多个 1×2 开关可以构成大容量的解复用交换网络。

2. 光时分复用的特点

OTDM 技术是光纤通信的未来发展方向,它具有以下特点。

(1)传输速率大大提高。由于各 ONU 是在不同时隙依次进入光功率分配器的,并合成一路光信号,其光信号按时间既紧凑又不重叠地排列着,与各 ONU 的输入信号相比,提高了传输速率。

(2)各 ONU 发射的信号是周期性的光脉冲信号,只在规定的时隙内发射光脉冲序列。

(3)大大提高了系统容量。光时分复用只利用一个光载波提高系统容量。另外,光时分复用还可以同其他的复用方式(如与 WDM 相结合),即利用多个光载波来实现时分多路光脉冲信号的传送,可成倍地提高系统容量。

(4)采用光时分复用技术比较容易实现信道的按需分配。

3. 光时分复用关键技术

1)精确的发送定时技术

在光纤通信系统中,上行信道的光时分复用技术将上行传输时间分为若干时隙,在每个时隙内只安排一个 ONU 以分组的方式向光交换网络发送分组信息,各 ONU 按光交换网络规定的顺序依次向上发送。为避免各 ONU 向上游发送的码流在 ODN(光配线网)合路时可能发生碰撞,这就要求光交换网络测定它与各 ONU 的距离后,对 ONU 进行严格的发送定时。

2)网络管理控制

为了充分发挥光通信的优势,必须研究开发行之有效的网络管理控制系统。网络的配置管理、信道的分配管理、管理控制协议、网络的性能测试等都是网络管理方面需要解决的技术。由于全光网络采用先进的复用技术,因此如何根据当前的业务负载及信道使用情况来动态地分配信道资源,这对于全光网络尤为重要,只有高效地分配信道,才可使其达到最大容量和最佳通信质量的目的。

3)光放大技术

由于光纤存在损耗,光信号在光纤中传输时,其幅度随传输距离按指数规律衰减。因此必须采用放大技术来提高光信号的功率。目前光信号的放大技术主要包括 3 种:一是半导体激光器,它是在半导体激光器芯片两端镀上增透膜形成的,其单程增益较高;二是非线性光纤放大器,是利用光纤中的非线性效应,即受激拉曼散射(SRS)和受激布里渊散射(SBS)制成的,已实现的有 SRS 光纤放大器和 SBS 光纤放大器;三是掺杂光纤放大器,即掺杂稀土离子,目前应用最广的是掺铒光纤放大器。

4)全光信号再生技术

在光纤通信中,除光纤损耗外,还存在光纤色散。色散会导致光脉冲展宽,产生码间干扰,使系统的误码率增大,严重影响通信质量。因此必须采取措施对光信号进行再生。目前对光信号的再生都是利用光电中继器,即光信号首先由光电二极管转变成电信号,经电路整形放大后,再重新驱动一个光源,从而实现光信号的再生。这种光电中继器装置复杂、体积大、功耗大。最近出现了全光信号再生技术,即在光纤链路上每隔几个放大器的距离接入一个光调制器和滤波器，从链路传输的光信号中提取同步时钟信号输入到光调制器中，对光信号进行周期性同步调制，使光脉冲变窄，频谱展宽，频率漂移和系统噪声降低，光脉冲位置得到校准和重新定时。全光信号再生技术不仅能从根本上消除色散等因素的影响，而且还克服了光电中继器的缺点，成为光信息处理的基础技术之一。

5）时分光交换技术

时分光交换原理与现行电子程控交换机时分交换原理完全相同，因此它能与采用全光时分复用方法的光传输系统匹配，在这种方式下，可以时分复用各个光器件，减少硬件设备，构成大容量的光交换机。时分光交换网由时分交换模块和空分交换模块构成，在时分型光交换模块中则需要有光存储器（如光纤延迟存储器、双稳态激光二极管存储器）、光选通器（如定向复合型阵列开关）以进行相应的交换。

6）超短脉冲光源

在超高速光时分复用（OTDM）系统中，高重复频率的超短脉冲的产生是实现系统的关键。它要求脉冲宽度至少小于 $1/3$ 码元周期，并且与不小于 20dB 的消光比，以减少脉冲传输过程中的脉冲宽度，降低码间干扰。

光时分复用要求光源产生高重复率（5～20GHz）、占空比小的超窄光脉冲，脉宽越窄可以复用的路数越多，且谱宽也就越宽。能满足这些要求的光源主要有：锁模环形光纤激光器（MLFRL）、锁模半导体激光器、DFB 激光器加电吸收调制器（EAM）、增益开关 DFB 激光器、超连续（SC）脉冲发生器。

7）光定时提取技术

从接收端光信号中提取时钟信号的技术是构成高速光纤传输系统的关键技术之一。OTDM 解复用技术要求有精确的时钟提取，系统对光定时提取技术的要求是：超高速运转、低相位噪声、高灵敏度和与偏振无关。随着光子技术的发展，目前，实现高速光定时提取的方法主要有：光振荡回路、注入式锁定技术及锁相环（PLL）光定时提取技术等。

光振荡回路采用无源（FP）标准作为光振荡回路并从光信号中提取时钟分量。目前已经能够从任意调制的光信号中提取 2GHz 的光时钟信号。

注入式锁定技术，采用交替工作在 TE 和 TM 模之间的自脉冲半导体激光器（如电极激光二极管或光反向器）构成，其无误码提取达到 5GHz。但在这种方法中，当输入光信号的重复频率波动时，由于提取时钟相关相位的固有变化，使得很难固定光信号及提取时钟之间的相关相位差。

锁相环（PLL）光定时提取，它通过光增益调节器，并由行波激光二极管放大器（TW－LDA）来探测光信号和光时钟之间的相位差。这种方法优点在于：复用光时钟由全光无源器件组成，不需要高速激光器直接产生光时钟脉冲，因而是一种很有前途的定时提取方法。

8）高速信号传输技术

对于高速 OTDM 信号来说，光纤色散是限制其传输距离的主要因素，在一个标准单模光纤上，如果不采用相应的补偿和控制措施，40Gbps 信号只能传输 4km。目前，主要有两种高速光信号传输技术：一是光孤子技术，另一个是色散补偿技术。光孤子是具有特定形状和特定功率的光脉冲，在传输过程中，光纤色散产生的脉冲展宽效应和自相位调制产生的脉冲压缩效应正好完全抵消，从而可同时消除光纤色散和非线性的影响，脉冲可以传输很长距离而不会变形。而色散补偿主要是采用一段和光纤色散特性相反的色散介质来抵消色散影响，或对信号进行相应处理来消除或降低色散影响。色散补偿技术主要有3种：色散补偿光纤、啁啾布喇格（Chirp-Bragg）光纤光栅和中间光相位共轭补偿技术，目前的研究取得了很大的进展，有的已进入实用阶段。

5.2.2 码分光交换技术

1. 码分光交换概念

光码分多址（OCDMA）是一种全新的频率资源利用思路，它的信道占用同一个宽频带，从而原则上不需要光滤波器件，不同信道之间相互独立地发送与接收信号，从而不需要网际规模的时钟同步。这些特点能提供一个接入灵活、多址功能简单的综合业务网或局域网，OCDMA 的异步操作模式能支持突发性业务，码分多址本身的特性同时也提高了一定的安全性，从其潜在的优势及应用前景来看，OCDMA 能满足目前及将来通信发展的要求：异步、高速、宽带和可靠。

OCDMA 技术在原理上与电码分复用技术相似。OCDMA 通信系统给每个用户分配一个唯一的光正交码的码字作为该用户的地址码。在发送节点，光脉冲对数据源中数据流的每个比特"1"按规律编码，形成高速光序列，每个脉冲称为一个码片（chip）。比特"0"不编码，由全零序列代替。每个节点的码型不同，代表该节点的地址码。通过光纤和星形耦合器，将编码后的光序列发送到每个接收节点。在接收端，如果译码器与编码器匹配，译码信号为自相关输出，得到大自相关峰（同时伴有小的旁瓣），否则为互相关输出，相关峰小。通过光阈值开关或高速光电接收器接收，在比较器中，输出的电信号与阈值 Tb 相比较，若信号值大于阈值，输出"1"，反之则输出"0"，即可恢复原来的数据。OCDMA 基本原理如图 5.2 所示。

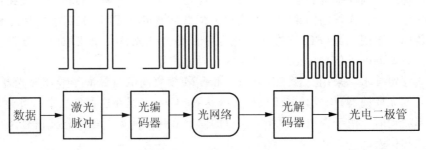

图 5.2 OCDMA 基本原理

光码分多址技术的主要特点是：①接入简单，为每个用户分配不同的码字，以区分不同用户发出的信息，因此光码分多址允许多个用户随机接入同一信道，不要求波长可调和稳定器件；②可异步接入，码分多址不要求各节点同步，几乎没有接入时延。可以实现"讲完即走"（Tell-and-Go）工作方式，适合局域网中突发流量、大流量和高速率环境；③可构成真正"透明"的全光网通信光码分多址只在发射节点和接收节点对用户数据进行编译码，与网络结构无关。另外，光码分多址可构成灵活的高速通用网络，能同时提供各种业务；④安全性高，码分多址采用扩谱技术编码，只有接收端与发送端严格匹配才能解出用户信号，否则为伪噪声随机信号。

2. OCDMA 关键技术

由于 OCDMA 技术采用很多新的理论，光学信号处理技术也远未成熟，所以有很多问题需要解决，归纳起来，OCDMA 发展过程中的关键技术有以下几方面。

1）光地址码理论

由于 OCDMA 技术的特殊性，传统的用于无线 CDMA 的 M 序列、Gold 码等不适用于 OCDMA 领域，因此必须研究新的光地址码。好的光地址码应具有高的自相关主峰、低的自相关侧峰和低的互相关输出峰值。较小的互相关输出峰值和自相关侧峰可以保证系统为更多的用户同时提供接入服务和每个用户拥有更大的接入速率，较大的码字空间可以保证系统拥有较大的容量。码字对光编/解码器的结构和性能也有很大影响，并直接影响系统的复杂性、灵活性和成本。光地址码的主要参数有码长、码重、自相关限、互相关限等。另外码集的构造复杂性也是较重要的评价因素。典型的码源有素数码及其改进码、光正交码。素数码构造算法简单，但其异相自相关峰值和互相关峰值较大，码字个数较少。由于其较大的异相自相关限不利于实现同步，所以只适合异步 OCDMA 系统。改进的素数码由素数码循环移位获得，用于同步 OCDMA 系统，其同步输出取样的自相关输出和互相关输出均为 1，所以输出信噪比较高，而且码字个数大大增加。光正交码是一种性能优异的光地址码，其互相关输出峰值和自相关侧峰均为 1，相关输出的信噪比较高，既适合同步 OCDMA 系统，也适合异步 OCDMA 系统，而且其较小的异相自相关输出有利于实现同步。光正交码的缺点是：码字空间较小、系统容量不大，而且其构造算法较复杂。光正交码可以用于直接扩频系统，也可以用于跳频 OCDMA 系统。针对不同的系统研究更好的光地址码仍是研究领域一个重要的研究内容。另外，双极性 OCDMA 系统由于采用双极性编码技术，可以完全采用无线 CDMA 技术中常用的 Gold、Walsh 等码集。

2）光编/解码器技术

光编/解码器是 OCDMA 系统的核心部件，在发送端光编码器将数据比特映射成扩频序列，在接收端光解码器利用相关解码原理将扩频序列恢复为数据比特。光编/解码器的结构和特性直接影响着系统的功率损耗、用户规模、误码率、成本以及整个系统的灵活性。在现有的光码分多址编/解码器方案中，一般是基于光纤延迟线的并行结构编/解码器和梯形编/解码器，在并行结构编码器中，输入光脉冲由光分路器分成 w 路（w 为码重），每一路光纤延迟线的长度各不相同，然后经光合路器后形成编码的光脉冲序列，光解码器的结构与光编码器的结构是对称的。利用可调光纤延迟线和延迟控制器可以实现任意寻址。梯形结构光编/解码器由光纤延迟线和耦合器按梯形构成，可以将一个脉冲扩频成一个脉冲序列。梯形光解码器的延迟线设计与光编码器对称。梯形光编/解码器具有结构简单、功率损耗小等优点，适用于时域扩频 OCDMA 系统。利用光开关代替其中的光耦合器，可以实现灵活寻址。另外，还有基于频域编码的编/解码器、跳频 OCDMA 编/解码器和解相关 OCDMA 解码器等很多方案，但设计性能更好、更实用的编/解码器仍是一个重要研究方向。对 OCDMA 系统来讲，多用户干扰(MAI)是系统的主要误码源，在解码器中采用平衡接收可以有效抑制多用户干扰。另外采用同步方案，系统的抗多用户干扰性能比异步方案有较大提高。一个提高系统误码性能的方法是在电域对数据采用前向纠错码(FEC)进行编码，理论分析表明，采用 FEC 编码可以有效降低系统误码率；另一个提高光解码器抗多用户干扰能力和输出信噪比的有效方法是采用双光硬限幅器，即在光相关器前后各放一个光硬限幅器(双稳态阈值器件),可以有效提高光解码器的解码性能,但这种器件还不实用。

3) 码字同步技术

对同步 OCDMA 系统来讲,码字同步是一个关键性的技术。由于绝大多数 OCDMA 系统接收机都是基于非相干光的匹配滤波原理,另外光存储和光逻辑运算等技术还不成熟,所以匹配滤波法和突发同步法比较适合 OCDMA 系统的同步捕获,OCDMA 系统同步后的相位跟踪采用非相干跟踪方法比较适合。具体的同步实现技术还需进一步研究。

4) 超短脉冲光源技术

光源发出的光脉冲宽度直接影响到系统所能达到的通信速率和误码率,所以研究如何形成超短脉冲成为一个重要的问题。一般来讲,OCDMA 系统要求光源发出的光脉冲尽可能窄,占空比很小(反比于扩频系数),单位脉冲能量尽可能大。对于数据速率与扩频系数之积小于 10GHz 的系统来说,现有通信系统中使用的高速激光器可以满足要求,但对于数据速率与扩频系数之积大于 10GHz 的系统来说,需研制超短脉冲光源。目前比较典型的超短脉冲形成方法有锁模法、增益开关法、电吸收连续光选通调制法及正色散光纤压缩法等,其中增益开关法是比较理想的超短脉冲光源,但是这些方法还不成熟,而且如何抑制相邻光脉冲间的相干性和降低占空比还有待研究。

5) 光功率控制技术

OCDMA 系统与无线 CDMA 系统有着类似的功率控制问题。各用户有着不同接入距离和不同发射功率,在多个用户同时接入的情况下,相对功率较强(对接收方)的光脉冲序列将对较弱的光脉冲序列产生严重的码间干扰,所以功率控制问题显得更加突出,需采用类似无线 CDMA 系统的反向链路开环和闭环功率的控制措施。

6) 光学逻辑运算技术

全光学的 "AND"、"OR"、"XOR" 等逻辑运算和光存储对于 OCDMA 编码和解码过程来说都是关键性技术,该技术的成熟将极大地促进 OCDMA 技术的进一步发展。

3. OCDMA 系统的应用

OCDMA 系统主要应用在局域网、接入网、全光网及其他共用信道结构系统中。由于 LAN 中业务特征为突发性、低密度和非实时性,所以 OCDMA 技术比较适合 LAN。OC-DMA 技术在 LAN 中主要采用环型或总线型拓扑结构,这就要求为每一个用户分配一个地址码。当某一用户要向该用户发送数据时,需将自己的发送机的编码器结构进行更改以实现寻址,这就要求采用易于实现寻址的码组和编码器(如前面所介绍的并行和梯形光纤延迟线光编码器及跳频型光编码器等)。在局域网中,较大的用户数、较小的用户数同时接入的数量决定了地址码应选取码字空间大的码集(如改进的素数码或光正交码),而且必须采用闭环反馈功率控制机制,以抑制功率差异引起的附加干扰。误码控制措施(纠错码)对数据业务显得很有必要。对于要传输多媒体业务的 LAN 来讲,有文献提出采用同步 OCDMA 技术,采用改进的素数码,每个用户拥有一个子码组(由一个素码循环移位构成的多个相似码字,子码组内码字互相关为0),子码组内每一个码字对应一种业务类型。这种方案有一定的价值,但码字和信道资源利用率较低。OCDMA 技术在公用网中主要是在光接入网(OAN)中使用,因为在骨干网中,色散和损耗将限制其传输速率、容量和距离。在接入网中,主要采用无源星形或树形拓扑结构,由光耦合器和分路器实现信道共享。每一个 ONU 拥有一个地址码，OLT 可以对每一个 ONU 寻址并被每一个 ONU 接入，可以采用同步方式，也可以采用异步方式。对同步 OCDMA 系统，OLT 应为 ONU 提供同步定时信息。上行链路采用 OCDMA 技术，下行也可以采用 OCDMA 或广播式 TDM 技术。同步方式可以容纳更多的用户，所以有一定优势。相对于 OOK，PPM 方式性能更佳，因为对点对点通信来讲，电 PPM 相对容易实现，但各 ONU 与 OLT 的距离不同，为实现 PPM 方式，系统需有测距功能。OCDMA 在骨干网中应用时，其超短脉冲受光纤色散影响相当严重，一种较为实用的方案是采用 WDM 和 OCDMA 结合的方式，在 WDM 基础上，在每个波长的信道内采用 OCDMA 技术实现多址接入，这样具有更强的灵活性，这种 WDM＋OCDMA 更适合将来的接入网。骨干网应用也可以采用 TDMA＋S/OCDMA 方式，即在信息帧内，一部分时隙为 TDMA 方式，传输高速率、高密度和实时性业务（如视频信号和时钟信号）；另一部分时隙为同步 OCDMA 方式，传输突发性、低速率、低密度业务（如话音和数据），这样可以发挥两种技术各自的优势。OCDMA 技术也可以应用于其他共用总线领域，如舰船或飞行器的传感器总线及其他对保密性要求较高的场合。

5.2.3 波分光交换技术

1. 波分光交换概念

光波分复用（WDM，Wavelength Division Multiplexing）技术是在一根光纤中同时传输多个波长光信号的一项技术。其基本原理是在发送端将不同波长的光信号组合起来（复用），并耦合到光缆线路上的同一根光纤中进行传输，在接收端又将组合波长的光信号分开（解复用），并做进一步处理，恢复出原信号后送入不同的终端，因此将此项技术称为光波长分割复用，简称光波分复用技术。

由于目前一些光器件与技术还不十分成熟，因此，要实现光信道非常密集的光波分复用（相干光通信技术）是很困难的，但基于目前的器件水平，已可以实现相隔光信道的波分复用。在这种情况下，人们把在同一窗口中信道间隔较小的波分复用称为密集波分复用（DWDM，Dense Wavelength Division Multiplexing）。

目前该系统是在 1550nm 波长区段内，同时用 8、16 或更多个波长在一对光纤上（也可采用单光纤）构成的光通信系统，其中各个波长之间的间隔为 1.6nm、0.8nm 或更低，对应于约 200GHz、100GHz 或更窄的带宽。WDM、DWDM 和 OFDM 在本质上没有多大区别。

以往技术人员习惯采用 WDM 和 DWDM 来区分是 1310nm/1550nm 简单复用还是在 1550nm 波长区段内密集复用，但目前在电信界应用时都采用 DWDM 技术。由于 1310nm/1550nm 的复用超出了掺铒光纤放大器（EDFA）的增益范围，只在一些专门场合应用，所以经常用 WDM 这个更广义的名称来代替 DWDM。图 5.3 所示为波分复用系统的基本原理。

WDM 技术对网络的扩容升级、发展宽带业务（CATV，HDTV 和 BIP－ISDN 等）、充分挖掘光纤带宽潜力、实现超高速通信等具有十分重要的意义，尤其 WDM 加上掺铒光纤放大器对现代信息网络具有强大的吸引力。

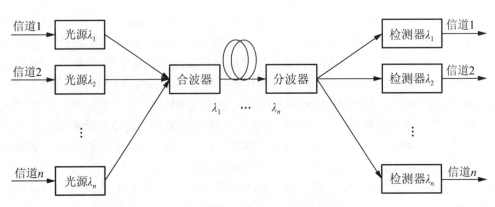

图 5.3 波分复用系统的基本原理

就发展而言，如果某一个区域内所有的光纤传输链路都升级为 WDM 传输，就可以在这些 WDM 链路的交叉处设置以波长为单位对光信号进行交叉连接的光交叉连接设备(OXC)，或进行光上/下路的光分插复用器(OADM)，则在原来由光纤链路组成的物理层上面就会形成一个新的光层。在这个光层中，相邻光纤链路中的波长通道可以连接起来，形成一个跨越多个 OXC 和 OADM 的光通路，完成端到端的信息传送，并且这种光通路可以根据需要灵活、动态地建立和释放，这个光层就是目前引人注目的、新一代的 WDM 全光网络。

2. WDM 技术的主要特点

光纤具有巨大的带宽资源(低损耗波段)，WDM 技术使一根光纤的传输容量比单波长传输增加几倍至几十倍，甚至几百倍，从而增加光纤的传输容量，降低成本，具有很大的应用价值和经济价值。

由于 WDM 技术使用的各波长的信道相互独立，所以可以传输特性和速率完全不同的信号，完成各种电信业务信号的综合传输，如 PDH 信号和 SDH 信号、数字信号和模拟信号以及多种业务(音频、视频、数据等)的混合传输等。采用 WDM 技术可使 N 个波长复用起来在单根光纤中传输，也可实现单根光纤双向传输，在长途大容量传输时可以节约大量光纤。另外，对已建成的光纤通信系统扩容方便，只要原系统的功率余量较大，就可进一步增容而不必对原系统做大的改动。

随着传输速率的不断提高，许多光电器件的响应速度已明显不足，使用 WDM 技术可降低对一些器件在性能上的极高要求，同时又可实现大容量传输。WDM 技术有很多应用形式，如长途干线网、广播分配网、多路多址局域网。可以利用 WDM 技术选择路由，实现网络交换和故障恢复，从而实现未来的透明、灵活、经济且具有高度生存性的光网络。波分复用通道对数据格式是透明的，即与信号速率及电调制方式无关。在网络扩充和发展中是理想的扩容手段，也是引入宽带业务(如 IP 等)的方便手段。通过增加一个附加波长即可引入任意想要的新业务或新容量，如目前将要实现的 IP over WDM 技术。

3. WDM 系统的基本结构

一般来说，WDM 系统主要由以下 5 部分组成：光发射机、光中继放大、光接收机、光监控信道和网络管理系统，如图 5.4 所示。

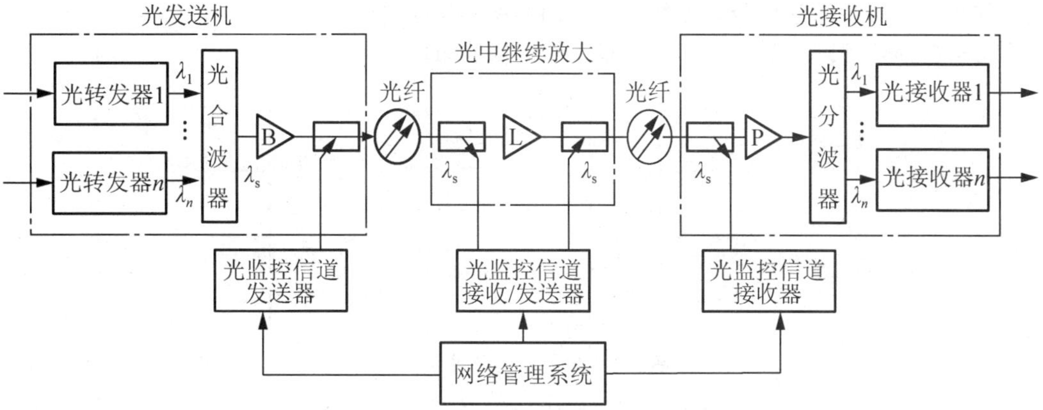

图 5.4　WDM 系统总体结构示意图(单向)

光发射机是 WDM 系统的核心,根据 ITU-T 的建议和标准,除了对 WDM 系统中发射激光器的中心波长有特殊的要求外,还需要根据 WDM 系统的不同应用(主要是传输光纤的类型和无电中继传输的距离)来选择具有一定色度色散容限的发射机。在发送端首先将来自终端设备(如 SDH 端机)输出的光信号利用光转发器(OTU)把符合 ITU-T G.957 建议的非特定波长的光信号转换成具有稳定的特定波长的光信号,利用合波器合成多路光信号,通过光功率放大器(BA)放大输出多通路光信号。

经过长距离光纤传输后(80~120km),需要对光信号进行光中继放大。目前使用的光放大器多数为 EDFA。在 WDM 系统中,必须采用增益平坦技术,使 EDFA 对不同波长的光信号具有相同的放大增益,同时,还需要考虑到不同数量的光信道同时工作的情况,能够保证光信道的增益竞争不影响传输性能。在应用时,可根据具体情况将 EDFA 用做“线放(LA)”、“功放(BA)”和“前放(PA)”。

在接收端,光前置放大器(PA)放大经传输而衰减的主信道光信号,采用分波器从主信道光信号中分出特定波长的光信道。接收机不但要满足一般接收机对光信号灵敏度、过载功率等参数的要求,还要能承受一定光噪声的信号,要有足够的带宽。

光监控信道的主要功能是监控系统内各信道的传输情况,在发送端插入本节点产生的波长为 λs(1510nm)的光监控信号,与主信道的光信号合波输出,在接收端将接收到的光信号分波,分别输出 λs(1510nm)波长的光监控信号和业务信道光信号。帧同步字节、公务字节和网管所用的开销字节等都是通过光监控信道来传递的。

网络管理系统通过光监控信道物理层传送开销字节到其他节点或接收来自其他节点的开销字节对 WDM 系统进行管理,实现配置管理、故障管理、性能管理、安全管理等功能,并与上层管理系统(如 TMN)相连。

WDM 系统的基本形式一般有两种:双纤单向传输和单纤双向传输。

单向 WDM 是指所有光通路同时在一根光纤上沿同一方向传送,如图 5.3 所示。在发送端将载有各种信息的、具有不同波长的已调光信号 λ1,λ2,…,λn 通过光复用器组合在一起,并在一根光纤中单向传输,由于各信号是通过不同光波长携带的,所以彼此之间不会混淆。在接收端通过光解复用器将不同光波长的信号分开,完成多路光信号传输的任务。反方向通过另一根光纤传输,原理相同。

双向 WDM 是指光通路在一根光纤上同时向两个不同的方向传输,如图 5.5 所示。所用波长相互分开,以实现彼此双方全双工的通信联络。

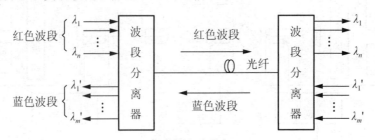

图 5.5 单纤双向传输示意图

单向 WDM 系统在开发和应用方面都比较广泛。双向 WDM 系统的开发和应用相对来说要求更高,这是由于双向 WDM 系统在设计和应用时必须要考虑到几个关键的系统因素,如为了抑制多通道干扰(MPI),必须注意到光反射的影响、双向通路之间的隔离、串话的类型和数值、两个方向传输的功率电平值和相互间的依赖性、OSC 传输和自动功率关断等问题,同时要使用双向光纤放大器。但与单向 WDM 系统相比,双向 WDM 系统可以减少使用光纤和线路放大器的数量。

另外,通过在中间设置光分插复用器(OADM)或光交叉连接器(OXC),可使各波长光信号进行合流与分流,实现光信息的上/下通路与路由分配,这样就可以根据光纤通信线路和光网的业务量分布情况,合理地安排插入或分出信号。

5.3 光交换技术在数据通信中的应用

5.3.1 光交换分组交换技术

1. 光分组交换的概念

光分组交换(OPS)是指从信源到信宿的过程中,数据包的净荷部分都保持在光域中,依据交换/控制的技术不同,数据包的控制部分(开销)可以在中间交换节点处经过或不经过 O/E/O 变换。换句话说,数据包的传输在光域中进行,而路由在电域或光域中进行。光分组交换目前都使用这种混合的解决方案:传输与交换在光域中实现,路由和转发功能以电的方式实现。

光分组交换网是基于分组交换技术的智能光网络,OPS 网络的基本功能有:①路由,即根据数据包分组头中的路由信息,为数据包寻找从源头到宿的光通道;②控制流量并解决冲突,即控制网络流量,防止数据包的混叠和资源拥塞;③同步,在交换节点输入/输出端对数据包进行时间和相位上的校准,以使数据包的位置与交换操作相配合;④识别并更新分组头,即在交换节点输入端捕获分组头并读取信息,在输出端插入新分组头;⑤级联能力,在多个交换节点上统一配置数据包的路由、定时、缓存和竞争排除机制。图 5.6 给出了光分组交换的基本原理图(分为同步分组交换和异步分组交换)。

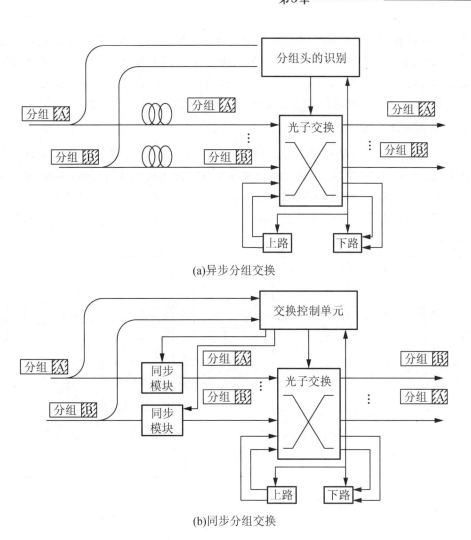

(a)异步分组交换

(b)同步分组交换

图 5.6　光分组交换的基本原理图

2. 光分组交换分层网络参考模型

光分组交换分层网络分为三层，它们对应于网络基础设施演进的 3 个主要步骤。第一层对应于已普遍使用的接入网和核心网的标准，如 ATM、PDH(准同步数字系列)和 SDH(同步数字系列)及其他常用的标准分组和基于帧的业务。为了简单，整个网络用一层来表示，把它称为电交换层。第三层为透明光传输层，对应于地域上更广阔的 WDM 光传输网，透明的路由是基于在波长域和空间域里的透明光交叉互连(OXC)，允许网络在较长的时间内重构，该层在电交换层的下面，链路的传输容量为数 Gbps 至几百 Gbps。由于在相对低速的电交换层和大粒度的信道分割的 WDM 光传输层之间存在代沟，需要在低速信道和高速信道之间进行适配，所以在这两层中间引入第二层，即比特率和传输方式透明的光分组交换网络层，在 WDM 光传输网中的高速波长信道和电交换网之间架起一座桥梁，从而大大改进了带宽的利用率和网络的灵活性。该层延伸了光的透明性的优点，它可作为电接入网和核心网的大容量的承载交换网，也可以作为基于相同的分组格式的光城域网(MAN)的骨干网。

光分组交换涉及的传输和交换在光域里进行，可接入巨大的光纤带宽，而相对复杂的分组路由/转发在电域里实现。此外，为了在光分组载荷中传送 ATM 的信元或 IP 分组，有效地使 IP 接入 WDM 层，光分组层提供一些基本的链路层功能代理，能进一步提供时域复用，允许 IP 路由器在传输信息至光 WDM 管道之前汇集用户的流量。

3. 光分组交换节点的结构

光分组交换节点，按是否有业务上/下路功能可分为带有分插复用和不带有分插复用功能的节点。如用于 MAN 之间或大的局域网(LAN)之间的光分组交换，交换节点可以不要求有分插复用功能，分插复用功能可在 MAN 或 LAN 内部实现，如果交换节点是本地网络的组成部分，则要求有分插复用功能。图 5.7 给出了节点的组成模块，这两种交换节点的基本构成模块相同。

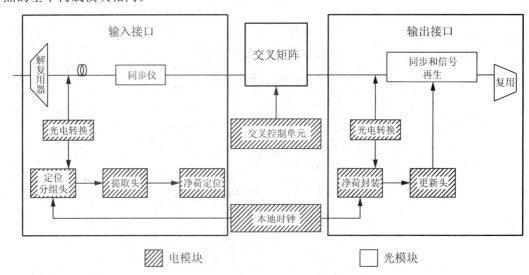

图 5.7　节点的组成模块

如果按控制信号的类型来分，可分为全光型和光电混合型，对于全光型分组交换节点，数据和控制信号从源到目的地均是在光域里，但由于目前高速光控器件很少，短期内实现较困难，因此，迄今为止，国际上的研究项目基本上是采用光电混合型分组交换节点。

光电混合型分组交换是让数据在光域进行交换，而控制信息在交换节点被转换成电信号进行处理，用于分组路由和控制，这样可充分利用微电子技术的灵活控制能力，实现数据分组的透明高速交换。

4. 光分组交换的关键技术

光分组交换的关键技术有光分组的产生、同步、缓存、再生，光分组头重写及分组之间的光功率的均衡等。

1) 光分组的产生

光分组的产生必须具有码速提升的功能，即分组压缩，才能在连续的用户信息(如 ATM 信元或 IP 分组)中加入必须的分组头部分和保护时间(即交换节点光器件调谐所需的时间)，这可由光分组边缘交换机来完成。光分组头中包含路由信息和控制信息，分组中保护时间越长，则对分组对准要求可降低，分组越长则可在分组中有更多的保护时间而不致牺牲链路的利用率，但分组要考虑与现有的 ATM 信元、IP 分组等兼容。分组和分组头的大小需要优化，分组较小时，具有较高的灵活性，但信息传输效率低，影响网络吞吐量，当分组较大时，信息传输效率高，但需要大的光缓存并且灵活性变差，因此需要根据分组丢失率在载荷和分组头之间进行折中。

在光分组交换时，传输高速载荷（2.5 Gbps 以上），采用低速的分组头，以便于电子电路处理，一方面可以减小处理延时，对电路要求降低，另一方面由于路由和控制信息比特数较少，也不必用太高的速率传输。

2）光分组同步

在光分组交换网中，由于不同的分组到达同一个节点的入口的时间不同，按照光分组在进入交换机之前是否需要使分组对准，可把光分组交换分为同步光分组交换和异步光分组交换两类。它们对于分组头识别和载荷定界均要求比特级同步和快速时钟恢复（仅对分组头）。目前，对于同步光分组交换研究的较多，同步光分组交换网是采用固定时间长度的光分组时隙，所有的分组大小相同，要求所有光分组到达交换机的入口时与本地参考时钟相位对准，即分组同步（图 5.8 所示为同步光分组交换节点的结构）。到达交换节点的分组在进入节点之前，先用光耦合器分出一小部分光功率，经光/电（O/E）转换后送入分组头处理电路，将分组头信息和定时信息读出，以便进行分组同步（使分组同步器在分组进入交换机之前将分组对准）和交换控制，这个处理过程必须在分组进入输入同步器之前完成，因此在输入同步器之前需加延时大小等于处理时间的光纤延时线。对于异步分组交换来说，光分组的大小可以相同也可以不同，分组到达和进入交换节点时无须对准。

光分组穿越一定长度的光纤所需的时间取决于光纤长度、色散和温度的变化，不同的光分组经不同的路径到达同一节点的延时不同，但这种延时变化相对较慢，可用静态补偿来减小或消除延时，这可通过输入粗同步器来实现。

每个分组在节点内的延时变化取决于交换节点的结构和解决竞争的方案，在同步光分组交换网中，采用光纤延时线作为光缓存，分组在交换节点内穿过不同的路径，带来分组的延时变化，另外不同波长之间的色散引起快速时间抖动，因此需要采用快速细同步器补偿这种节点内的延时变化。

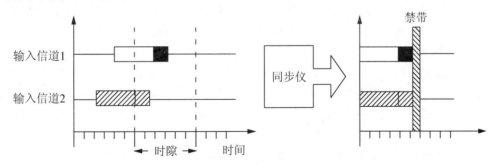

图 5.8 光分组同步技术

3）光分组缓存

在同一时间里，可能有两个或两个以上的分组要从同一出口离开光交换节点，即出现了分组竞争，采用不同的竞争裁决方法会对网络的性能有很大影响。常见的解决竞争的方法有：光分组缓存、偏转路由和波长转换。

在光分组交换中，由于没有可用的光随机存取存储器（RAM），采用光纤延时线与其他光器件如光开关门、光耦合器、光放大器等结合来实现光分组缓存，光纤延时线的延时长度等于光分组时隙的整数倍。一般地，在光分组交换中光缓存可以按照两种方法来分类：一种方法是缓存器中采用单级延时线还是多级，前者一般易于控制，后者对于大的缓存深度可能节省硬件数量；另一种方法是延时线被连成前向还是反馈结构，前者是分组从一条延时线被送入下一条延时线，光分组穿过的延时光纤数为常数，而后者延时线将分组送回本级的输入，意味着分组之间穿过的延时线数是不同的。设计光分组缓存器时要考虑分组丢失率、网络延时、硬件成本、控制电路的复杂性、分组重新排序、网络大小、业务负荷和类型等。

采用偏转路由解决竞争的方法是：如果有两个或两个以上的分组需要占用同一出口链路，将只有一个分组沿所希望的链路发送，而其他分组将沿着非最小路由被转发，因此对于每个源和目的对，一个分组的跳数不再是固定的。研究发现采用偏转路由（在空间域里），当网络的负荷增加时，异步网络受到严重的拥塞，当负荷超过一定的阈值后吞吐量将完全崩溃，为了解决拥塞需添加有限的光缓存。

光缓存是在时域里，偏转路由是在空间域里，而 WDM 是在波长域里，光缓存提供高的网络吞吐量，但需要较多的硬件和复杂的控制，偏转路由较容易实现，但不能提供理想的网络性能，当上述二者再与波长转换结合时，它们的缺点可以被克服或最小化。研究表明：波长转换可减少光缓存器的数量或减小分组丢失率，抑制噪声和信号再整形。因此在全光分组交换网中，将光缓存、波长转换与偏转路由结合，可以得到实现光分组交换节点的较佳方案。

4）光分组再生

一般来说，在光分组交换网中，源和目的之间全光通道不提供完全再生，由于光信号的传输距离正比于分组跳数，在高比特率时，由于色散、非线性、串扰、光放大器 ASE（自发辐射）噪声的积累等，会限制网络的规模，因此需要完全再生。

光分组交换避免了比特级同步（OTDM 网络要求的），但仍要求一个分组一个分组地恢复时钟，较复杂。最近文献中提出了异步数字光再生器，进行了 10 Gbps 光分组再生的实验演示，是很有希望的光信号再生器，它通过强迫本地时钟采用进来的数据的频率和相位，从而把再生进来的分组的比特率和相位转换成本地时钟的比特率和相位。

在许多提出的路由和交换协议中，还要求光分组头在每个节点被重写，在采用相同波长串行传输分组头的方案中，用快速光开关阻塞掉旧的分组头并在适当的时间插入由本地另一个激光器产生的新的分组头，这种方法的关键是要求在 WDM 网中新的分组头与载荷具有相同的波长，否则由于色散、非线性或网络中的波长敏感器件等会带来严重的问题。还有人提出，为了便于在节点修改分组头，将分组头和载荷用不同的光波长发送，对分组头的波长采用解复用、光电转换、电子处理，然后再用该波长发送出去，这种方法使分开的分组头和载荷在网络中传输受到光纤色散的影响，使分组同步困难，另外也浪费波长资源，所以这种方案不太现实。

5.3.2 光标记交换技术

光标记交换是光包交换（OPS，Optical Packet Switch）的实现形式，国外在 OLS 的关键技术方面的专利不断涌现，其主要集中在光标记脉冲的产生技术、光标记复用、解复用技术以及光时钟提取技术等方面，但要实现 OLS 的实用化还有许多未知的因素有待人们去进一步探索。尽管目前 OLS 技术还不成熟，构成 OLS 系统的许多关键器件还处于实验室研究阶段，但该技术正成为世界范围内的研究热点，OLS 从器件、系统、网络诸方面正以惊人的速度向前发展，并逐步向实用化迈进。

所谓光标记，是指利用各种方法在光包上打上标记，也就是把光包的包头地址信号用各种方法打在光包上，这样在交换节点上根据光标记来实现全光交换。基于这种原理来实现的光交换称为光标记交换，这就是 OLS。

光标记的产生和提取是光标记交换的核心技术。光标记信号一般是低速率信号，一般在 Mbps 量级上，而光包的传输速率都在 Gbps 量级上，如何把低速的标记信号加在高速的光包信号上，可以根据不同的机制采用不同方法。一般来讲，光调制有 3 种方式：调幅、调频和调相，目前光标记的产生大多数也从调幅、调频和调相 3 个方面入手。光标记的提取本质上就是把光标记从复用信号中分离出来。基于调幅产生的光标记多基于半导体光放大器(SOA)、普通光纤和半导体激光放大器的非线性效应的交叉相位调制、交叉增益调制和四波混频(FWM)等原理来提取光标记；基于调频产生的光标记一般采用载波解复用方法；基于调相产生的光标记方法可以利用光的干涉原理来提取光标记信号。

1. 光标记交换的技术优势

将光标记交换技术引入 OXC 和 OADM 后，OXC 和 OADM 不再以波长为单位进行交叉连接和分插复用，而是以光包为单位进行交叉连接和分插复用，在 OXC 和 OADM 上实现以光包为单位的路由转发功能。光网络的面貌因此将大为改观。

首先，由于光的标记交换不必将光信号变成电信号，并能够改善信号的质量，在实现透明的 3R(再生、重定时和重整形)的同时直接下来进行线速光包转发，使路由器的负荷大大降低，大量的交换绕过了路由器电子瓶颈，从而有效地克服了光交换中的电子瓶颈；其次，由于光包不再与波长捆绑，光包可灵活出入上下各节点，网络在线数据量减少，全光网络资源的利用潜力增加；最后，由于在波分复用上加入了光包的统计时分复用，一个波长链路可通过时分复用连接更多的节点，从线路角度来看，在全光网线路的任意一点都可不加限制地加入节点，这一点可使接入网技术更为简单、灵活，同时也使全光网络的出路问题得到更好的解决。因此可以说，光标记交换技术的引入可以解决或改善路由器的电子瓶颈问题、光网络资源合理利用问题以及光网络的接入和出路问题。下面总结目前提出的几种实现光标记交换的方法。

2. 实现光标记交换的几种方法

1) 宽脉冲标记方法

光包由低速率的包头/光标记段和高速率的有效负荷/信息段构成，标记置于有效负荷的前面，两者之间由保护带分隔。保护带的设置一方面是为了给光包对齐留有余量，另一方面是兼容电子电路。光标记的速率是兼容电子电路的，可直接采用电子学方法来处理。这种光标记的产生、提取和识别均较简单，光包的有效负荷和包头分别由不同的激光器产生，然后通过光耦合器将这两束光耦合在一起就形成了光包，光标记就产生了。至于光标记的提取和识别只需附加一个包头探测器即可，其余全部交给电子电路处理。这种光标记交换法的优点是：光标记的产生、提取和识别均较容易；缺点是：光标记占用信道资源较多。

2）高强度脉冲标记交换方法

高强度光标记法中的光包由高速率低强度的有效负荷（最高可达 40 Gbps）和同样速率但高强度的包头/光标记构成，两者来自相同的时钟并占有不同的时间段。光标记和负荷可以由同一激光器产生，这可通过控制激光器的旁路偏流做到。另外，光标记和有效负荷也可先分别由两个不同的激光器产生，然后再将两路光信号通过光耦合器合在一起。

非线性光学介质在强场作用下具有 Kerr 效应或增益非线性效应，利用非线性效应可以实现非线性门控作用，通过非线性门控作用就可以把高低强度不同的光脉冲很好地分离开来。目前使用过的非线性介质有单模光纤和半导体光放大器（SOA）两种，可以用来提出光标记的结构至少有单模光纤的非线性光学环路镜、SOA 的非线性光学环路镜以及 SOA 的 FWM 这 3 种。非线性光纤环路镜（NOLM）结构简单，用有 SOA 的 NOLM 提取光标记，只要在非线性光纤环路镜基础上加一 SOA 即可，这种结构简单、效率较高、器件的稳定性高，同时信号检出容易。直接利用 SOA 中 FWM 效应也可以提取光标记。处理高达数吉比特甚至数十吉比特速率的光标记信号，电子方法不可取，已接近或达到它的处理极限，因此迫切需要一种在光域进行识别和处理的方法，即全光的光标记识别技术。SOA 作为逻辑处理器可以实现光标记的识别，但有一定的难度。这种光标记交换的优点是：光标记的产生和提取较容易，且不占用信道资源；缺点是：光标记的识别较困难。

3）微波副载波光标记交换方法

微波副载波光标记是通过在电副载波上调制低带宽光标记实现的。具体来说，电副载波调制在有效负荷占有的基带上，光标记和有效负荷占有相同时间段，并且同时传输。负荷包的数据与光标记保持同步操作，两者的数据源由相同的时钟控制。光标记与载波混合后，再与基带负荷相结合，然后用它调制一个激光器。在保证基带信号误码率要求的情况下，控制光标记的光功率，保证基带信号的调制深度。光标记和负荷占有相同的时间段。负荷和光标记在频率上相差足够远时被分离，是为了防止互相调制引起失真。至于光标记的提取，可以把输入到节点的光信号用 1∶9 的双锥光纤分束器分成两束，10% 的一束光经光/电转换后，通过微波解复用器后就可提取低速率的光标记信号。这种光标记交换的优点是：光标记的产生、提取和识别较容易，且不占用信道资源；缺点是：光标记的调制对有效负荷有影响。

4）电光调制光标记交换法

电光调制光标记法是利用电光晶体的电光效应实现光标记的产生，利用光的干涉原理来实现光标记的提取。光标记是这样产生的：用低速率的包头信号调制高速率的光包信号，使光包相应的光脉冲相位改变 180°。显然这束光与另一束光是相干的，通过光耦合器使这两束光进行干涉，干涉的结果是：凡不带光标记的光脉冲，它们的相位相差 180°，它们相干相消。凡带光标记的光脉冲，它们的相位相差 360° 或 0°，它们相干相长，光标记脉冲被提取出来了。这种光标记交换的优点是：光标记的产生、提取和识别较容易，且不占用信道资源；缺点是：光标记的同步要求比较高。

5.4 全光通信网

5.4.1 概况

全光通信网络是指光信息流在网络中的传输及交换时始终以光的形式存在，而不需要经过光/电、电/光变换。也就是说，信息从源节点到目的节点的传输过程始终在光域内。由于全光网络中的信号传输全部在光域内进行。因此，全光网络具有对信号的透明性。全光网络还应当具有扩展性、可重构性和可操作性。全光网络有星形网、总线网和树形网 3 种基本类型。

1. 为什么要全光联网

随着社会经济的发展，人们对信息的需求急剧增加，信息量呈指数增长，仅 Internet 用户需要传送的信息比特速率每年就增加 8 倍。通信业务需求的迅速增长对通信容量提出越来越高的要求。光纤近 30THz 的巨大潜在带宽容量使光纤通信成为支撑通信业务量增长最重要的技术。现阶段采用时分复用单波长的光纤传输系统容量已达 10Gbps，再提高系统速率就会产生技术和经济上的问题。人们普遍认为波分复用是充分利用光纤低损耗区 30THz 带宽的一种可行技术，可以打破单个波长系统带宽的限制，是提高光纤容量的一种有效途径。

预计未来十年中，光纤传输系统速率还可能提高 100 倍。在这种超高速传输的网络中，如果网络节点处仍以电信号处理信息的速度进行交换，就会受到所谓电子瓶颈的限制，节点将变得庞大而复杂，超高速传输所带来的经济性将被昂贵的光/电和电/光转换费用所抵消。为了解决这一问题，人们提出了全光网（AON）的概念。

2. 全光网的优点

所谓的全光网，原理上讲就是网中直到端用户节点之间的信号通道仍然保持着光的形式，即端到端的完全的光路，中间没有电转换的介入。这样，全光网内光信号的流动就没有光电转换的障碍，信息传递过程中无须面对电子器件处理信息速率难以提高的困难。基于波分复用的全光通信网能比传统的电信网能提供更为巨大的通信容量，具备以往通信网和现行光通信系统所不具备的优点。

（1）传输码率、数据格式及调制方式均具有透明性，可以提供多种协议业务，可不受限制地提供端到端业务；

（2）加入新的网络节点时不影响原有网络结构和设备，降低了网络成本，具有网络的可扩展性。

（3）可根据通信业务量的需求，动态地改变网络结构，充分利用网络资源，具有网络的可重组性。

（4）简单可靠。全光网结构简单，端到端采用透明光通路连接，沿途没有光电转换与存储，网中许多光器件都是无源的，便于维护、可靠性高。

（5）快速恢复。实现快速网络恢复，恢复时间可达 100ms，对绝大多数业务无损伤。

（6）提供多种业务。全光网提供多种宽带信息业务，包括数据、音频和视频通信。

5.4.2 全光网络相关技术

全光网络的相关技术主要包括全光交换、光交叉连接、全光中继和光复用/去复用等。全光交换技术在前面已做介绍，在这里简述一下光交叉连接和全光中继。

1. 光交叉连接（OXC）

OXC 是用于光纤网络节点的设备，通过对光信号进行交叉连接，能够灵活有效地管理光纤传输网络，是实现可靠的网络保护/恢复以及自动配线和监控的重要手段。OXC 主要由光交叉连接矩阵、输入接口、输出接口、管理控制单元等模块组成。为增加 OXC 的可靠性，每个模块都具有主用和备用的冗余结构，OXC 自动进行主备倒换。输入接口、输出接口直接与光纤链路相连，分别对输入/输出信号进行适配、放大。管理控制单元通过编程对光交叉连接矩阵、输入接口、输出接口模块进行监测和控制，光交叉连接矩阵是 OXC 的核心，它要求无阻塞、低延迟、宽带和高可靠性，并且要具有单向、双向和广播形式的功能。

OXC 也有空分、时分和波分 3 种类型。目前比较成熟的技术是波分复用和空分技术，时分技术还不成熟。如果将波分复用技术和空分技术相结合，可大大提高交叉连接矩阵的容量和灵活性。

日本 NEC 公司研制的 8×8 无极性 L_iN_bO3 光交叉矩阵由 64 个无极性定向耦合开关单元组成，所有开关单元都以简单树形结构（STS）的形式集成在 L_iN_bO3 芯片上。英国 BT 实验室研制的 OXC 采用 WDM 技术与空分技术相结合，已用于波分复用系统。在伦敦地区的本地网络上进行了现场实验，传输速率为 622Mbps。另外，西门子、NTT 和爱立信等国外大公司所属实验室对 OXC 的结构、应用技术也进行了类似的研究和实验。

2. 全光中继

传统的光纤传输系统是采用光-电-光再生中继器，这种方式的中继设备十分复杂，影响系统的稳定性和可靠性。多年来，人们一直在探索去掉上述光-电-光转换过程，直接在光路上对信号进行放大传输，即用一个全光传输型中继器代替目前这种再生中继器。科技人员已经开发出半导体光放器（SOA）和光纤放大器（掺铒光纤放大器——EDFA、掺镨光纤放大器——PDFA、掺铌光纤放大器——NDFA）

EDFA 具备高增益、高输出、宽频带、低噪声、增益特性与偏振无关等一系列优点，这将可以促进超大容量、超高速、全光传输等一批新型传输技术的发展。利用光放大器构成的全光通信系统的主要特点是：工作波长恰好是在光纤损耗最低的 $1.55\mu m$ 波长，与线路的耦合损耗很小、噪声低（4～8dB）、频带宽（30～40nm），很适合用于 WDM 传输。但是在 WDM 传输中，由于各个信道的波长不同，有增益偏差，经过多级放大后，增益偏差累积，低电平信道信号 SNR 恶化，高电平信道信号也因光纤非线性效应而使信号特性恶化。为了使 EDFA 的增益平坦，主要采用"增益均衡技术"和"光纤技术"。增益均衡技术利用损耗特性与放大器的增益波长特性相反的原理来均衡抵消增益不均匀性。目前主要使用光纤光栅、介质多层薄膜滤波器、平面光波导作为均衡器。光纤技术是通过改变光纤材料或者利用不同光纤的组合来改变 EDF 特性，从而改善 EDFA 的特性。其技术包括以下几个方面：①研制掺铒碲化物玻璃光纤，用这种光纤制作的 EDFA，可使增益特性平坦，频带扩宽，而且频带向长波长一侧移动；②多芯 EDFA，激励光能大致均匀地分配到第一纤芯中，各个纤芯内的光信号均以小信号进行放大，从而在很宽的波长范围内获得接近平坦的增益；③研制掺铒氟化物光纤放大器，在很宽的频带内可获得平坦的增益；④通过在掺铒光纤中掺铝，改变铒的放大能级分布，加宽可放大的频带；⑤用不同掺杂材料和掺杂量的光纤进行组合，制作混合型 EDFA。主要有 A1－EDF 和 P－A1－EDF 组合；A1－EDF 和 P－Yb－EDF 组合；掺铒石英光纤和掺铒氟化物光纤组合。这样可以使增益平坦性、噪声特性和放大效率达到最佳。

EDFA 最高输出功率已达到 27dBm，这种光纤放大器可应用于 100 个信道以上的密集波分复用传输系统、接入网中光图像信号分配系统、空间光通信等。

目前光放大技术主要是采用 EDFA。SOA 虽然研制得比较早，但受噪声、偏振相关性等影响，一直没有达到实用化。但应变量子阱材料的 SOA 研制成功，引起了人们的广泛兴趣，且 SOA 具有结构简单、成本低、可批量生产等优点，人们渴望能研制出覆盖 EDFA、PDFA 应用窗口的 1310nm 和 1550nm 的 SOA。用于 1310nm 窗口的 PDFA，由于受氟化物光纤制作困难和氟化物光纤特性的限制，研究进展比较缓慢，尚未实用。

5.4.3 智能交换光网络的基本原理

智能交换光网络是直接由控制系统下达信令来完成光网络连接自动交换的新型网络，其赋予原本单纯传送业务的底层光网以自动交换的智能，主要体现了两个思路：一是将复杂的多层网络结构简单和扁平化，从光网络层开始直接承载业务，避免了传统网络中业务升级时受到多重限制；二是利用电子交换设备直接向光网络申请带宽资源，可以根据网络中业务分布模式动态变化的需求，通过信令系统或者管理系统自主地建立或者拆除光通道，不经人工干预，高效而可靠，如图 5.9 所示。智能交换光网络的优势集中表现在其组网应用的动态、灵活、高效和智能方面。支持多粒度、多层次的智能，提供多样化、个性化的服务是智能交换光网络的核心特征。

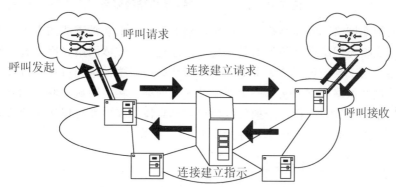

图 5.9 智能交换光网络的基本原理

智能交换光网络之所以是智能交换光网络，就在于它本身具备的智能性，这种智能性体现在智能交换光网络第一次在光网络中实现了光信道建立的智能性。也是智能交换光网络在不需要人为管理和控制的作用下，可以依据控制面的功能，按用户的请求来建立一条符合用户需求的光信道。这一前所未有的革命性进步为光网络带来了质的飞跃。而智能交换光网络之所以具备这种职能，究其原因是它首次引入了光网络中的控制面。

在引入了控制平台以后，光网络从逻辑上可分为 3 个平面：控制平面、传送平面、管理平面。智能交换光网络力图将三者有机结合，传送平面负责信息流的传送；控制平面关注于实时动态的连接控制；管理平面面向网络操作者实现全面的管理，并对控制平面的功能进行补充。智能交换光网络参考结构体系如图 5.10 所示。智能交换光网络一经提出，就显示出强大的生命力，它第一次从功能上将网络分成 3 个部分，这不仅仅是概念上的创新，更具有非常重大的意义，是光通信网络发展过程中承上启下的转折点。在光逻辑器件尚在研究之中，光传送网还处于"低能"的情况下，智能交换光网络通过引进"智能"的控制使得光网络"聪明"起来。当前，国内外掀起了研究智能交换光网络的高潮，各大科研单位和研发机构都纷纷投入人力和物力来研究智能交换光网络，包括 ITU - T、IETF 以及 OIF 等机构都在紧急制定关于智能交换光网络的各种标准和协议。

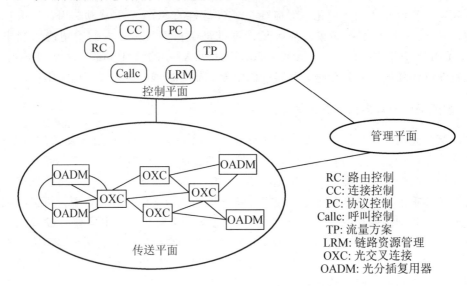

图 5.10　智能交换光网络参考结构体系

在智能交换光网络的整体结构中，层次模型关系是一个非常重要的方面。因为从实现目的讲，智能交换光网络设计的目的是实现大范围全局性整体网络，因此智能交换光网络在结构上采用了层次性的可划分为多个域的概念性结构。这种结构可以允许设计者根据多种具体条件限制和策略要求来构建一个智能交换光网络。在不同域之间的相互作用是通过标准抽象接口来完成的。而把一个抽象接口映射到具体协议中就可以实现物理接口，并且多个抽象接口可以同时复用在一个物理接口上。

5.4.4　智能交换光网络的体系结构

智能交换光网络与一般光传送网的最大区别在于增加了控制平面，其体系结构如图 5.11所示。智能交换光网络在逻辑上可以有用户/网络接口（UNI）、内部网络-网络接口（I-NNI）和外部网络-网络接口（E-NNI）。UNI 是业务请求者和业务提供者控制平面实体间的双向信令接口，I-NNI 是属于一个或多个有依赖关系域内控制平面实体间的双向信令接口，E-NNI 是属于不同域内控制平面实体间的双向信令接口。除此之外，智能交换光网络还需要有信令网，采用公用信号方式，其优点是运营商可以独立发展信令网，既可以采用 MPLS 协议，也可以采用 TCP/IP 协议。采用 MPLS 协议，可支持多种网络层协议和多种数据链路层协议、流量工程及带宽的动态管理；采用 TCP/IP 协议，不能支持流量工程和带宽的动态管理，但实现相对简单，成本低廉。

图 5.11 中各接口的定义如下。

E-NNI：控制平面内，属于不同域的控制实体之间的双向信令接口；

I-NNI：在控制平面的一个运营域内，不同控制实体之间的双向信令接口；

UNI：业务请求者和业务提供者的控制平面实体间的双向信令接口；

CCI：控制平面和传送平面之间的连接控制接口；

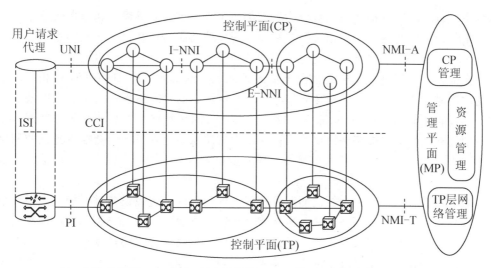

注：PI：物理接口；UNI：用户网络接口；I-NNI：内部网络-网络接口；
E-NNI：外部网络-网络接口；CCI：连接控制接口；ISI：内部信令接口；
NMI-T：网络管理接口；NMI-A：网络管理接口。

图 5.11 智能交换光网络的体系结构

PI：传送平面的传送网元(包括交换实体)之间的物理接口；

NMI：网络管理接口，其中 MNI-A 是对智能交换光网络控制平面的网络管理接口；MNI-T 是对传送平面的网络管理接口。

其他符号的含义为如下。

RA：请求代理；

OCC：光通道连接控制；

NE：传送平面中的网元；

AD：运营域。

智能交换光网络的这种体系结构旨在允许光传输网中的光连接能够在智能交换光网络信令网控制之下实现交换。智能交换光网络的核心是在传送网中引入了信令控制的交换能力，通过控制平面实现连接配置的管理，这是传送网技术的一场革命。它的提出是 IP for Optics 思想和域服务模型的结合。IP for Optics 主要是指利用 IP 的相关协议(如 MPLS)对光网络进行控制和管理，智能交换光网络中的光控制平面(光信令网)就是依据这种思想构建的，主要包括路由和信令两个部分。域服务模型是一种典型的客户/服务器模型，边缘是以 IP 路由器所构建的网络作为客户业务层，通过 UNI 与 OXC 和 OADM 等设备所构建的作为服务器的光网络，而各光学子网之间通过网络—网络接口(NNI)相连。域服务模型采用请求/服务的方式，光传输通道由客户通过 UNI 进行请求，请求和确认等信令信息通过规范化的接口在客户和服务器之间传送，从而在光网络中动态地建立符合客户要求的光传输通道。

智能交换光网络保留了域服务模型的基本思想和接口，并引入 IP 相关协议(如 GM-PLS)构建了智能交换光网络控制平面的体系结构。GMPLS 将网络的控制面和数据面严格地区分开，控制面包括寻路协议和建立光路所需的信令，数据面仅仅利用控制面建立的光路进行数据转发，控制面甚至可以建立在不同的物理网络中。根据 UNI 上控制面的不同，可以将 IP over Optical 的体系结构分为三大类：重叠模型、对等模型和增强模型。

在重叠模型中有两个互不相关的控制面：一个控制面运行在核心的光网络，另一个运行在 UNI。边缘设备支持光路，这些光路可以动态地通过核心网的信令建立，也可以在对核心网内部拓扑结构毫不了解的情况下静态地指定，这和现在的 IP/ATM 很相似。重叠模型通过隐藏核心网的拓扑结构建立核心网和边缘设备的管理边界。这个模型的缺陷是需要在边缘设备之间建立 $O(N^2)$（即 N^2 量级）条点到点的网状路径之后才能传送数据。这些点到点的连接同时需要被路由协议使用，而 1 次链路状态公告（LSA）会在点到点的网格产生 $O(N^3)$ 的消息，结果导致很大的网络开销。所以，这种模型不允许有太多的边缘设备加入网络。

在对等模型中，以同一个控制面对管理域内的核心网和边缘设备进行控制。边缘设备可以看到核心网络内部的拓扑结构。虽然这时仍旧需要建立 $O(N^2)$ 条网络状的路径用来转发数据，但是这些路径将仅仅被用来转发数据，因为从路由协议的角度出发，和边缘路由器相邻的是光交换机而不是其他的边缘路由器。所以在这种模式下，使用 $O(N)$ 条相邻的路径可以支持 $O(N^2)$ 个转发路径。这使得路由协议可以扩展到更大的网络范围。

在增强模式下，IP 域和光域的控制面在功能上相互分离，各自运行自己的寻路协议，但是它们之间利用标准的协议在 UNI 上交换网络的可达性信息。例如，对核心网中的 OXC 都用 IP 地址来标识，并把这些信息提供给 IP 域，从而实现一定程度的自动寻路。这种模式集成了前两种模式的优点，而且相比对等模型在短期内也较容易实现。

域的概念使智能交换光网络具备了良好的规模性和可扩展性，这保证了将来网络的平稳升级。标准接口的引入，使多厂商设备的互连互通成为可能。因此，标准的接口就成为智能交换光网络中一个非常关键的方面。另外，E-NNI、I-NNI 的引入，使得智能交换光网络具备良好的层次性结构；通过 E-NNI 接口来传递网络消息，可以满足不同域之间的消息互通的要求；通过对外引入 I-NNI 就能屏蔽网络内部的具体消息，保证了网络安全性需求，而标准的 UNI 接口的引入，使得用户具备统一的网络接入方式。

智能交换光网络主要由各独立的平面组成，即传送平面（TI，Transport Plane）、控制平面（CP，Control Plane）、管理平面（MP，Management Plane）。

控制平面是智能交换光网络最具特色的核心部分，它由路由选择、信令转发以及资源管理等功能模块和传送控制信令信息的信令网络组成，完成呼叫控制和连接控制等功能。主要是连接的建立释放、监测和维护，并在发生故障时恢复连接，由信令网支撑，主要包括以下几个部分。

（1）允许节点交换控制信息的信令信道。

（2）允许节点快速建立和拆除端到端连接的信令协议。

（3）能以分布方式更改和维护的拓扑数据库。

（4）快速灵活的恢复机制。控制层面通过使用接口、协议以及信令系统，可以动态的交换光网络的拓扑信息、路由信息以及其他控制信令，实现光通道的动态建立和拆除，以及网络资源的动态分配，还能在连接出现故障时对其进行恢复。

管理平面的重要特征就是其管理功能分布化和智能化。传统的光传送网管理体系被基于传送平面、控制平面和信令网络的新型多层面管理结构所替代，构成了一个集中管理与分布智能相结合、面向运营者（管理平面）的维护管理需求与面向用户（控制平面）的动态服务需求相结合的综合化的光网络管理方案。智能交换光网络的管理平面与控制平面技术互为补充，可以实现对网络资源的动态配置、性能检测、故障管理以及路由规划等功能。管理平面完成传送平台、控制平面和整个系统的维护功能，它负责所有平面间的协调和配合，能够进行配置和管理端到端的连接，是控制平面的一个补充，包括网元管理系统和网络管理系统，它将继续在集中控制的点击式光通道配置中发挥重要作用。它具有 M. 3010 所规范的管理功能，即性能管理、故障管理、配置管理、计费管理和安全管理功能，此外，它还包括含内置式网络规划工具。

传送平面由一系列的传送实体组成，它是业务传送的通道，可提供端到端用户信息的单向或双向传输。智能交换光传送网络基于网状网结构，也支持环网保护。光节点使用具有智能的光交叉连接(OXC)和光分插复用(OADM)等光交换设备。另外，传送平面具备分层结构，支持多粒度光交换技术。多粒度光交换技术是智能交换光网络实现流量工程的重要物理支撑技术，同时也适应带宽的灵活分配和多种业务接入的需要。

传送平面为用户提供从一个端点到另一个端点的双向或单向信息传送，同时，还要传送一些控制和网络管理信息，它按 ITU-T G. 805 建议进行分层，为了能够实现智能交换光网络的各项功能，传送平台必须具有较强的信号质量监测功能及多粒度交叉连接技术。传输平面中端到端的连接是在智能交换光网络控制平面的控制之下建立的。

在智能交换光网络中，为了和网络管理域的划分相匹配，控制平面以及传送平面也分为不同的自治域。其划分的依据可以按照资源的不同或者所包含的不同类型的设备。即使在已经进一步划分的域中，为了可扩展的需求，控制平面也可以被划分为不同的路由区域，智能交换光网络传送平面的资源也将据此分为不同的部分。

三大平面之间通过 3 个接口实现信息的交互。控制平面和传送平面之间通过连接控制接口(CCI)相连，交互的信息主要为从控制节点到传送平面网元的交换控制命令和从网元到控制节点的资源状态信息。管理平面通过网络管理接口(包括 NMI-A 和 NMI-T)分别与控制面及传送平面相连，实现管理平面对控制平面的管理，接口中的信息主要是网络管理信息。控制平面上还有 UNI、I-NNI 和 E-NNI。UNI 是客户网络和光层设备之间的信令接口。客户设备通过这个接口动态的请求获取、撤销、修改具有一定特性的光带宽连接资源，其多样性要求光层的接口必须满足多样性，能够支持多种网元类型；还要满足自动交换网元的要求，即要支持业务发现、邻居发现等自动发现功能，以及呼叫控制、连接控制和连接选择功能。I-NNI 是在一个自治域内部或者在有信任关系的多个自治域中的控制实体间的双向信令接口。E-NNI 是在不同自治域中控制实体之间的双向信令接口。为了连接的自动建立，NNI 需要支持资源发现、连接选择和连接路由寻径等功能。

习 题

一、填空题

1. 光交换技术可分为空分复用、_____、_____、_____。

2. 光时分复用只利用一个_____提高系统容量。

3. 光源发出的光脉冲宽度直接影响到系统所能达到的_____和误码率。

4. WDM 系统的基本形式一般有两种：_____和单纤双向传输。

5. 光分组头中包含路由信息和控制信息，分组中保护时间_____，则对分组对准要求可降低。

6. ＿＿＿＿＿＿＿＿＿＿＿光包由高速率低强度的有效负载和同样速率但高强度的包头/光标记构成，两者来自相同的时钟并占有不同的时间段。

7. 目前 OXC 比较成熟的技术是＿＿＿＿＿＿＿＿和＿＿＿＿＿＿＿＿。

8. 智能交换光网络智能性体现在智能交换光网络第一次在光网络中实现了＿＿＿＿＿＿＿＿＿＿＿＿＿＿。

9. 智能交换光网络与一般光传送网的最大区别在于＿＿＿＿＿＿＿＿＿＿＿。

10. 引入 OXC 和 OADM 技术后，OXC 和 OADM 是以光包为单位进行＿＿＿＿＿＿＿＿和分插复用。

二、名词解释

1. 光交换　　2. 光波分复用　　3. OCDMA

三、问答题

1. 光纤通信有哪些优缺点？

2. 光交换是如何分类的？

3. 波分光交换有哪些特点？

4. 什么是时分光交换？它有哪些特点？

5. 简述码分光交换的基本原理。码分光交换有哪些特点？

6. 光分组交换的关键技术有哪些？

7. 什么叫全光通信网络？为什么要发展全光通信网络？

8. 简要说明全光通信网络的相关技术。

第6章 软交换技术

下一代网络(NGN)是一个综合性的开放网络，它以分组交换技术为基础，以软交换技术为核心，是一个可以提供包括话音、数据和多媒体等业务的开放的网络架构，NGN的体系通过将业务提供与呼叫控制分离、呼叫控制与承载分离来实现相对独立的业务体系，使得上层与下层的异构网络无关，灵活、有效地实现了业务的提供，从而满足了人们多样的、不断发展的业务需求。软交换为NGN提供话音业务、数据业务和视频业务的呼叫控制和连接控制功能，是NGN呼叫与控制的核心设备，是电路交换网向分组网演进的重要设备。

■ 教学目标

掌握 NGN 结构和特点；
了解软交换产生的背景和下一代网络的关系；
掌握软交换基本特征和软交换网络的体系结构；
掌握软交换系统的组成和软交换设备的功能；
掌握软交换网络的各种组网方式及其特点。

■ 教学要求

知识要点	能力要求	相关知识
NGN	(1) 了解下 NGN 的概念 (2) 掌握下 NGN 的特点和结构 (3) 了解下 NGN 关键技术	IPV6、3G、WDM
软交换技术	(1) 掌握软交换的技术特征 (2) 掌握软交换系统的体系结构	业务与控制的分离
软交换工作原理	(1) 掌握软交换系统的组成 (2) 掌握软交换设备的功能	
软交换组网技术	(1) 掌握软交换网络的组网方式及其特点 (2) 了解软交换网络的编号方式 (3) 了解软交换组网的相关技术	层次化网络结构和编号方案

推荐阅读资料

1. 赵强，张成文，等. 基于软交换的 NGN 技术与应用开发实例[M]. 人民邮电出版社，2009.

2. 杨放春，孙其博. 软交换与 IMS 技术[M]. 北京邮电大学出版社，2008.

3. 郑少仁，罗国明，等. 现代交换原理和技术[M]. 电子工业出版社，2006.

基本概念

NGN：泛指采用了比目前网络更为先进的技术或能提供更先进业务的网络。

软交换：是指将呼叫控制功能从媒体网关中分离出来，通过服务器上的软件来实现呼叫控制和通信资源管理等功能，它是 NGN 的控制核心设备。

引例： VOIP 电话的运用

随着 Internet 商业化成功运用，人们希望通过价格低廉的 Internet 进行传统的电话和传真服务。1995 年 2 月，以色列 VocalTec 公司研制出可以通过 Internet 打长途电话的软件，用户只要在多媒体 PC 上安装该软件，就可以通过 Internet 和任何地方安装同样软件的联机用户进行通话，它把话音压缩编码、打包分组、分配路由、存储交换、解包解压等交换处理在 IP 网或互联网上实现话音通信，人们把这种在 Internet 上实现电话业务称为 Internet 电话（VOIP）。这项技术上的突破引起全世界的瞩目，其背后的无限商机也使许多公司进行此项技术的研究，IP 电话从当初的 PC 到 PC 发展到今天的 PC 到 PC、PC 电话、电话到电话等多种业务形式。2006 年，VOIP 应用于企业市场得到迅速发展。与个人用户市场相比，企业用户更看重的不是低廉的资费，而是 VOIP 能够真正实现话音与数据应用的融合，以此为基础，企业的信息化真正融合到了企业内部的管理及业务流程中。

6.1 下一代网络概述

6.1.1 下一代网络的概念及特点

1. 下一代网络的概念

传统网络是基于 TDM 的 PSTN 话音网，以电路交换为主，当初主要是为了传输话音、保证话音质量、承担话音业务而设计建造的，只能提供 64Kbps 的业务，且业务和控制都由交换机完成。随着数据业务飞速增长，这种专为传输话音的设计给数据用户带来的巨大的痛苦：通信价格高、上网速度慢、等待时间长、传输质量低、增加新业务难。尴尬的现实让人们认识到，当初设计的话音网络越来越不能适应多元通信的需求，甚至成为业务进一步发展的阻碍。另一方面，目前的数据通信网（X.25 网、ATM 网、IP 网等）是基于统计复用的传输方式，以分组交换为主，虽然满足了各种不同数据业务的传输带宽要求，极大地提高了网络资源的利用率、数据传输的可靠性增高，业务部署也变得相对容易，但是，由于目前数据网络（特别是 IP 网络）存在着固有缺陷，使得它难以提供优质的电信级业务。因此，目前的网络无论是 PSTN 还是 IP 网络，都难以满足人们对话音、数据及多媒体通信融合业务的渴望，难以实现人们在任何时间、任何地点，以任何方式通信的美好愿望。此外，随着通信行业管制的放松，电信营运商之间的竞争加剧，谁能提供个性化、满足用户需求的业务，谁就能在竞争中占据优势。正是在这一背景下，人们期待一种新的网络来解决目前网络发展面临的诸多问题，于是 NGN 的概念应运而生。

ITU 关于 NGN 最新的定义是：NGN 是基于分组的网络，它提供包括电信业务在内的多种业务，能够利用多种带宽和具有 QoS 能力的传送技术；其业务相关功能与其传送技术相独立；它提供用户对不同的业务提供商网络的自由接入，并支持通用移动性，实现用户对业务使用的一致性和统一性。

广义的 NGN 是一个宽泛的概念，如图 6.1 所示，它蕴涵着极其丰富的内容，几乎涵盖了现代电信技术和新思想的方方面面，NGN 泛指一个不同于目前一代的，大量采用创新技术，以 IP 为中心同时可以支持话音、数据和多媒体业务的融合网络。一方面，NGN 不是现有电信网和 IP 网的简单延伸和叠加，也不是单项节点技术和网络技术，而是整个网络框架的变革，是一种整体解决方案。另一方面，NGN 的出现与发展不是革命，而是演进，即在继承现有网络优势的基础上实现的平滑过渡。由于 NGN 是一个具有极其松散定义的术语，不同背景的专家对 NGN 有不同的诠释，不同的标准化组织从不同的侧面去定义技术标准，从不同的角度看到的是 NGN 中的不同内容，在不同的场合谈论 NGN 往往有不同的所指。从基础传送层面看，NGN 是大容量的智能光网络；从承载层面看，NGN 是以 MPLS 和 IPv6 为方向的、有 QoS 和安全保障的分组网络；从接入层看，NGN 是多元化、综合化的宽带有线和无线相结合的接入网；从网络控制层面看，NGN 是软交换网络；从移动通信的角度看，NGN 是 3G 和后 3G；从业务角度看，NGN 是集话音、数据与多媒体业务，以及固定与移动业务于一体的、开放的智能化多业务平台。总之，NGN 是诸多技术进步共同推动的结果，是通信新技术的集大成者。业界对网络演进方向的认识是基本一致的，即网络将向着分组化、宽带化、融合化和智能化等方向发展，期望通过单一网络提供话音、数据、多媒体及移动业务，以降低网络的复杂度，并快速、灵活地部署新业务；网络体系结构将趋于简单和开放，逐步形成分层化网络结构；控制平面将逐步从现有结构中分离出来，集成在一起完成各种呼叫控制、业务控制以及资源管理功能。业务融合、网络融合、固定/移动融合，以及营运融合等成为业界追逐的目标。

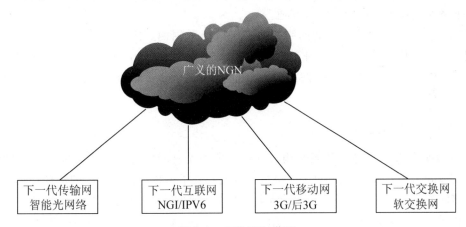

图 6.1 广义 NGN 范围

2. NGN 的特点

根据可预见的未来业务发展的需要，NGN 应具有以下特点：基于分组传输，网络层趋近于采用统一的 IP 协议，实现业务的融合；呼叫控制和承载相分离；提供开放接口使得业务的提供和业务的控制相分离；支持多种业务包括实时业务、流媒体、非实时业务和多媒体业务；具有端到端 QoS 和透明的传输能力；通过开放接口可与现有网络互通；支持用户的可移动性；接入网应该采用多元化的接入方式，包括已有的和各种正在研究中的宽带接入方式，以及对业务的自由选择能力；融合固定和移动业务；具有高速的物理层、数据链路层和网络层；核心网的底层倾向于使用光通信网，可以提供廉价成本和巨大的带宽，满足不同的业务需求；业务功能独立于底层传送技术；适应所有管理要求，如应急通信、安全性和私密性等；NGN 是可以提供包括话音、数据和多媒体等各种业务的综合开放的网络构架。

3. NGN 的主要特征

(1) NGN 体系采用开放的网络构架体系。将传统交换机的功能模块分离成为独立的网络部件，各个部件可以按相应的功能划分，各自独立发展；部件间的协议接口基于相应的标准；部件化使得原有的电信网络逐步走向开放，运营商可以根据业务的需要自由组合各部分的功能产品来组建网络。部件间协议接口的标准化可以实现各种异构网的互通。

(2) NGN 是业务驱动的网络，业务提供与呼叫控制分离，呼叫控制与承载分离。业务提供与呼叫控制分离的目标是使业务真正独立于网络，灵活有效地实现业务的提供；用户可以自行配置和定义自己的业务特征，不必关心承载业务的网络形式以及终端类型，使得业务和应用的提供有较大的灵活性。呼叫控制与承载分离的好处是：承载可以重用现有分组网络（ATM/IP），就成本和效益而言，这可以大大降低运营商的初期设备投资成本，控制与承载以标准接口分离后，可以简化控制，让更多的中小企业参与竞争，打破垄断，降低运营商的采购成本。

(3) 下一代网络是基于统一协议的基于分组的网络。现有的信息网络，无论是电信网、计算机网还是有线电视网都不可能以其中某一网络为基础平台来生长信息基础设施，但近几年随着 IP 的发展，人们真正认识到电信网络、计算机网络及有线电视网络将最终汇集为统一的 IP 网络，即人们通常所说的"三网"融合大趋势，IP 协议使得各种以 IP 为基础的业务都能在不同的网上实现互通。

(4) NGN 是一个高度融合的网络，实现了分组数据网、固定电话网、移动网和有线电视网的融合。从本质上说，这种融合即包括业务能力的融合，也包括传输网络的融合，其技术特点综合了电路网的严谨性和分组网的灵活性，符合电路交换向分组交换演进的趋势。

6.1.2 下一代网络的结构

NGN 采用分层、开放的体系结构，并将传统交换机的功能模块分离成独立的网络实体，各实体间采用开放的协议或 API 接口，从而打破了传统电信网封闭的格局，实现多种异构网络间的融合。NGN 的体系通过将业务提供与呼叫控制分离、呼叫控制与承载分离来实现相对独立业务体系，使得上层与下层的异构网络无关，灵活、有效地实现了业务的提供，从而满足了人们多样的、不断发展的业务需求。可以说，NGN 完全体现了业务驱动的思想和理念，很好地实现了多网的融合，提供了开放、灵活的业务提供体系。NGN 从功能结构上可以分为 4 个层次：接入层、传送层、控制层以及业务层。图 6.2 具体说明了这种层次结构。

NGN 分层结构中各层主要功能有如下几个方面。

1. 接入层

该层主要提供各种网络和设备接入到核心骨干网的方式和手段，主要包括信令网关、中继体网关和接入网关等多种接入设备。它利用各种接入设备来实现不同业务的接入，并实现信令和媒体信息格式的转换。

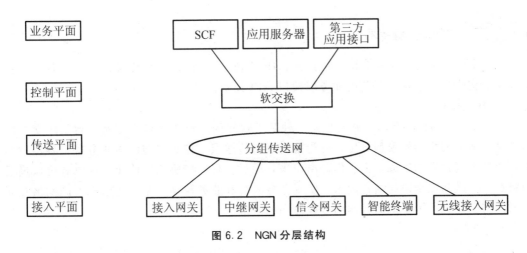

图 6.2　NGN 分层结构

2. 传送层

传送层有以下两个功能。

(1) 传送功能。引用一个面向分组交换的网络来传送各种各样的信息流，实现话音、数据、视频和其他多媒体业务的融合。

(2) 转换功能。通过转换功能，话音就能通过面向数据业务的分组交换网来传输。换言之，传送层的特定设备将来自 TDM 网的话音进行分组化处理，反之亦然，从而使得话音和数据间能彼此兼容。

3. 控制层

控制层负责为完成端到端的数据传输进行的路由判断和数据转发的功能，它是网络的交换核心，目的是在传送层基础上构建端到端的通信过程，它负责完成基本呼叫的建立、保持、释放等功能以及呼叫控制、呼叫的路由、信令互通、连接控制、智能呼叫触发检出和资源控制等。控制层的核心设备将会是软交换。通过软交换设备所提供的各种协议，在信令网关和媒体网关的配合下，实现与现有不同类型网络的互通，主要功能包括呼叫控制、业务提供、业务交换、资源管理、用户认证、SIP 代理等。

4. 业务层

该层是一个开放、综合的业务接入平台，在电信网络环境中，智能地接入各种设备，提供各种增值服务。该层是软交换体系结构中的最高层，通过设置各种应用服务器，提供各种业务逻辑，满足用户个性化的需求。为了使得业务的提供和呼叫控制相分离，在软交换设备和应用服务器之间定义了相关的协议或者 API 接口，例如，SIP 协议或者 Parlay 应用编程接口。主要在呼叫建立的基础上提供附加的增值业务，包括传统智能网上的和新的 IP 网上的 SCP、网络数据库、AAA 服务器、应用服务器等。其中应用服务器提供开放的应用程序开发接口(API)，方便业务的开发和提供。用户可以自行配置和定义自己的业务特征，不必关心承载业务的网络形式以及终端类型，使得业务和应用的提供有较大的灵活性，从而满足用户不断发展更新的业务需求，也使得网络具有可持续发展的能力和竞争力。其中最主要的功能实体是应用服务器，它是 NGN 中业务的执行实体。

6.1.3 下一代网络关键技术

实现 NGN 的关键技术是软交换技术、IPv6 技术、高速路由/交换技术、大容量光传输技术、宽带接入技术和开放的业务层接口 API 技术。

1）软交换技术

作为 NGN 的核心技术，软交换是一种基于软件的分布式交换和控制平台。软交换的概念基于新的网络功能模型分层，分为接入层、传送层、控制层与网络业务层，各层对各种功能做不同程度的集成，把它们分离出来，通过各种接口协议，使业务提供者可以灵活地将业务传送和控制协议结合起来，实现业务融合和业务转移，非常适用于不同网络互联互通的需要，也适用于从话音网向多媒体网的演进。

2）IPv6 技术

互联网当前使用的 IPv4 版本正因为各种自身的缺陷而举步维艰。在 IPv4 面临的一系列问题中，IP 地址即将耗尽无疑是最为严重。尽管使用 NAT（网络地址转换）技术、CIDR（无分类域间路由选择）技术在一定程度上延缓了 IP 地址紧张局面，但是移动通信技术的发展对 IP 地址空间提出了更大的需求，同时由于多媒体数据流的加入，对数据流真实性的鉴别，以及出于安全性等方面的需求都迫切要求新一代 IP 的出现。IPv6 正是在这一背景下产生的，与 IPv4 相比，IPv6 具有许多新的特点，它采用了新型 IP 报头、新型 QoS字段、主机地址自动配置、内置的认证和加密等许多技术。IPv6 可以彻底解决 IPv4 网络地址不足的问题，并对移动数据业务有较好的支持。

3）高速路由/交换技术

高速路由器处于 NGN 的传送层，实现高速多媒体数据流的路由和交换，相当于 NGN网络高速通路的立交桥和红绿灯，直接关系到 NGN 网络的传输速度。NGN 除了可以提供大容量高带宽的传输、路由和交换以外，还必须提供大大优于目前 IP 网络的 QoS。IPv6 和 MPLS 提供了这个可能性，MPLS 是一种将网络层的 IP 选路、寻址与数据层的高速数据交换相结合的新技术，它同时拥有电路交换和现有选路方式的优势，能够解决当前网络中存在的很多问题，尤其是 QoS 和安全性问题。

4）大容量光传送技术

NGN 需要更高的速率、更大的容量，但是到目前为止，能实现的最理想的传送媒介仍然是光。现有的组网技术正从具有分插复用和交叉连接功能的光联网向利用光交换机构成的智能光网络发展，即从环形网向网状网发展，从光—电—光交换向全光交换发展。智能光网络能在容量灵活性、成本有效性、网络可扩展性、业务提供灵活性、用户自助性、覆盖性和可靠性等方面，比点对点传输系统和光联网具有更多的优越性。

5）宽带接入技术

NGN 必须有宽带接入技术的支持，因为只有解决接入网的带宽瓶颈，各种宽带服务与应用才能开展起来，网络容量的潜力才能真正发挥。随着 EPON、GPON、WiMAX 在内的宽带接入技术的不断发展，整个通信信道都将成为高速公路，不会在末端形成带宽瓶颈。各种终端通过无线和有线技术可高速接入网络，享受 NGN 丰富的应用。

6）开放的业务层接口 API 技术

这种技术使得业务的开发独立于网络，业务开发商只需调用相应的 API 就可以使用网络资源，根据事先定义好的逻辑组织电信业务。根据 API 与具体协议是否相关，可以把

API 分为与具体协议无关和基于具体协议两类，与具体协议无关的 API 使得业务的开发与底层具体的网络协议无关，从而方便地实现跨网业务，而使用基于具体协议的 API 进行业务开发虽然使业务与具体的协议相关，却可以充分利用协议的特性开发新颖的业务。

6.2 软交换技术概述

6.2.1 软交换技术的产生、发展及特点

软交换概念的提出是网络交换技术不断发展的结果。软交换概念源于传统交换技术的发展，并吸收了互联网话音技术的最新发展结果，将传统电路交换机的体系结构进行分解，引申到分组交换网中，并加入了接口开放、结构分层等新内容，从而形成一种新的实时分组话音交换控制技术。

1. 软交换技术的产生背景

随着 IP 网络的普及和 IP 电话的大规模使用，人们希望 IP 网在提供数据业务的同时，能够提供更多更新的业务，这些业务包括在 PSTN/ISDN 以及传统智能网中提供的各种基本业务、补充业务和智能业务，以及具有 IP 特色的各种已知和未知的增值业务。因此，基于分组技术的数据网与电路交换网最终必将走向融合，软交换就是在 IP 电话的基础上逐步发展起来的一门新技术。在传统的 IP 电话系统中，IP 电话网关可以建立电路交换网（SCN）和 Internet 之间的呼叫连接，其实现方法如图 6.3 所示。

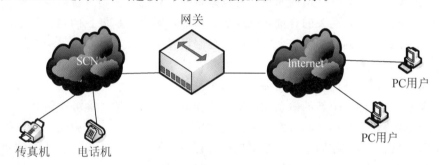

图 6.3 传统 IP 电话实现方式

IP 电话网关不但要执行媒体格式变换，还要进行信令转换，在 SCN 侧执行 ISUP 信令，在 Internet 侧执行 H.323 或 SIP 协议。除此之外，还要控制网关内部资源，为每个呼叫建立网关内部的话音通路。这种网关结构对 IP 电话的大规模部署具有相当的制约，主要表现为：网关集多种功能于一体，过于复杂，导致其可扩展性差，且没有故障保障机制。因此，在 IP 电话网中，考虑到网关功能的灵活性、可扩展性和高效性，提出了分解网关功能的概念，即将 IP 电话网关分解为媒体网关、信令网关和媒体网关控制器，每一功能实体完成一定的功能。如 ITU - T 在其 H.323 协议族中定义的 H.323 网关功能分解模型，如图 6.4 所示。

在网关功能分解模型中，传统的 IP 电话网关功能分解为 3 个部分：负责媒体格式转换以及 SCN 和 IP 两侧通路连接的媒体网关（MG），负责信令转换的信令网关（SG），负责对收到的信令进行分析和处理，控制媒体网关的连接建立和释放，并进行应用层的互通变换的媒体网关控制器（MGC）。

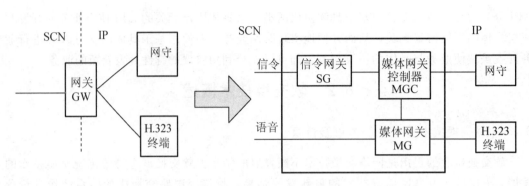

图 6.4　H.323 网关功能分解模型

媒体网关控制器就是软交换的前身。后来在 IETF 的相关文档中，又有人提出呼叫代理的概念，呼叫代理实际上也就是媒体网关控制器，进一步又有人提出了呼叫服务器以及软交换的概念。软交换将呼叫代理的功能进行了进一步的扩展，除了提供呼叫控制功能外，还可以提供计费、认证、路由、资源管理和分配、协议处理等功能。

IP 电话网关分解模型结构是将媒体网关、信令网关和媒体网关控制器置于不同的物理实体之中去实现，其关键就是将媒体格式转换功能和网关呼叫控制及呼叫连接功能相分离，使网关只承担简单的媒体格式转换功能，复杂的网关控制功能则由网关之外的独立的智能控制实体去实现，该实体就是媒体网关控制器，两者之间的接口采用开放的媒体网关控制协议。上述网关功能分解结构的重要特点是将控制智能集中到少量的媒体网关控制器中，由于网关功能简化，网关的容量就可以显著增加，解决了扩展性问题。一个网关可受多个媒体网关控制器控制，如果一个媒体网关控制器发生故障，可以由另一个媒体网关控制器控制，从而有效地提高系统的可用性。此外，该结构有利于快速地引入新业务，它只需要更新媒体网关控制器的软件，网关则无须更改。

软交换技术提出的一个新的概念就是将呼叫控制、媒体传输、业务逻辑相分离，各实体之间通过标准协议进行连接和通信，从而更加灵活地提供业务。其中软交换设备实际上是一个基于软件的分布式控制平台，是实现传统程控交换机"呼叫控制"功能的实体，也是 IP 电话中的呼叫服务器、媒体网关控制器等概念的集成。

2. 软交换技术的特点

以软交换为控制核心是 NGN 的重要特征，与传统的电路交换网相比，软交换网有许多优势，其发展演化过程如图 6.5 所示。

在传统的电路交换网中，向用户提供的每一项业务都与交换机直接有关，业务应用和呼叫控制都由交换机来完成，因此，每提供一项新的业务都需要先制定规范，再对网络中的所有交换机进行改造。为了满足用户对新业务的需求，人们在 PSTN/ISDN 的基础上提出了智能网的概念，智能网的核心思想就是将呼叫控制和接续功能与业务提供分离，交换机只完成基本的呼叫控制和接续功能，而业务提供则由叠加在 PSTN/ISDN 网之上的智能网来提供。这种将呼叫控制与业务提供的分离大大增强了网络提供业务的能力和速度。"业务由用户编程实现"的思想首创于智能网，但是，智能网建立在电路交换网络之上，因此，业务和交换的分离不彻底，同时，其接入和控制功能也没有分离，不便于实现对多种业务网络的综合接入，而且，智能网的 SCE(业务生成环境)是依靠 SIB(与业务无关的构件)来实现的，SIB 又与复杂的 INAP(智能网应用协议)密切相关，不利于第三方应用商参与业务开发，无法方便、快捷地生成新业务。

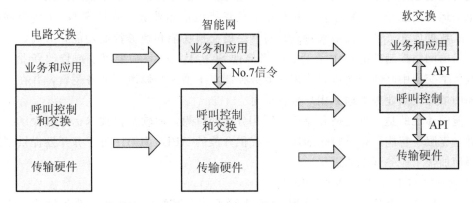

图 6.5　软交换演化示意图

随着 IP 技术的发展，各种业务都希望利用 IP 网络来承载，因此，从简化网络结构、便于网络发展的观点出发，有必要将呼叫控制与连接承载进一步分离，并对所有的媒体流提供统一的承载平台。

软交换的体系结构是开放的、可编程的。软交换与下层(承载层)、上层(应用层)的接口均采用标准的 API 接口，实现了业务与呼叫控制分离、呼叫控制与承载分离。软交换网集 IP、ATM、IN(智能网)和 TDM 众家之长，形成分层、全开放的体系架构，不但实现了网络的融合，更重要的是实现了业务的融合，使得其业务真正独立于网络，从而能灵活、有效地实现业务的开发和提供。

1) 软交换的特点

(1) 高效灵活。软交换体系结构的最大优势在于将应用层和控制层与核心网络完全分开，有利于以最快的速度、最有效的方式引入各类新业务，大大缩短了新业务的开发周期。

(2) 开放性。由于软交换体系结构中的所有网络部件之间采用标准协议，因此各个部件之间既能独立发展、互不干涉，又能有机组合成一个整体，实现互联互通。

(3) 多用户。ISDN 用户、ADSL 用户、移动用户都可以享用软交换提供的业务。

(4) 强大的业务功能。可以利用标准的全开放应用平台为客户定制各种新业务和综合业务，最大限度地满足用户需求。特别是可以提供包括话音、数据和多媒体等各种业务。

2) 软交换与现有电话网络的对比

传统的程控交换机，根据所执行功能的不同，一般也可划分为 4 个功能层：呼叫控制层、媒体交换层、业务提供层、接入网关层。这 4 个功能层物理上合为一体，软、硬件互相牵制，不可分割。各个功能层处在一个封闭体内，它们之间没有开放的互联标准和接口，因此，增加新功能费用高、周期长，并且受到设备制造商的限制。

软交换的主要设计思想是：业务提供与呼叫控制相分离和呼叫控制与承载相分离，把传统交换机各功能实体离散分布在网络之中。优点是：高效灵活、开放性强、业务开发更加方便，但是由于各功能实体不在同一个设备之内，需要互相通信，因此必须开发大量的接口协议。

3) 软交换与智能网的比较

智能网是在原有通信网络基础上，为快速提供新业务而设置的附加网络结构。其目的是让电信运营商能经济有效地提供用户所需的各类电信新业务。它依靠 No.7 信令网和大型集中式数据库来支持，其最大特点是将网络的交换功能和业务控制功能相分离，将原来各交换机的网络控制功能集中于新的网络部件 SCP 上，一旦需要增加或修改新业务，无须修改各个交换中心的交换机，只需在业务控制点中增加和修改新业务逻辑，并在大型的数据库中增加新的业务数据和用户数据即可。

智能网体现的是一种交换和业务控制相分离的思想，而软交换技术也正吸收了这种思想，并且克服了智能网相对封闭的缺点，提供开放的 API，为第三方业务开发提供创作平台，因而加快了业务开发的进程。

4) 软交换与 H.323 网络的比较

H.323 网络是我国目前广泛使用的 IP 电话系统，其结构为集中式对等结构，不适用于组建大规模网络，且没有拥塞控制机制，服务质量不能得到保证。随着网络开放需求的增加，提出了将 H.323 网关进行分解的解决方案。H.323 网关是一种 IP 电话网关，原来完成的功能主要包括：电路侧呼叫建立和释放、IP 网络侧的呼叫建立和释放、话音编码转换、信令编码转换。所谓将 H.323 网关进行分解是指呼叫控制和媒体处理相分离，其中呼叫处理部分由媒体网关控制器实现，媒体处理部分由智能终端或媒体网关实现。而软交换技术恰好实现了这种功能的分离。

3. 软交换技术的发展

1) 软交换技术的发展现状

软交换技术从 1997 年开始发展，正在逐步从试验阶段走向商用阶段，并在国内外得到应用。以软交换为控制核心的 NGN 成为电信产业的热点，开发下一代可持续发展的网络来支持话音业务和日益增长的数据以及多媒体业务已经成为众多电信运营商的战略目标，开放、融合、统一的网络平台不仅能降低成本，而且能派生出许多新型、集成的业务，为运营商创造新的利润增长点，并推动网络向着信息传送更加高效、业务生成更加灵活的方向发展。全球各大电信运营商都十分重视 NGN 的发展，都在积极地开展 NGN 试验并逐步使其商用。我国几大电信运营商也积极地开展了基于软交换的 NGN 研究试验和商用试验。例如，中国电信在上海、深圳和杭州等地建成了软交换商用试验网；中国网通在山东、四川和江苏等地建设了软交换商用试验网；中国卫星通信公司在全国 170 个城市基于软交换体系开展的 17970 和 17971 卡号 VoIP 业务，可以支持 5 万本网用户和 600 万卡号用户，目前已经投入商用；中国移动建成了基于软交换的长途交换网。

虽然许多电信运营商都已经部署了基于软交换的 NGN 试验/商用试验网，但规模一般都还不大，并且根据各自实际情况在开展具体业务。传统运营商初期关注的重点是传统 PSTN 的替代和演进，对于 C4 局的替代较为成熟，而 C5 局的替代在逐步开展，此外，传统运营商也十分关注如何利用 NGN 的新业务来留住客户。新兴运营商则更看重话音、数据、视频一体化的多媒体综合解决方案，希望通过 NGN 的部署以降低成本，提供个性化服务，抢夺市场，争取最好的投资回报。由于现阶段 PSTN 仍然是传统运营商最重要的收入来源，在今后相当长的时间内，传统运营商需要同时支持 PSTN 和基于 IP 的分组网络，并解决两个网络之间的互通问题以及各自业务和应用之间的互操作问题，逐步完成以传统

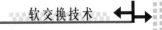

电路交换为基础的电信网向以 IP 分组交换网络为基础的 NGN 网络的平滑过渡,可以说,向理想的 NGN 演进将是一个长期的、渐进的过程。

2)软交换技术的发展趋势

目前,支持普通话音业务的软交换技术已经基本成熟,然而,下一代网络是业务驱动的网络,软交换作为下一代网络的核心技术,仅仅满足于提供基本话音业务等简单业务显然是不够的,软交换要真正作为完整的下一代网络解决方案,它还要在支持多媒体业务、移动业务以及构建开放的业务支撑环境等方面做出努力。

(1)生成丰富灵活的新业务。丰富灵活的新业务为电信运营商满足用户需求、赢得更大经济效益提供了实现手段。软交换网络将使电信网和互联网不断融合,而互联网具有多种新业务的催生能力,这必然为网络经济效益的增长提供了源泉。

(2)对多媒体业务的支持。随着电信业竞争的逐步加剧、用户需求的不断提高,下一代网络需要提供丰富、多样化的多媒体业务,它涉及话音、数据和图像等各方面。多媒体业务的提供在终端、业务、资源等方面都比单纯的提供话音业务难度要大得多。为了在公众电信网中提供实用的多媒体业务,软交换技术的发展需要对这些问题认真地加以研究和解决,以实现真正意义上的网络融合。

(3)对移动网络和移动业务的支持。当前,移动业务发展十分迅猛。但是,现在得到的广泛使用的仍然是基于电路交换的 GSM/CDMA 技术,而且提供的业务以话音业务为主,增值业务较少。在分组交换迅速发展的大趋势下,移动网络也同样面临着向 NGN 融合和演进的问题。就移动网络而言,其发展方向是分组化、智能化和宽带化的第三代通信网络(3G),NGN 是一个高度融合的网络,包括固定网和移动网,软交换技术要在其中发挥重要的黏合作用,支持与移动网络的互通,方便移动业务的提供。

(4)构建开放式的业务支撑环境。提供丰富的、高质量的增值业务是软交换系统的重要目标,新的业务生成、执行、控制和管理技术构成的开放式业务支撑环境构成了 NGN 的业务层面,包括应用服务器、业务生成环境和业务管理服务器,是软交换机系统的重要组成部分。软交换设备与业务平面通过标准 API 接口相连,向互通的各网络提供基于网络融合的各种业务,并允许第三方的业务生产者生成业务。目前需要解决的是业务提供采用何种方式、业务层设备如何分工、业务的生成和管理如何向第三方开放等问题。

(5)面向网络和业务的策略化管理机制。传统的网络管理技术是基于网元管理的,已不适用于 NGN 和软交换系统的业务管理的方向。目前,基于策略的管理虽然是网管领域的研究重点,但仍然没有形成严格的标准和成熟产品。软交换的管理技术应该在这方面有所突破,真正实现基于策略的网管机制,通过一定的策略完成实时、灵活的系统管理以及动态的资源管理和分配,保证网络的可靠运行。

(6)解决多网并存,扭转业务依赖网络的局面。软交换技术为电信运营商降低运营成本,在市场竞争中取胜提供了保证。软交换实现了业务、呼叫和承载的彻底分离,把传统 PSTN、移动、数据和有线电视等各种网络统一为一个以 IP 为基础的综合、多业务的网络,不但扭转了特定业务依赖于网络的局面,使多种业务承载于同一核心网络,减少了网络建设的浪费,而且大大降低了电信运营商的运营成本。

3)软交换网络发展面临的挑战

目前,虽然很多厂商推出了软交换网络解决方案,各运营商也在积极进行相关的试验,但软交换作为一门新技术,其成熟和完善是需要时间的。虽然近几年的软交换试验结果表明软交换技术已日趋成熟，但软交换网的大规模商用依然面临许多问题，从目前的运营实践和厂家提供的解决方案来看，存在的问题如下几个方面。

（1）组网方式问题。传统电信网经过长期的运营积累，在网络组织方面已经具有相当成熟的经验。基于软交换的网络组织目前国内外尚无成熟的经验，大型软交换网络的体系架构和组网方式仍在研究和争论之中，目前尚无定论，可以选择的组网结构包括：软交换全平面组网结构、软交换分级组网结构和定位服务器分级组网结构，网络组织无论在技术还是运营方面都有待进一步探索。

（2）协议兼容性问题。NGN 技术毕竟是一门新兴技术，相关的协议还不十分完善，部分标准只制定了框架，而且许多协议来自不同的标准化组织，互不兼容。另一方面，设备厂家又不可能等待标准完全稳定之后才研制相应的设备。因此，就会出现这样的状况：不同厂家的设备虽然遵循了相同的标准，但是可能选择了不同的版本；或者，即使选择了相同的版本，由于协议本身并不完善，对于细节性的问题，协议没有做出具体的规定，因此厂家分别做了自己的扩充。由于上述种种原因，不同厂家的软交换设备在互通时，就可能存在兼容性问题。在实际组网时，往往需要各生产厂家相互协调解决问题。所以，有关软交换的标准协议的成熟、稳定是软交换网络顺利部署的关键。

（3）API 标准问题。基于开放的业务平台，采用标准的 API 接口将为网络运营商开发新业务奠定良好的基础，但目前相关的接口标准正在制定之中。由于开放接口的标准化工作尚未完成，尽管一些厂商可以提供部分第三方的业务，但还是局限于同一厂商的设备，不同厂商设备的配合和业务的提供并不很成熟。

（4）业务问题。虽然软交换系统提供了开放的网络架构体系，理论上有利于新业务的开发和提供，但目前还缺乏杀手锏业务，真正有市场吸引力的应用还有待挖掘。目前，多数软交换的试验主要还是提供基本的话音业务、会议业务和网上浏览业务等，而且，除话音业务外，提供其他许多新业务的操作都较为复杂。虽然可以使用应用服务器方式来提供业务是发展方向，但第三方应用平台的成熟和商用尚需时日。

（5）承载网 QoS 问题。IP 承载网络的 QoS 是发展 NGN 需要考虑的重要问题，因为 IP 网络上存在的诸如延迟、抖动、包丢失和带宽不足等问题会严重影响 NGN 的业务质量。现行的主要技术解决方案，如集成服务、区分服务和多协议标签交换等都能用来改善 IP 网络的服务质量，但缺乏大范围实用的验证，IP 承载网的 QoS 问题仍没有很好地解决。服务质量主要是从业务层面来感知的，所以要真正解决服务质量问题，除了要在网络层采取技术措施外，还需要应用层与网络层等不同层面的协调。

（6）商业模式问题。目前各运营商均在关注软交换技术的发展，但是软交换究竟能为运营商带来多大商机，如何以最合理的投资获得最大利润是运营商更加关心的问题，因此，加强软交换应用的商业模式研究具有重要意义，赢利性良好的商业模式尚待探索。

（7）网络安全问题。网络安全是指网络系统的硬件、软件及其系统中的数据受到保护，不因偶然的或者恶意的原因而遭到破坏、更改和泄露，系统能连续可靠正常地运行，网络服务不中断。建立安全的网络系统要解决的根本问题是在如何保证网络连通性、可用性的同时，对网络服务的种类、范围等进行适当程度的控制，以保障系统的可用性和信息的完整性不受影响。要确保软交换网络的网络安全要综合考虑广域网、局域网和主机安全、网络应用服务器安全，以及网络接入安全和数据安全等多方面因素。由于软交换网络承载在 IP 网络上，所以 IP 网络的安全性问题对软交换网络的安全有严重影响。

（8）NAT 穿越问题。在网络中应用防火墙和 NAT 技术可以有效地提高内部网络的安全性，NAT 的使用更可以节省有限的 IP 地址资源，但是，基于 IP 的话音和视频通信协议，如 H.323 和 SIP 等，要求终端之间使用 IP 地址和数据端口来建立数据通信通道，因此，如何使呼叫建立数据包以及呼叫控制信息能够顺利地通过固定的或动态分配的端口实现对防火墙和 NAT 设备的穿越是开展软交换网络话音和视频业务的关键。虽然，目前 NGN 解决方案中都提供了相应的防火墙和 NAT 穿越方案，但是由于用户的安全策略不同，采用的防火墙和 NAT 设备差异很大，所以防火墙和 NAT 穿越方案的有效性仍然需要进一步验证。

虽然软交换网络的应用尚存在许多问题，但这些问题都是发展中的问题，它们的存在并不会阻碍软交换技术的应用，相反，它们会促使运营商、设备制造商和研究机构等更加紧密合作，积极进行试验，共同研究解决这些问题，促进软交换网络的不断完善。

6.2.2 软交换系统的功能及体系结构

1.软交换系统的体系结构

软交换技术的出现源于交换技术的发展，软交换系统的出现是程控交换机体系结构走向开放的结果，在体系架构上具有延续的特点。从电路交换机到软交换系统的发展是演进的过程，而不是革命。

1）传统交换机的结构模型

通常程控数字电话交换机由控制部分、内部数字交换网络和外围接口设备组成。根据所执行功能的不同，可将传统交换机的内部结构划分为控制、交换（承载连接）和接入 3 个功能平面。其体系结构如图 6.6 所示。

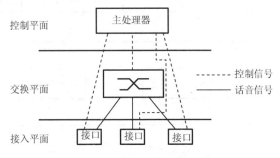

图 6.6　传统交换机的体系结构

传统电路交换机的各种业务功能，除智能网业务以外，一般融合在交换机的软件、硬件之中。它的各部分特性和功能如下所述。

（1）控制部分由主处理机和呼叫处理软件组成，主要提供对外围设备和数字交换网络的控制功能，包括呼叫控制、业务交换、管理维护等功能。嵌入到交换机的软件和硬件中的业务功能，通常用于提供基本业务和补充业务。

（2）内部数字交换网络主要由 64Kbps 的电路交换矩阵（一系列按一定拓扑结构连接的交换单元）组成，用来完成主叫话路与被叫话路（局内接续）、主叫话路与出中继电路（出局接续）以及入中继电路与被叫话路（入局接续）等的接续。

（3）外围接口设备主要由用户电路、中继电路和数字信令处理模块等组成。用户电路提供交换机到用户设备的接口(如 POTS、2B+D、V5 等用户接口),又可分为模拟用户电路和数字用户电路;中继电路提供 E1、T1 等中继接口,作为交换机与外部系统的接口,如交换局、小交换机、远端用户单元等;数字信令处理模块提供到数字信令网(No.7 信令网)的接口。

在传统电路交换机中,主处理机与用户电路、中继电路、信令处理模块等之间的通信协议采用由制造商自己制定的非开放的内部协议。因此,程控交换机的这 3 个功能平面,不仅在物理上合为一体,而且支持这 3 个功能平面的软、硬件互相牵制,不可分割。此外,传统程控交换机的业务提供在设计交换机方案时就定了下来,一旦产品定型,若想修改或增加某种业务,需要更改软件或硬件,因此提供新业务十分困难。由此可见,传统的电路交换机是封闭的集成化一体机,其控制、交换和接入 3 部分以非标准的内部接口互连,并在物理上合为一体,其业务提供功能融合在交换机的软、硬件中,这样运营商被设备厂商锁定,没有创新的空间。软交换技术便是针对传统交换设备的这种缺陷而发展起来的。

2) 软交换系统的体系结构

软交换技术建立在分组交换技术的基础上,其核心思想就是将传统电路交换机中的 3 个功能平面进行分离,并从传统电路交换机的软、硬件中剥离出业务平面,形成 4 个相互独立的功能平面,实现业务控制与呼叫控制的分离、媒体传送与媒体接入功能的分离,并采用一系列具有开放接口的网络部件去构建这 4 个功能平面,从而形成如图 6.7 所示的开放的、分布式的软交换体系结构。可以看出,这 4 个功能平面与 NGN 功能平面是一致的,这也是业界通常把广义的软交换看成是 NGN 的代名词的一个原因。

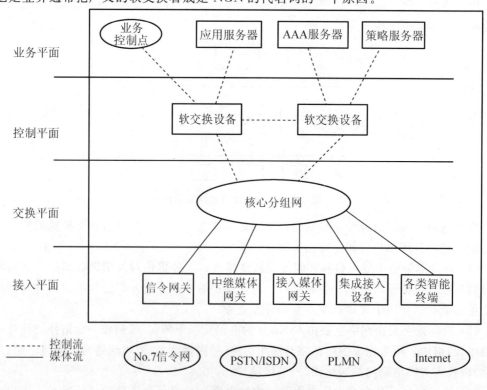

图 6.7 软交换系统体系结构

软交换系统 4 个平面分布具有以下功能。

（1）业务平面：在呼叫建立的基础上提供附加的服务，承担业务提供、业务生成和维护、管理、鉴权、计费等功能，利用底层的各种资源为用户提供丰富多彩的网络业务，主要网络部件为应用服务器、业务控制点、AAA（授权、鉴权、记账）服务器、策略服务器、网管服务器等。

（2）控制平面：控制平面内的主要网络部件为软交换设备。软交换设备相当于程控电话交换机中具有呼叫处理、业务交换及维护和管理等功能的主处理机，此平面决定了用户应该接收哪些业务，并控制其他较低层的网络单元，告诉它们如何处理业务流。

（3）交换平面：也可称为媒体传输平面或承载连接平面，提供各种媒体（话音、数据、视频等）的宽带传输通道并将信息选路至目的地。交换平面的主要网络部件为标准的 IP 路由器（或 ATM 交换机），基于分组网络的软交换系统，用网络本身作为交换部件。

（4）接入平面：其功能是将各种用户终端和外部网络连至核心网络，由核心网络集中用户业务并将它们传送到目的地。接入平面的主要网络部件有中继网关、用户接入网关、信令网关、无线接入网关等。

软交换系统结构有以下特点：可以使用基于分组交换技术的媒体传输模式，同时传送话音、数据和多媒体业务；将网络的承载部分和控制部分相分离，在各单元之间使用开放的接口，允许它们分别演进，有效地打破了传统电路交换机的集成交换结构。

总之，软交换技术将原有的电路交换机的呼叫控制功能与媒体传输功能分离开，这一思想符合网络部件化的趋势，但作为下一代网络呼叫控制的核心，软交换的功能要求远不止于此，随着网络的发展，业务越来越客户化，软交换设备作为一个控制平台，应能适应业务的快速变化、自身的处理能力易于增强等特点。在实现中，软交换系统通过提供各种开放的接口、标准化的协议，增加软件技术含量，使得以上要求容易被实现。

2. 软交换系统的功能

软交换的基本含义就是将呼叫控制功能从媒体网关（传输层）中分离出来，通过软件实现基本呼叫控制功能，包括呼叫选路、管理控制、连接控制（建立/拆除会话）和信令互通，从而实现呼叫传输与呼叫控制的分离，为控制、交换和软件可编程功能建立分离的平面。软交换主要提供连接控制、翻译和选路、网关管理、呼叫控制、带宽管理、信令、安全性和呼叫详细记录等功能，同时，软交换还将网络资源、网络能力封装起来，通过标准开放的业务接口和业务应用层相连，从而可方便地在网络上快速提供新业务。

软交换是一个由软件构成的功能实体，为下一代网络提供具有实时性要求的呼叫控制和连接控制功能。软交换至少需要实现下列功能。

（1）提供开放的业务接口（API）和底层协议接入接口（信令协议）。

（2）实现网络融合（统一呼叫控制）。

（3）兼容现有网络（如 IN、PSTN、SIP、H. 323）。

软交换系统的参考模型如图 6.8 所示，它包括了一个完整的软交换系统应包含的功能实体以及它们之间的接口参考点。

从图 6.8 中可以看出，一个软交换系统包含的功能实体很多，相应的软交换与不同功能实体之间的参考点也很多。针对不同的功能实体，各参考点的含义和功能也各不相同。

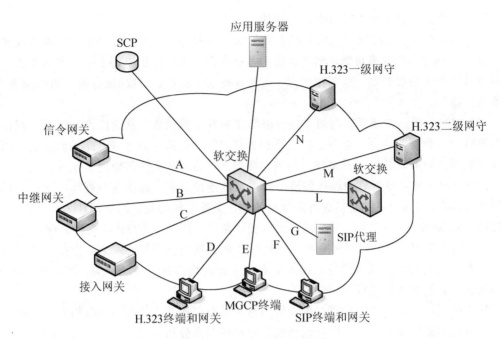

图 6.8 软交换系统参考模型

软交换技术的主要思想是实现业务提供与呼叫控制、呼叫控制与承载连接分离，各实体之间通过标准的协议或 API 进行连接和通信，图 6.9 给出了软交换系统的功能结构图。

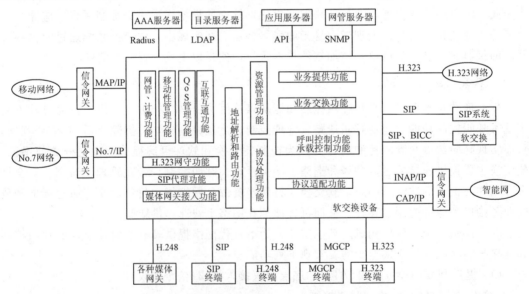

图 6.9 软交换功能结构示意图

软交换的主要功能包括以下部分。

1）呼叫控制和处理功能

呼叫控制和处理功能是交换机的核心功能之一，也是软交换的重要功能之一，它为基本呼叫的建立、维持和释放提供了控制功能，包括呼叫处理、承载连接控制、智能呼叫触发检出和资源控制等，接收来自业务交换功能的监视请求和呼叫控制相关信息，并对与呼叫相关的事件进行处理，支持呼叫的建立和监视。

软交换支持基本的两方呼叫控制功能和提供对多方呼叫控制的功能，包括多方呼叫的特殊逻辑关系，呼叫成员的加入、退出、隔离、旁听和混音控制等，软交换可以支持多媒体会议功能，实现多方通信；提供动态修改呼叫和连接的能力，可以在通信过程中随时增加和删除通信参与方，而不中断其他呼叫连接。

软交换设备要能够识别媒体网关报告的用户摘机、拨号和挂机等事件，控制媒体网关向用户发送音信号，如拨号音、振铃音、回铃音等，满足运营商的拨号计划，软交换通过与媒体网关的交互，接收处理中的呼叫相关信息，指示媒体网关完成呼叫，其主要任务是在各点之间建立关系，这些关系可以是简单的呼叫，也可以是一个较为复杂的处理。软交换设备要实现支持多媒体业务的呼叫处理模型，从而为多媒体业务呼叫的建立、维持和释放提供控制功能。

呼叫控制功能的强弱是由呼叫控制模型的能力决定的，根据呼叫所涉及的网络类型，软交换应能处理以下 4 类呼叫。

（1）由 SCN 网络侧发起，终止于 IP 网络侧。

（2）由 IP 网络侧发起，终止于 SCN 网络侧。

（3）由 IP 网络发起，终止于 IP 网络。

（4）由 SCN 网络侧发起，跨越 IP 网络，并终止于 SCN 网络侧。

通过信令网关，软交换可以提供对现有移动网（GSM、CDMA、GPRS）用户的呼叫接入。软交换可以和移动网络中的基站交互，实现和移动终端用户的通信，并且可以和 2G 中的 HLR 交互，以查询呼叫建立所需的信息。软交换可以控制移动用户之间及移动用户和固定用户之间的呼叫建立、连接和释放过程。除此之外，软交换还需要满足 3GPP R4 及后续版本中定义的其他呼叫控制能力，以满足 3G 核心网的功能需求。

2）承载控制功能

承载连接控制是呼叫控制中非常重要的部分，它专门负责对底层媒体链路进行有效的控制。在融合网络中，特别是 IP 分组网中，信令链路和承载链路的建立是分离的和分别可控的，加之底层媒体链路的多样性和多媒体业务对 QoS 的基本要求，承载连接控制在软交换的功能体系中显得非常重要，因此软交换还必须能够对承载链路的建立进行控制和监视，以保证多媒体业务和特定业务对承载链路服务质量的要求。

软交换具有对媒体网关或媒体服务器的呼叫控制功能，它可以指示相关的媒体网关建立或者释放一个媒体连接（例如，打开和关闭 PCM 链路，在 RTP 流和媒体网关之间建立关系）。例如，当软交换从信令网关接收到一条 ISUP IAM 消息时，它将指示相关的媒体网关分配一个连接以传送 RTP 流，当接收到一条 ISUP REL 消息时，软交换将指示媒体网关释放这条连接并终止 RTP 流。

软交换设备应可以控制媒体网关发送 IVR，以完成诸如二次拨号等多种业务。

在软交换控制的呼叫建立过程中，无论呼叫的双方是分别连接到两个不同类型的网络（如 PSTN 和 IP）还是连接到同一个网络上，在两个呼叫方之间必须插入一个"媒体层网络实体（即媒体网关或媒体服务器）"，以控制呼叫参与方之间的媒体连接的建立过程以及获取媒体连接的信息。

软交换不但要支持话音业务的所有功能，而且具有多媒体信息交换的控制功能。

（1）可控制音频、视频、数据等信息的实时交换和传送。

（2）当网络中存在音频和视频网关时，软交换可以控制这些网关的实时信息交换。

（3）软交换可控制媒体服务器设备的信息传送和采用何种图像压缩编码和话音压缩编码。

（4）当数据信息需要在异构网络中传输时，软交换可以控制媒体网关完成不同数据格式的转换。

（5）软交换设备可以控制媒体网关发送话音信息，包括提示音、检索内容的话音回复等以完成诸如二次拨号、信息检索等多种业务。

软交换的承载控制功能通过 MGCP/H.248 协议实现，软交换可以同时直接与 H.248 终端、MGCP 终端和 SIP 客户终端进行连接，提供相应的业务。

3）协议适配功能

软交换是一种开放的、多协议实体，采用标准协议与各种媒体网关、终端和网络进行通信，它要实现多种异构网络间的无缝融合，这就要求软交换不仅要支持多种不同的网络协议，而且还需要对不同的协议进行语义功能的适配，把它们转换成内部统一的接口形式，从而实现与上层统一呼叫控制模型的交互。软交换采用多种标准协议与媒体网关、信令网关、终端以及其他功能实体进行通信，这些协议包括 H.323、SIP、BICC、MGCP、H.248、Megaco、Sigtran、INAP、MAP、Radius、SNMP 等。

4）业务交换功能

为了实现与智能网的互通，最大限度地继承智能网的业务能力，软交换设备应实现 SSF（业务交换功能）功能，SSF 相当于智能网与软交换之间的接口，提供识别智能网业务处理请求的手段，并与呼叫处理以及业务逻辑交互。传统智能网中，业务交换功能（SSF）与呼叫控制功能（CCF）相结合提供了呼叫控制功能和 SCF 之间进行通信所需要的一系列功能，主要包括业务控制触发的识别以及与 SCF 间的通信；管理 CCF 和 SCF 之间的信令消息；按要求对呼叫/连接处理进行修改，实现 SCF 对智能网业务请求的控制；业务交互作用管理。从本质上来说，业务交换功能主要是为上层业务逻辑提供底层呼叫的完整视图，使业务逻辑能够对底层呼叫在完全认知的基础上，进行合理的控制。

SSF 的主要功能有如下几个方面。

（1）扩展 CCF 的逻辑，包括业务控制触发的识别以及与 SCF 间的通信。

（2）管理 CCF 和 SCF 之间的信令。

（3）按要求修改呼叫/连接处理功能，在 SCF 控制下去处理智能业务的请求。

5）业务提供能力

由于软交换在电信网从电路交换向分组交换演进的过程中起着十分重要的作用，软交换技术主要用于处理实时业务，如话音业务、视频业务、多媒体业务等，此外还应能够实现 PSTN/ISDN 交换机提供的全部业务，包括基本业务和补充业务。同时，软交换还应可以与现有智能网配合，提供现有智能网所能提供的业务。另外，软交换还必须提供开放的可编程 API 接口和协议，实现与外部业务平台的互通，可与第三方合作，提供多种增值业务和智能业务，使第三方业务的引入和提供成为可能。

6）媒体网关接入功能

软交换负责各种媒体网关的接入，该功能可以认为是一种适配和监控功能，它可以连接各种媒体网关，完成 H.248 协议中媒体网关控制的功能，对这些网关进行必要的监控、管理和日常的维护，同时还可以直接与 H.323 终端和 SIP 客户端终端进行连接，提供相应业务。

7）SIP 代理功能

SIP 代理功能主要指软交换充当 SIP 协议中几种服务器的功能，具体包括以下 3 种。

（1）代理服务器，代表其他客户端发起请求。

（2）重定向服务器，完成被叫方地址到新地址的重新定位和映射。

（3）注册服务器，接收 SIP 终端的注册、认证和鉴权。

8）H.323 网守功能

H.323 网守功能指软交换提供传统 H.323 网络中网守的功能，除了基本的呼叫处理外，还包括地址解析、带宽控制、H.323 终端的注册、认证与鉴权、区域管理等。

9）资源管理功能

软交换提供资源管理功能，对系统中的各种资源进行集中管理，如资源的分配、释放和控制等，以达到系统资源的合理利用，最大限度地体现和发挥资源的利用价值。

10）认证/授权

软交换与认证中心连接，可将辖区内的用户、媒体网关信息送往认证中心，进行认证与鉴权，防止非法用户和设备的接入。

11）话音处理功能

软交换设备应可以控制媒体网关是否采用话音信号压缩，并提供可以选择的话音压缩算法，算法应至少包括 G.729、G.723.1 算法，可选的 G.726 算法，同时，可以控制媒体网关是否采用回声抵消技术，并可以对话音包缓存区的大小进行设置，以减少抖动对话音质量的影响。

12）移动性管理功能

移动性管理功能是软交换支持移动业务必备的功能单元，其主要功能包括以下几种。

（1）切换功能。与现有移动网络实体相类比，软交换的功能等价于 MSC，因此软交换要能够保持其用户数据和 HLR 中数据的一致性；软交换可以按用户的要求更新软交换中的位置信息；软交换有能力和 HLR 交互，从而更新 HLR 中的用户信息或应 HLR 的要求删除某用户的数据。

（2）登记功能。当移动用户进入一个新的位置区域，软交换可以发起向 HLR 的登记过程，并且当用户在规定的时间没有刷新注册时，可以删除该用户的信息。

（3）用户数据管理。软交换系统需提供原有传统移动网络 VLR 的功能，存储并处理 VLR 中存储的用户信息和业务信息。

（4）提供 MSRN 和 TMSI 的生成及管理功能。软交换需支持移动用户漫游时所需要的 MSRN 和 TMSI 号码的分配和撤销功能。

13）QoS 管理功能

由于软交换网络是一个多媒体通信网络，不但要支持 IP 网络的传统数据应用，而且要支持高质量的实时音视频通信业务，同时软交换网络是一个商业运营网络，必须向用户提供承诺的服务质量，而且需根据所提供的服务质量计费，因此必须根据不同的应用需求，提供相应的 QoS。

14）互联互通功能

NGN 并不是一个孤立的网络，尤其是在现有网络向 NGN 的发展演进中，不可避免地要实现与现有多个网络的协同工作、互联互通、平滑演进，因此需要软交换设备支持相应的信令和协议，从而完成与现有各种网络的互联互通。

(1) 通过信令网关实现分组网与现有 No.7 信令网的互通。

(2) 通过信令网关与现有的智能网互通，为用户提供多种智能业务。

(3) 通过互通模块，采用 SIP 协议实现与 SIP 网络的互通。

(4) 采用 H.323 协议实现与现有 H.323 体系的 IP 电话网的互通。

(5) 允许 SCF 控制 VoIP 呼叫，并对呼叫信息进行操作。

(6) 采用 SIP、BICC 协议，实现与其他软交换的互联互通。

(7) 可提供 IP 网内 H.248 终端、SIP 终端和 MGCP 终端之间的互通。

15) 地址解析和路由功能

软交换设备应可以完成 E.164 地址至 IP 地址、别名地址至 IP 地址的转换功能，同时也可完成重定向的功能，并在此基础上完成呼叫路由。

16) 网管功能

软交换应该既能支持本地维护管理，又可以通过内部的 SNMP 代理模块与支持 SNMP 协议的网管中心进行通信，和传统电信设备一样，软交换实现的管理功能为配置管理、性能管理、故障管理和安全管理等。

17) 计费功能

软交换控制设备应具有采集详细通话记录以及多媒体业务计费信息的功能，并能够按照运营商的需求将各种计费相关记录传送到相应的计费中心。当使用记账卡等业务时，软交换控制设备应具备实时断线的功能。

6.2.3 软交换的主要设备

软交换的主要设备及协议如图 6.10 所示。

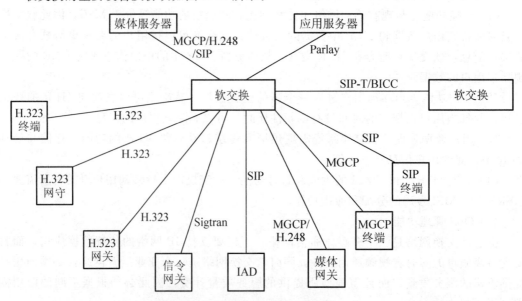

图 6.10 软交换的主要设备及协议

1) 软交换设备

它是网络中的核心控制设备，向下控制各种网关和终端设备，向上和各种服务器进行交互。它完成对网关/终端设备的控制、呼叫接续过程的处理、网络公共资源的管理、与业务平台接口的实现以及与对等实体的互联互通等，它还具有提供承载连接、号码分析和地址翻译、路由、计费数据收集等功能。

2）信令网关

目前主要是指 No.7 信令网关设备。传统的 No.7 信令系统是基于电路交换的，所有应用部分是由 MTP 承载的，在软交换体系中则需要由 IP 来承载。信令网关提供 No.7 信令网络与分组网络之间的信令转换和传送能力，使软交换看起来就像 No.7 信令网中的一个普通节点。它将电话交换机采用的基于 TDM 电路的 No.7 信令信息转换成 IP 包，信令网关只负责 No.7 信令网中的信令信息的处理。

3）媒体网关

媒体网关完成媒体流的转换处理功能，它将各种媒体（话音、视频、数据等）在电路交换网络与分组网络之间转送。媒体网关负责处理话音媒体数据载荷（话音进行抽样量化后的数字信号）而不是信令信息。它在软交换设备的控制下完成媒体流的变换和处理。按照其所在位置和所处理媒体流的不同可分为中继网关、接入网关、多媒体服务接入网关、无线接入网关等。

4）媒体服务器

媒体服务器是为了丰富软交换网络，使其具有多媒体能力而设置的实施外围功能的设备。它为业务提供网络资源支持，如话音/信号音的提供、声音的混合和图像的切换等功能，提供诸如交互式话音响应、传真、提示音播放、话音识别等特殊媒体资源能力。

5）业务平台

完成新业务生成和提供功能，主要包括两种：SCP 和应用服务器。SCP 是传统智能网中的设备，通过 INAP 和软交换控制设备互通；而应用服务器是新引入的设备，实现业务逻辑，并通过 API 接口与软交换控制设备交互。

6）应用服务器

应用服务器提供业务的运行、管理、生成环境。应用服务器基于 IP 网络进行部署，其部署很灵活，而且规模可以根据用户数量加以定制，既可以集中部署在运营商处，也可以部署在企业内部，主要负责各种业务的逻辑产生和管理，为第三方进行新的业务开发提供开发环境和工具。

7）综合接入设备

将各种类型用户线接入分组网络，因集成接入设备类型不同，可以接入各种类型的用户线，它可以提供模拟用户线的接口、以太网接口等各种类型的用户接口。

8）H.323 网守

H.323 网守提供对 H.323 端点和呼叫的管理功能，主要功能包括地址翻译、呼叫接入控制、带宽管理、区域管理、呼叫控制和信令转发等。

9）H.323 网关

H.323 网关用于实现 H.323 终端和其他现有网络终端之间的互通，其主要功能是对媒体信息和信令信息及其封装格式进行转换，H.323 网关是 H.323 系统与其他网络系统的互通点。

10）IP 终端

MGCP 终端可看成是一种特殊类型的集成接入设备，此设备只连接了唯一的用户终端设备，一般是传统的电话终端。

H.323 终端是遵从 H.323 标准进行实时通信的端点设备，它可以集成在个人计算机中，也可以是一个独立的设备，多媒体 H.323 终端能够完成音频和视频信号的编解码和输入输出，支持 H.323 建议中规定的功能流程，支持 H.225 和 H.245 建议中规定的相关消息。

SIP 终端是遵从 SIP 协议进行实时通信的端点设备，它可以集成在个人计算机中，也可以是一个独立的设备，SIP 终端应能控制各种呼叫及多路媒体流的建立、连接和释放。

多媒体终端与软交换设备配合，完成媒体流和信令流的处理，同时还可以完成与网络无关的终端业务特征。

11）其他设备

（1）AAA 服务器设备：AAA 服务器是一台安装了 AAA 软件或应用程序的服务器，它能够完成用户认证、设备鉴权和呼叫/业务计费等功能。

（2）位置数据库设备：完成用户/业务数据的管理、移动用户的归属/定位等。

（3）计费服务器、策略服务器等，它们为软交换系统的运行提供必要的支持。

6.2.4 软交换网络的组网技术

软交换网络的组网模式首先应考虑网络的可扩展性和可管理性。近年来，国内各运营商按照规划逐步启动了软交换网络的商业运营。随着软交换网络的日益扩大化，用户数量和软交换网元设备数量迅速增长，软交换网络的组网结构也正由平面网状结构向分级的层次化结构发展。

1. 软交换网络总体框架

我国《软交换设备总体技术要求》中对软交换网络的总体框架描述如下："各运营商在组建以软交换设备为核心的软交换网络时，其网络体系架构可能有所不同，但至少应在逻辑上分为两个层面：运营商内部软交换网络层面和与其他运营商互通的软交换互通层面。"如图 6.11 所示。

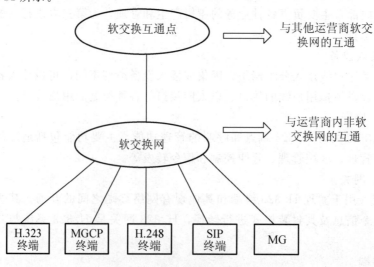

图 6.11　软交换网络组网模式

图 6.11 中的软交换网代表运营商内部的软交换网络。关于软交换与软交换之间的组网有两种结构：平面路由结构和分层路由结构。平面路由结构相对于分层路由结构，路由简单、建设成本低，在网络运营的初期可以采用；到网络规模逐步扩大时，建议采用分层的路由结构。

2. 平面式路由结构

在这种方式下，所有呼叫控制的路由功能均在软交换设备内实现，每个软交换设备都维护着全网所有用户的路由信息，软交换设备之间为逻辑网状网结构，通过一次地址解析就可以定位到被叫软交换设备，如图 6.12 所示。

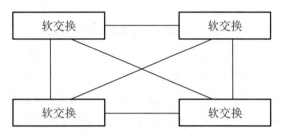

图 6.12 软交换平面网络结构

对于平面网络结构而言，在用户发起呼叫时，软交换设备根据预先静态配置好的路由表，提供一次地址解析就可以定位到被叫用户归属的软交换设备，再由被叫软交换设备把呼叫接续到被叫用户。当软交换采用平面组网时，软交换既要负责用户业务的处理，同时还要处理呼叫的选路，即负责把被叫 E.164 解析为 IP 地址，用于分组包的传送。如果网络发展到一定规模后，网络路由越来越多，而软交换的处理能力是一定的，这样就会限制软交换的覆盖范围或用户数量，因此，需要考虑把软交换的选路功能从软交换设备中分离出来。

3. 层次化路由结构

层次化的软交换路由结构目前有两种体系：一种是借鉴 PSTN 的电路交换机分层组织模式，将软交换设备划分为不同层次，实现多级路由；另一种是借鉴 Internet 的路由解析技术，引入定位服务器设备，实现多级路由。

1）基于软交换设备的分层路由结构

大规模的软交换组网，如果采用平面式全互联路由结构将导致路由信息的维护异常困难，此时可以借鉴 PSTN 网的分层思想，将软交换设备划分为不同层次，实现分层的路由组织结构。与 PSTN 不同的是，用户层面的媒体流连接方式仍为端到端的直连方式。

由于软交换设备在处理性能和容量方面均超出 PSTN 交换机，且媒体流不需要分级转发，因此在路由层次上，基于软交换设备的分层路由结构比传统 PSTN 的 C1～C5 级分层结构简单得多。可考虑将软交换网络分成区域服务和区间互连两大部分，类似于 PSTN 的本地网和长途网概念。

图 6.13 是基于软交换设备的分层路由结构示意图，从概念上看，基于软交换设备的分层路由组网结构与目前我国固定电话网的组网结构非常相似。

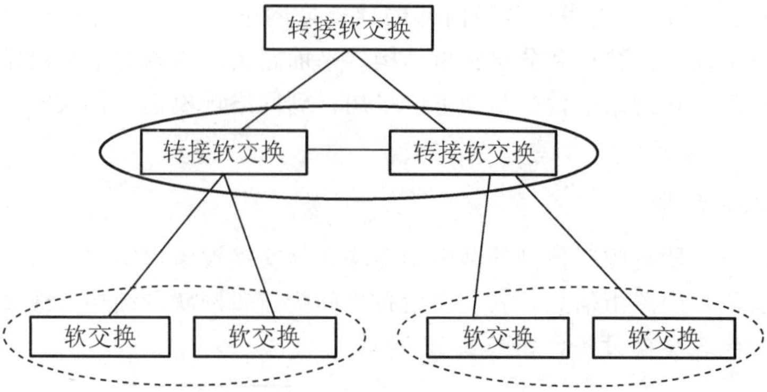

图 6.13 基于软交换设备的分层路由结构

要支持这种分层软交换路由结构，首先应从路由功能上对软交换设备进行划分，一般分为两类：把直接连接用户接入/终端设备并向用户提供业务的软交换设备称为端局软交换设备（或 C5 软交换备）；另一类称为转接软交换设备（或 C4 软交换），这类软交换设备不需要控制任何用户设备，其主要作用是完成对呼叫控制信息的选路与传送功能。

C5 软交换主要在某个区域范围内提供服务，其重点在于为本区域用户提供丰富的业务。一个本地网内的 C5 软交换，只需要了解和解析本区域内的路由信息，而对于非本区域的路由，只需将请求转发到与之相连的 C4 软交换即可。

C4 软交换负责软交换网络多个域间互通的路由功能，如省间路由或不同软交换网络之间的路由。当域间互连软交换的路由数据过于庞大时，可考虑将域间互连软交换分成多级结构，如省级互连、大区级互连或国家级互连，但所有提供域内服务的软交换设备仍采用平面结构。为了实现软交换域间互连路由功能，需要对 C4 软交换配置相应的路由信息。

一般情况下，基于软交换设备的分层路由结构采用静态方式配置各软交换设备的路由信息，其特点有以下几个方面。

（1）域内和域间路由信息分别保存：域间静态路由信息没有必要向区域内 C5 软交换广播或同步，C5 软交换只保留自身用户和区域内其他 C5 软交换的路由信息。

（2）路由只需要配置到下一跳软交换：通过这种做法可以减少软交换设备需要配置的路由信息，便于维护管理，同时运营商网络之间的路由只需配置到对方的网间互联软交换，而没有必要了解其内部结构。

在基于软交换设备的分层路由结构下，用户呼叫的路由过程如下。

（1）用户在发起呼叫时，为其提供服务的 C5 软交换将用预先静态配置好的路由表，根据被叫用户的 E.164 号码解析出下一跳软交换设备的 IP 地址，并利用分组承载网的传送能力把呼叫接续到下一跳软交换设备。

（2）下一跳软交换设备可能是被叫用户所属的 C5 软交换，也可能是 C4 软交换（转接软交换设备）。如果是 C5 软交换，则直接把呼叫接续到被叫用户；如果是 C4 软交换，将继续使用静态配置的路由信息，在自身的路由表内进行选路，直至找到被叫用户所在的C5 软交换。

（3）由于这种网络结构只要求软交换设备配置和维护一定范围内的路由，即每个软交换设备只需要配置和维护其同层相邻（有逻辑连接关系）的软交换设备及其汇接的底层软交换设备和高层转接软交换设备的路由数据，从而大大减少了每个软交换设备上的路由数据。总之，这种分层软交换结构的静态路由方式，沿袭了 PSTN 的多级路由体系，每个软交换设备的路由数据相对简单，软交换网络的组网结构清晰。

2）基于定位服务器的分层路由结构

根据 IP 网络的特点，软交换网络不同于传统的分层 PSTN，局向等基本路由概念不再有任何意义，网络中任意一个软交换设备都应能够直接定位对端软交换设备，避免呼叫信令的逐跳处理转发，这可以通过设置集中的共享定位服务器(LS，也称为位置服务器或路由服务器)来实现。每个定位服务器负责为若干个软交换设备提供路由寻址等信息，每个软交换设备仅与特定的几个定位服务器联系。

地址解析由定位服务器完成，软交换设备通过定位服务器实现路由信息的获取。从单次呼叫来看，每个软交换设备仅与一个定位服务器联系，由该定位服务器完成对落地软交换设备的定位并响应请求。定位服务器可根据不同的地域或管理等级进行划分，形成不同层面的分层结构。这样的规划可较好地解决大型网络的组网问题。图 6.14 给出了利用定位服务器形成的分层路结构。

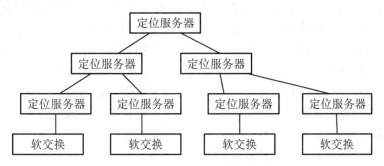

图 6.14 基于定位服务器的分层路由结构

在基于定位服务器的分层路由结构中，定位服务器的组织采用的是分层结构，而软交换设备仍然采用平面结构。每个软交换设备在通过一个或多个定位服务器的地址解析后，均可直接定位到被叫软交换设备。定位服务器之间动态地维护它们的选路数据，并实现路由信息的共享和互通。在分层结构模式下，定位服务器的层次数量决定于网络的容量和建设规模，运营商可根据实际情况灵活配置。

利用定位服务器群完成大型软交换网络的组网是刚刚出现的全新概念，定位服务器尚不是软交换网络框架定义的标准实体，而是在解决软交换大网络路由问题时提出的一个功能实体，其功能和特性还没有得到业界的统一认可。总的来说，定位服务器的主要特征包括以下几个方面。

（1）通过接口协议完成定位服务器之间的信息交互。

（2）通过接口协议接收路由查询申请。

（3）支持 E.164、IP 地址、URI 等路由信息。

（4）支持类似于 PSTN 的多次结构，可划分不同的域和层次，各级定位服务器可具备汇接和查询功能。

（5）提供安全性服务，可根据政府管制等特别需求实现监视等特殊服务。

从路由信息的组织及获取方式来看，定位服务器采用的技术包括静态路由和动态路由这两种模式。

静态路由模式是指定位服务器之间以及定位服务器和软交换设备之间的路由信息采用

静态配置。由于软交换设备和定位服务器一般都有静态 IP 地址，因此可在定位服务器和软交换设备中保存用户号码与定位服务器/软交换设备 IP 地址之间的对应关系。静态路由的优点是简单、成熟，但增加或删除一个节点的数据会牵涉到大量的数据修改，并且这些数据往往需要手动修改，不利于数据的一致性，且无法实现大部分策略路由，不够灵活。

针对静态路由存在的问题，业界近年来开始探索定位服务器的动态路由方式。目前提到的比较多的动态路由技术是 TRIP 协议和策略路由。TRIP 协议既可用于定位服务器之间，也可用于软交换设备和定位服务器之间，它可以保证 IP 网上的路由数据一致，并实现路由信息自动更新。广义地说，策略路由也是一种动态路由，运营商可通过制定不同时间段、话务比例、安全级别等基于策略的路由数据，使软交换网络的路由更高效灵活。定位服务器采用动态路由方式的优点是路由数据修改灵活、方便，但设备实现复杂。

4. 软交换的不同组网结构的比较

在考虑软交换网络控制层面组网时，值得关注的是运营的管理模式问题，因为该问题将影响到网络的组织结构。目前，我国所有的运营商都是采用分级方式对其网络进行管理，即根据目前的行政区域范围，对各自的网络进行二级或三级管理模式，并针对这类管理模式建立了相应的维护体系。在为运营商考虑组网问题时，首先需要考虑的就是这个问题。这也是运营商对分级网络更为关注的原因之一，因此，当软交换网络规模不大时，可先采用平面式结构，这种结构简单明了，即使网络发展到一定规模，也很容易向分层网络结构过渡。至于网络发展到一定规模时，是采用基于软交换设备的分层网络结构，还是采用基于定位服务器的分层网络结构，尚需进一步分析探讨。

基于软交换设备以及基于定位服务器的分层网络结构都可以较好地解决组建软交换大网时的路由数据庞大、复杂和难以维护管理等问题，并可以保证软交换网络结构的安全，网络结构的层次划分也可以很好地与运营商现有的行政管理结构匹配。

基于软交换设备的分层网络结构与基于定位服务器的分层网络结构在进行域间路由时存在较大不同。基于软交换设备的层次化路由结构根据呼叫信令进行逐跳路由，中间每个软交换设备都需要对呼叫信令进行处理。这种结构延续了 PSTN 做法，技术成熟，但呼叫信令多级处理带来了较大的呼叫时延，且无成本优势。基于定位服务器的层次化路由结构则通过起始软交换结构设备查询定位服务器，得到目的软交换设备地址，然后直接在起始和目的软交换设备之间传递并处理呼叫信令。相对基于软交换设备的分层网络结构来说，基于定位服务器的分层网络结构的呼叫处理的效率得到提升，但该技术还不太成熟，如定位服务器对外接口协议、设置方式、遍历模式等还有待进一步研究。

基于定位服务器的分层网络结构，在定位服务器之间采用 IP 网上的电话路由协议，可动态地在各定位服务器之间实现路由信息的广播与同步。因此，在网络结构与状态发生变化时，并不需要人工进行网络数据的配置，非常适合网络节点和路由多的网络。但由于动态路由在网络实现中的不可控性，给日常管理和维护带来了一定的难度。而基于软交换设备的分层网络结构（静态），是根据预先设定好的路由数据对呼叫连接进行选路，因此在网络结构和状态发生变化时，需要人工进行网络数据的配置，故适合网络节点和路由少的网络。

软交换网络的用户如果采用 E.164 号码进行编号，用户在发起呼叫时也要使用 E.164 号码选路。根据 PSTN 电话网的运营经验，网络的路由数量是有限的。考虑到软交换网络要继承 PSTN 的电话业务和运营商运营原有 PSTN 的经验，采用静态软交换分层网络结构，应该是比较好的选择。但如果软交换网络不仅要继承 PSTN 电话业务，而且将涵盖下一代网络的一部分业务时，用户的编号将可能同时采用 E.164 号码以及 URI 地址，网络路由的数量将特别大，如果继续采用在软交换设备上静态配这些路由数据，将占用软交换的很大开销。而基于定位服务器的分层网络结构，则是把选路的功能从软交换中独立出来，放到定位服务器上，从而能很好地发挥每个物理实体各自负责的主要功能。

5. 软交换网络中终端的编号

软交换系统可接入的终端包括固定电话终端、移动电话终端、SIP 终端和多媒体终端。为了使这些终端之间，以及与现有网络终端之间能够进行通信，需要给这些终端分配一个号码。

1）普通用户号码

软交换普通用户的编号一般采用 E.164 局号方式，号码结构与普通电话号码相同，即本地号码为"PQR(S)ABCD"，长途号码为"0＋长途区号＋本地号码"。

在这个方案中，各种终端，不论是固定终端、移动终端还是各种 IP 终端，均分配相应的局号，而局号的分配是由各本地网来分配的。由于各本地网的号码资源情况不同，故可分别采用以"P"位为首的号码，也可采用以"PQ"位为首的号码。

2）SIP 用户的编号

SIP 用户既可以采用 E.164 局号方式的普通电话号码，即本地网号码为"PQR(S)ABCD"，也可以采用统一资源标识（URI）方式的号码作为集团用户、商业用户的补充编号。

SIP 用户的 URI 号码编号方式为：用户名@域名。例如，wang_123@example.com.cn。

SIP 用户的 URI 编号和电子邮件用户编号方法相同。为了区别它们，应该写成"SIP：wang_123@example.com.cn"和"mailto：wang_123@example.com.cn"，这样就可以知道用户给出的是 SIP 地址还是电子邮件地址。在实践使用中，用户往往会用某个电子邮件地址作为 SIP 用户名在 SIP 服务器中注册。如在微软的 MSN Messanger 服务（采用 SIP 技术）中，用户就是用已有的微软网络电子邮件地址（@hotmail.com 或@msn.com）作为用户名。这样就方便了用户对其电话号码的管理，也有助于话音、即时消息、邮件等各类通信方式的融合。

3）E.164 编号和 URI 编号间的转换

在软交换中，固定电话终端、移动电话终端、SIP 终端和多媒体终端之间是可以互通的。这就需要完成 E.164 编号和 URI 编号间的转换，这种转换是由 ENUM 技术完成的。ENUM 是 IETF 的电话号码映射工作组定义的一个 RFC 建议，目前的编号是 RFC3761，题目为"E.164 号码和域名系统"。它定义了将 E.164 号码转换为域名形式存放在 DNS 服务器数据库中的方法。每个由 E.164 号码转化而成的域名可以对应一系列的统一资源标识（URI），从而使国际统一的 E.164 电话号码成为可以在互联网中使用的网络地址资源。在 DNS 服务器中存放的 E.164 号码就成为 ENUM.164 号码。

ENUM 可将 ENUM.164 号码转换成各种 URI 记录，如果每人都拥有一个 ENUM.164 号码，那么通过此号码就可以寻找到该用户的各种联系方式，并且用户还可以自由定制各种通信手段的优先级。在软交换中应用 ENUM，一方面可以解决 PSTN 与

IP 网的统一路由，另一方面还可以解决号码可携问题。此外，还可以提供集话音、数据、图像于一体的套餐业务，如统一消息等。当用户终端设备发起呼叫时，由软交换设备为用户拨打的 E. 164 号码进行解析，得到被叫终端的 IP 地址后，在主/被叫终端之间建立连接，实现用户通信的业务流在主/被叫终端之间传送的目的。

利用 ENUM 技术，可以实现通过 E. 164 号码查找用户的电子邮件、IP 电话号码、统一消息、IP 传真或个人网页等多种消息的目标。E. 164 号码是在传统电信网中使用的重要资源，DNS 系统是互联网的重要基础，ENUM 技术将两者结合起来，有益于传统电信服务向基于 IP 分组交换的方向发展，ENUM 对促进两网最终融合具有重要意义的技术。

6. 软交换组网相关技术问题

1) IP 地址分配

各类软交换服务器和网关一般需要分配固定的公开 IP 地址，以便通过宽带 IP 网络把它们连接起来，实现分布式的业务控制和处理环境，为用户和终端提供开放的业务。有时为了安全，可以把一些软交换设备集中在一起，放在防火墙后面。此时防火墙后面的设备间的内部接口可以使用私有 IP 地址。

用户终端 IP 地址的分配可以采用固定或动态分配两种方式。

对于 IAD 下挂接的终端，一般分配公开的 IP 地址。如果 IAD 端口数量较多，可以采用固定分配的方式；如果 IAD 端口数量较少，可以采用动态分配的方式，以便在多个 IAD 之间共享 IP 地址，避免过小的 IP 子网造成的 IP 地址浪费。

当 SIP 终端等直接挂接在宽带 IP 网络上时，一般采用动态分配公开 IP 地址的方式。如果 SIP 终端位于一个子网内部，SIP 终端往往只有私有 IP 地址，需要在接入网关上使用网络地址转换(NAT)技术访问宽带 IP 网络，此时需要网关支持 SIP 对 NAT 的穿越。

2) NAT 穿越

很多边缘接入网络使用 NAT 网关访问主干网络，NAT 技术起到了网络层的屏蔽作用，保护了边缘网络的安全。位于边缘网络内部的 SIP 智能终端等设备，在边缘网络中使用私有地址，当它们访问软交换网络上其他设备时，需通过 NAT 进行公、私有地址之间的转换，以使 IP 分组能够在公用宽带 IP 网络上传输。但是由于普通 NAT 只能识别、修改 UDP 或 TCP 报文头部地址信息以实现内、外地址的转换(这是一种传输层网关)，对于作为 UDP 或 TCP 报文内容的 SIP 等协议中地址信息则无法识别、修改。因此软交换网络中的信令 SIP 和 H. 323 等将无法穿过传统的 NAT 网关。

一种解决方法是采用支持 SIP 的应用层网关(ALG)防火墙，使得 NAT 可以分析 SIP，在转换时可以像处理 IP 分组头那样转换 SIP 协议中内嵌的相应地址信息字段。但是，这种方案需要对网络上众多 NAT 设备进行升级，具体实施困难。如何使 SIP 和 H. 323 能穿越 NAT 网关，同时又不降低边缘网络的安全性，目前尚无标准的解决方案。

3) 安全性问题

软交换网络除了具有 IP 网络一般的安全性问题外，还有其特定的安全问题。

(1) SIP 安全性问题。SIP 自身的安全性也很脆弱。在默认的情况下，SIP 消息是用明文传送的，故可被截获和篡改。当然 SIP 中也有安全选项，SIP 消息也可以使用其他安全传输协议，但是目前还没有 SIP 安全机制协商方法，网络中的黑客有可能迫使通信双方使用低级别的安全特性，从而降低攻击的难度。

（2）实施传输协议(RTP)安全性问题。在 NGN 中多媒体业务将使用 RTP 协议进行传输。RTP 也是容易被攻击的，如源地址和目的地址就容易被篡改。曾经有人提出过临时加密方案，但是必须依赖于将来的低层安全协议。RTP 的安全性问题目前还没有明确的解决标准。

（3）代码和脚本攻击。软交换机、媒体网关、应用服务器等网络控制部件，容易受到可执行代码和脚本的攻击。这些代码可以用来操纵用户的定制信息、网络控制数据，或者传播其他类型的攻击，如 DoS(拒绝服务)攻击。网络的可扩展性和软件更新特性也带来了潜在的威胁，用可扩展标记语言 XML 写的脚本可以被黑客用来发动攻击，这在智能终端越来越多的情况下，更加严重，因为这些终端可能被黑客俘获，成为攻击源。目前 IETF 的媒体网关控制标准工作组正在对这些问题进行研究。

对于安全性问题，解决的思路是加强网络管理，强化业务使用时的注册、鉴权、加密。可以采用以下措施来保障安全性。

① 加强用户接入的安全认证和信息加密措施。

② 为了防范黑客的攻击，可在各个层面设置防火墙和入侵检测系统，保护应用服务器、软交换服务器、媒体网关、接入网络的安全。

③ 采用各种网络隔离措施，可消除 IP 遍在性带来的安全性问题。

a. 采用 NAT 技术，隔离边缘网络与核心 IP 网络，保护边缘网络的安全。

b. 采用 VPN 技术连接软交换终端、媒体网关、软交换服务器、应用服务器，使它们与 IP 网上普通 Web 网络等隔离，避免遭受大量常规 IP 黑客攻击。

c. 在一个边缘网络内部，采用虚拟局域网(VLAN)技术，隔离数据业务、IP 电话话音业务，避免 IP 电话用户密码被盗窃，话音媒体流等被窃听。

上述这些措施，虽然是常规互联网安全措施的具体应用，但须根据 NGN 的需要进行改进。例如，需要对传统的 NAT、防火墙、入侵检测技术进行改进和扩展，提升它们的性能，以解决 SIP、RTP、XML 等安全性问题。

 # 习 题

一、填空题

1. 传统网络是基于_____，以_____为主；下一代网络是基于_____，以_____为主。

2. 下一代网络的主要特征之一是_____与_____分离，_____与_____分离。

3. 软交换系统采用分层的体系结构，其结构包括_____、_____、_____和_____。

二、选择题

1. NGN 是一个定义极其松散的术语，泛指一个大量采用新技术，以(   )技术为核心，同时可以支持语音、数据和多媒体业务的融合网络。

A. IP   B. TDM   C. ATM   D. ISDN

2. 在( )中，向用户提供的每一项业务都与交换机直接有关，业务应用和呼叫控制都由交换机来完成。

A. 软交换网　　　　B. 智能网　　　　　　C. 电路交换网

3. 在软交换网络中，提供基本呼叫控制功能的是( )。

A. 媒体网关　　　B. 媒体服务器　　　　C. 媒体网关控制器　　D. 信令网关

三、问答题

1. 简述软交换技术的主要特点。

2. 简述软交换系统的组成和各部分的主要功能。

3. 简述软交换网络组网方式及其特点。

4. 为什么 SIP 无法穿越普通 NAT 网关？

第7章 信令与协议

信令与协议是通信网络的控制系统，任何一种交换技术的实现都离不开信令或协议的支持。信令通常应用于电话通信网中，而协议主要出现在数据通信网络中。本章在介绍信令与协议的基本功能的基础上，对目前通信网络应用到的信令与协议进行了介绍，重点对目前常用的 No.7 信令进行了介绍。

■ 教学目标

> 了解并掌握信令与协议的基本概念；
> 掌握随路信令的分类、工作原理及特点；
> 掌握 No.7 信令系统功能结构划分及信令格式；
> 了解 No.7 信令系统各功能级的基本概念及工作原理；
> 掌握 No.7 信令网组成、结构及维护、管理的基本功能；
> 掌握 ATM 信令的功能、结构；
> 了解 UNI、NNI 信令的基本概念及工作原理；
> 掌握 X.25、帧中继协议的功能、结构及工作特点；
> 掌握软交换相关协议的功能结构及基本作用。

■ 教学要求

知识要点	能力要求	相关知识
信令与协议的作用	掌握信令与协议对交换的控制作用	信息交换过程
信令与协议的组成	(1) 掌握信令的组成及其分类 (2) 掌握协议的组成及其功能	
随路信令系统	(1) 掌握线路信令的分类及其工作过程 (2) 掌握记发器信令的分类及其工作过程	PCM 的帧结构
No.7 信令系统	(1) 掌握 No.7 信令的结构划分及信令单元格式 (2) 了解 No.7 信令系统各个功能级的作用 (3) 掌握 No.7 信令网的组成及结构	层次化结构、差错控制
ATM 信令	(1) 掌握 ATM 信令的基本概念 (2) 掌握 ATM 信令的功能及结构 (3) 了解 ATM 信令的工作原理	连接方式
数据网络协议	(1) 掌握 X.25 协议的组成、结构及功能 (2) 掌握帧中继的组成、结构及功能	
软交换网络协议 IP 电话协议	(1) 掌握 IP 电话协议的组成、结构和功能 (2) 掌握媒体网关控制协议的组成、结构和功能 (3) 了解信令网关协议及软交换互通协议的基本概念	

推荐阅读资料

1．陈锡生，糜正琨．现代电信交换[M]．北京邮电大学出版社，1999．

2．郑少仁，罗国明，等．现代交换原理和技术[M]．电子工业出版社，2006．

3．茅正冲，姚军．现代交换技术[M]．北京大学出版社，2006．

4．张尧学，郭国强，王晓春，赵艳标．计算机网络与Internet教程[M]．清华大学出版社，2006．

5．赵强，张成文，等．基于软交换的NGN技术与应用开发实例[M]．人民邮电出版社，2009．

6．唐雄燕，庞韶敏．软交换网络[M]．电子工业出版社，2005．

 基本概念

信令：是在电信网的两个实体之间，传输专门为建立和控制接续的信息。

协议：数据通信中各个节点之间都必须遵守一些事先约定好的规则。

随路信令：是信令和用户信息在同一通路上传送的信令。

公共信道信令：其信令通路和用户信息通路是分离的，信令是在专用的信令通道上传送的。

信令网：在电信网的交换节点间，采用共路信令，由信令终端设备和共路信令链路组成的网络。

引例：信令系统的发展

信令系统的发展是随着电话交换网的发展而发展的。原CCITT在电话通信网中建议的信令系统有如下几种。

CCITT 1号信令系统是在国际人工业务中使用的500Hz/20Hz信令系统。

CCITT 2号信令系统是用于国际半自动业务，允许二线电路的600Hz/750Hz音频系统。但这个系统在国际业务中从未使用过。

CCITT 3号信令系统是应用有限的2280Hz单音频系统，它只在欧洲和其他几个地方得到有限的使用，新的国际电路都不使用此系统。

CCITT 4号信令系统是双音频(2040Hz＋2400Hz)组合脉冲方式。它是带内信令，是以端到端方式传送的模拟信令，这个系统没有分开的记发器信令。

CCITT 5号信令系统是CCITT于1964年建议的一种模拟式信令系统。它具有分开的线路信令和记发器信令。线路信令是双音频(2400Hz＋2600Hz)、带内的、组合频率和单一频率的连续信令。并且是逐段转发的。记发器信令是6中取2的多频信令，也是逐段转发的。并且只有前向信令没有后向信令。这个系统适合于3000Hz和4000Hz话路带宽的海底电缆、陆上电缆、微波和卫星电路。

以上的信令系统均为随路信令系统，其特点是信令链路与话音链路相同。

CCITT 6号信令系统是一种模拟型公共信道信令系统，后来为了适合数字网的需要，补充了一些数字形式，但仍不能全部满足ISDN的要求

CCITT 7号信令系统是适合通信网最新发展的系统，它有一系列优点和发展前途。将在本章后面专门介绍No.7信令系统。

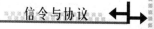

6、7号信令系统是公共信道信令系统，其特点是信令的传输采用专用通道，与话音通道相互独立。

除此之外，还有两种信令系统得到很好的使用。

CCITT R1信令系统实质上是美国的贝尔系统的R1记发器信令和SF线路信令的结合。它是模拟系统，但可以用于模拟和数字两种通信网。

CCITT R2信令系统为欧洲采用的CEPT的R2记发器信令和带外新路信令的结合。线路信令包括模拟和数字两种。记发器信令分为前向信令和后向信令两种，均为6中取2频率。R2系统应用范围很广，中国一号信令中的记发器信令就是从R2记发器信令继承过来的，只不过后向信令采用了4中取2频率而已。

另外，欧洲一些国家还采用了自己的信令系统。

7.1 概　述

任何通信网络都离不开控制系统，控制系统负责完成交换系统中各部分之间信息准确地传送与交换，是实现任意两个用户之间可靠通信的重要保障。信令系统和通信协议是通信网络控制系统的主要组成部分，它可以指导终端、交换系统及传输系统协同运行，在指定的终端之间建立临时的通信信道，并维护网络本身正常运行，是通信网必不可少、非常重要的组成部分。

7.1.1 信令与协议的作用

信令与协议是通信过程中所采用的一种"通信语言"，用于协调、控制通信过程中各种终端、设备之间的动作，以达到相互之间传递信息的目的。从宽泛的角度来说，也是协议的一种，它主要是指在电路交换系统中传输的控制指令。但这一概念也被引用到其他通信系统中。从控制通信这个角度来看，两者又有着相同的特点。下面就信令及协议的控制功能进行简要的描述。

1. 信令电话通信中的作用

信令是在电信网的两个实体之间，传输专门为建立和控制接续的信息。图7.1所表示的是电话网中两个用户终端通过两个端局进行电话呼叫的基本信令流程，它描述的是在一个完整的呼叫过程中经简化的信令交互过程。

为简化讨论，图7.1中A、B两交换机之间直接通过中继线连接，不经过汇接局和长途局，而一般情况下长途呼叫通常需要本地汇接局汇接至长途局，经长途网接续。下面对图7.1的呼叫过程做简要说明。

首先，主叫用户摘机，发出一个"摘机"信令，表示要发起一个呼叫，发端交换机扫描检测主叫用户状态，收到主叫用户的摘机信令后，经分析允许它发起这个呼叫，则向主叫用户送拨号音，该"拨号音"信令告知主叫用户可以开始拨号了。主叫用户听到拨号音后，开始拨号，发出"拨号"信令，将被叫号码送到发端交换机，即告知发端交换机此次接续的目的终端。

发端交换机根据被叫号码进行号码分析，确定被叫所在的交换局，然后在发端交换机与终端交换机之间选择一条空闲的中继电路，向终端交换机发送"占用"信令，发起局间呼叫并告知终端交换机所占中继电路。接着向终端交换机发送"被叫号码"信令，以供终端交换机选择被叫。

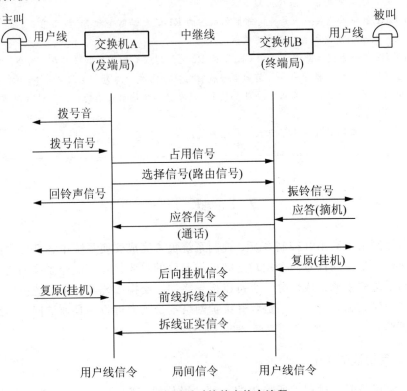

图7.1　电话呼叫的基本信令流程

终端交换机根据被叫号码寻找被叫，向被叫送"振铃"信令，催促被叫摘机应答，向主叫送"回铃音"信令，以告知主叫用户已找到被叫，正在叫出。

被叫用户听到振铃后摘机，被叫用户送出一个"摘机"信令，终端交换机收到被叫"摘机"信令，停振铃，向发端交换机发送"被叫应答"信令；发端交换机收到"被叫应答"信令后，停止向主叫送回铃音，接通话路，主、被叫双方进入通话阶段。

若在通话阶段被叫用户先挂机，发出"挂机"信令，要求结束通话。终端交换机收到该信令则向发端交换机发送"被叫挂机"信令，通知发端交换机被叫已经挂机。发端交换机收到该信令则向主叫用户送"忙音"信令，催促主叫挂机，并向终端交换机发送"释放"信令，告知通话结束，要求释放资源。主叫用户听到忙音，则挂机，结束通话。终端交换机收到释放信令后，拆除话路，释放资源，回复"释放证实"信令，表示收到释放信令，释放了资源，通话结束。若是主叫用户先挂机，则发端交换机向终端交换机发送"释放"信令，告知通话结束，要求释放资源。终端交换机收到释放信令后，向被叫发送"忙音"信令，拆除话路，释放资源，回复"释放证实"信令，被叫用户听到忙音，则挂机，通话结束。

2. 协议在数据通信中的作用

在数据通信中，协议所起的作用与信令在电话通信中的作用类似。电话通信采用的是面向连接的服务模式，当通信双方采用面向连接的连接方式，通常采用 TCP 协议作为传输层协议。图 7.2 是基于 TCP 协议的数据通信时信道的建立与拆除过程。

TCP 在创建一个链接时，首先为该链接分配一个序列号，这个序列号称为初始序列号。开始建立链接时，双方都发送自己的初始序列号，并且将收到的初始序列号作为自己的接收序列号，然后向对方发送确认。这个过程共分为 3 步，如图 7.2(a)所示。

(1) A→B   SYN A 的初始序列号为 X。

(2) B→A   ACK A 的初始序列号为 X；

　　　　　　SYN B 的初始序列号为 Y。

(3) A→B   ACK A 的初始序列号为 Y。

通常情况下，链接的建立由一方发起，而另一方响应。

TCP 协议拆除一个已经建立的链接经历 4 个步骤，如图 7.2(b)所示。

(1) A→B 发出拆除 A→B 方向链接请求。

(2) B→A 对拆除 B→A 方向链接给出响应。

(3) B→A 发出拆除 B→A 向链接请求。

(4) A→B 对拆除 A→B 方向链接给出响应。

经过上述 4 个步骤，A、B 之间基于 TCP 协议的链接被拆除掉。

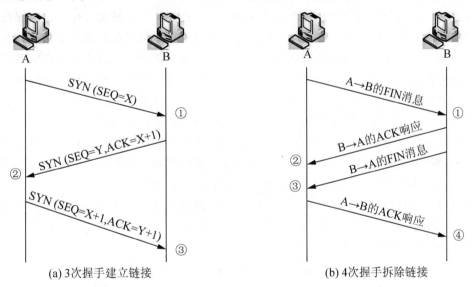

(a) 3次握手建立链接　　　　　　　　　　(b) 4次握手拆除链接

图 7.2　TCP 协议建立和拆除过程

7.1.2　信令的分类及信令方式（随路信令、 共路信令）

1. 信令分类

1) 用户信令和局间信令

按照信令的工作区域来划分，可将信令分为用户信令和局间信令，如图 7.1 所示。

(1) 用户信令。用户信令是在用户终端和交换节点之间的用户线上传送的信令，即 UNI 信令。主要有用户线状态信令、地址信令和各种音信令。用户线的状态信令是反映用户线忙闲状态的信令，也就是用户线的监视信令，如用户线上的摘、挂机信令。用户线的地址信令也就是通信的目的地址,用于选择路由、接续被叫,也就是用户线的路由信令。如用户所拨的被叫号码。用户线的地址信令有两种方式:一种是直流脉冲(PULSE)方式,另一种是双音多频(DTMF)方式。在5.2节已详细介绍了这两种信号方式。用户线的音信令是业务节点通过用户线向通信终端发送的各种音信号和铃流,以提示或通知终端采取相应的动作,如交换机向用户发送的振铃和拨号音、忙音、回铃音等各种音信令。

(2)局间信令。局间信令是通信网中各个交换节点之间传送的信令,即NNI信令。它在局间中继线上传送,主要有与呼叫相关的监视信令、路由信令和与呼叫无关的管理信令,用来控制通信网中各种通信接续的建立和释放,以及传递与通信网管理和维护相关的信息。

2)随路信令和公共信道信令

按照信令传送通路与用户信息传送通路的关系,可将信令分为随路信令(CAS,Channel Associated Signaling)和公共信道信令(CCS,Common Channel Signaling),也叫共路信令。

(1)随路信令。随路信令是信令和用户信息在同一通路上传送的信令,如图7.3所示,交换系统A和交换系统B之间没有专用的信令通道来传送两点之间的信令,信令是在所对应的用户信息通路上传送的。在通信接续建立时,用户信息通路是空闲的,没有信息要传送,因而可用于传送与接续相关的信令。

随路信令的传送通路与用户信息的传送通路具有相关性,这种相关性不仅体现在上面所讲的共用通路传送信令和用户信息,还表现在信令通道与用户信息通道之间存在着某种一一对应的关系。随路信令所具有的两个基本特征:①共路性——信令和用户信息在同一通信信道上传送;②相关性——信令通道与用户信息通道在时间位置上具有相关性。

与公共信道信令相比,随路信令的传送速度慢,信令容量小,传递与呼叫无关的信令能力有限,不便于信令功能的扩展,支持通信网中新业务的能力较差。

(2)公共信道信令。公共信道信令的信令通路和用户信息通路是分离的,信令是在专用的信令通道上传送的。图7.4是公共信道信令系统示意图。在图中,交换系统A和交换系统B之间设有专用的信令通道来传送两点之间的信令,而用户信息,如话音,是在交换系统A和B之间的话路上传送的,信令通道与话路相分离。在通信连接建立和拆除时,A、B交换系统通过信令通道传送连接建立和拆除的控制信令;在信息传送阶段,交换系统则在预先选好的空闲话路上传送用户信息。

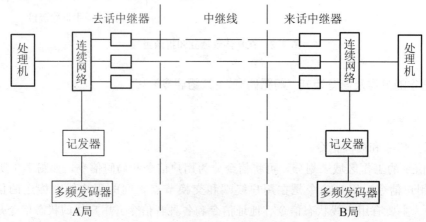

图7.3 随路信令系统示意图

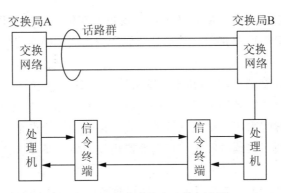

图 7.4 公共信道信令系统示意图

公共信道信令的信令通道与用户信息通道之间不具有时间位置的关联性，彼此相互独立。例如，一条 PCM 上的 30 路话路的控制信令通道可能根本就不在这条 PCM 上。可以总结出公共信道信令所具有的两个基本特征：分离性——信令和用户信息在各自的通信信道上传送；独立性——信令通道与用户信息通道之间不具有时间位置的关联性，彼此相互独立。

No.7 信令是公共信道信令。公共信道信令的传送速度快、信令容量大、可传递大量与呼叫无关的信令，便于信令功能的扩展，便于开发新业务，可适应现代通信网的发展。

2. 信令方式

信令方式包括信令的结构形式，信令在多段路由上的传送方式以及信令传送过程中的控制方式。我们通常所说的信令系统就是指为实现某种信令方式所必须具有的全部硬件和软件系统的总和。

1）结构形式

信令的结构形式是指信令所能传递信息的表现形式，它一般可分为未编码和编码两种结构形式。

（1）未编码信令。未编码信令可按脉冲幅度的不同、脉冲持续时间不同、脉冲在时间轴上的位置、脉冲频率的不同、脉冲的数量等来表达不同的信息含义。如用户在脉冲方式（Pulse）下所拨的号码是以脉冲个数来表示 0～9 个数字的，而拨号音、忙音、回铃音是由相同频率的脉冲采用不同的时间结构（脉冲断续时间不同）而形成的。未编码信令的特点是：信息量少，传送速度慢、设备复杂。

（2）编码信令。编码信令有 3 种：起止式单频二进制信令、双频二进制编码信令、多频制信令。其中使用最多的是多频制信令，6 中取 2 是典型的多频信令，设置 6 个频率，每次取出两个同时发出，表示一种信令，共表示 15 种信令。各编码信令的含义及用法将在 7.2 节中详细介绍。编码信令的特点是：编码丰富、传送速度快、可靠性高、有自检能力。

2）传送方式

信令在多段路由上的传送方式有 3 种：端到端方式、逐段转发方式和混合方式。

（1）端到端方式。图 7.5 是一个本地网不同汇接局之间通话的信令传送示例，汇接局

A 为主叫用户所在的汇接局，汇接局 B 为被叫用户所在的汇接局，PQRSABCD 是此次通话的被叫号码，其中 PQRS 是局号。发端局收到用户所拨的被叫号码后，将 PQRS 发给汇接局 A 进行选路，并将话路接续到该汇接局；汇接局 A 依据 PQRS 选路到汇接局 B，将话路接续到该汇接局，发端局将 PQRS 再发给汇接局 B 进行选路；汇接局 B 依据 PQRS 选路到终端局，将话路接续到终端局，发端局将 ABCD 发给终端局以建立端到端的话路连接。整个信令传送的过程采用的是端到端的方式。该方式的特点是：对线路传输质量要求较高，信令传送速度快、接续时间短、记发器使用效率高，但要求在多段路由上所传送的信令是同一类型的。

（2）逐段转发方式。如图 7.6 所示，发端局收到用户所拨的被叫号码后，将全部被叫号码发给汇接局 A 进行选路，并将话路接续到该汇接局；汇接局 A 选路到汇接局 B，将话路接续到该汇接局，并将全部被叫号码发给汇接局 B；汇接局 B 选路到终端局，将话路接续到终端局，并将全部号码发给终端局。整个信令传送的过程采用的是逐段转发的方式。该方式的特点是对线路传输质量要求不高，信令传送速度慢，话路接续时间长，记发器使用效率低，在多段路由上传送信令的类型可以不同。

（3）混合方式。混合方式就是在信令传送时既采用端到端方式又采用逐段转发方式。混合方式的特点是：可根据电路的情况灵活采用不同的控制方式，以达到信令传送既快速又可靠的目的。比如中国一号信令的 MFC 信令传送方式采用的原则一般是：信令在优质电路上传送采用端到端的方式，在劣质电路上传送采用逐段转发的方式。No.7 信令的传送一般采用逐段转发的方式，在某些情况下也支持端到端的方式。

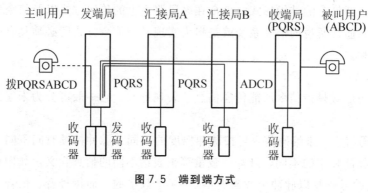

图 7.5　端到端方式

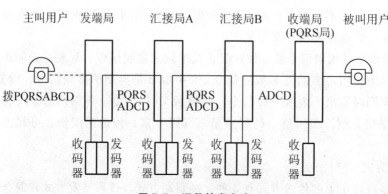

图 7.6　逐段转发方式

3）控制方式

控制信令传送的方式有 3 种：非互控方式、半互控方式和全互控方式。

（1）非互控方式。如图 7.7(a)所示，非互控方式即发送端不断地将需要发送的信令发向收端，而不管收端是否收到。很明显采用这种控制方式的信令系统，其信令发送的控制设备简单，信令传送速度快，但信令传送的可靠性不高。No.7 信令采用非互控方式来传送信令，以求信令快速地传送，并采取有效的可靠性保证机制，以克服可靠性不高的缺点。

（2）半互控方式。如图 7.7(b)所示，发端向收端每发一个信令，必须等到接收端返回的证实信令或响应信令后，才能接着发下一个信令，也就是说发送端发送信令受到接收端的控制。采用这种控制方式的信令系统，其信令发送的控制设备相对简单，信令传送速度较快，信令传送的可靠性有保证。

（3）全互控方式。如图 7.7(c)所示，全互控方式是指信令在发送过程中，发送端发送信令受到接收端的控制，接收端发送信令也要受到发送端的控制。采用这种方式的信令发送过程按照以下 5 个节拍进行：①发端局发前向信令；②终端局收到前向信令后发后向信令；③发端局收到后向信令后停发前向信令；④终端局检测到停发前向信令后停发后向信令；⑤发端局检测到停发后向信令后发下一个前向信令。

全互控方式的特点是抗干扰能力强、信令传送可靠性高，但信令收发设备复杂、信令传送速度慢。

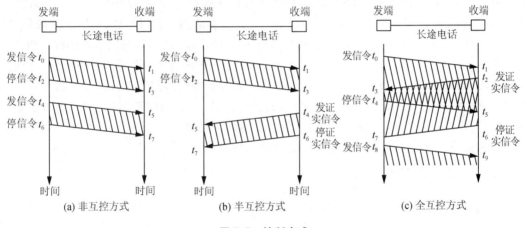

图 7.7 控制方式

7.1.3 协议的组成及功能

数据通信中各个节点之间要不断地交换数据和控制信息，要做到节点间有序、正确地交换数据，每个节点都必须遵守一些事先约定好的规则，这些规则称为协议。协议可以精确地规定所交换数据的格式和时序。一个好的协议主要由 3 部分组成。

（1）语法：即用户数据与控制信息的结构及格式。

（2）语义：即需要发出何种控制信息，以及完成的动作和做出的响应。

（3）时序：即对事件实现顺序的详细说明。

协议从语法和语义上严格规定了数据交换的时序、规则以及相关的过程。否则，将造成协议功能和用户所要求的服务不一致。

协议提供的功能包括连接管理、通信方式管理、协议数据包的发送和接收以及装配和拆卸以及数据包的编码和解码、分解和组合、流量控制、拥塞控制、发送顺序控制、发送速度控制、差错控制等。

7.2 随路信令系统

早期的信令系统都是随路信令系统，信令通道与话音通道共路。这种方式在早期的电话网中具有简单、易实现等特点。它包括线路信令和记发器信令两部分。

7.2.1 线路信令

线路信令的结构形式分为模拟型线路信令和数字型线路信令。模拟型线路信令用于局间模拟线路，目前通信网中局间模拟线路已不存在，这里我们以中国一号信令系统中的数字型线路信令为例来介绍数字型线路信令。

当局间中继采用数字 PCM 传输线时，则应采用数字型线路信令，它是在局间 PCM 中继系统的 TS16 中传送的，该信令虽然不在话路中传送，但是信令传送通道与话路之间存在着时间位置上的一一对应关系，这种对应关系如图 7.8 所示。

在 30/32 路 PCM 的帧结构中，16 个帧构成 1 个复帧，这 16 个帧记做 F0～F15，每个帧有 32 个时隙，记做 TS0～TS31，每个时隙为 8bit 编码。在这 32 个时隙中，TS0 用于帧同步和帧失步告警，TS1～TS15、TS17～TS31 为话路，F0 的 TS16 用于复帧同步，F1～F15 的 TS16 用来传送 30 个话路的线路信令。如图 7.8 所示，每路话路的线路信令占用 4 个 bit，F1～F15 的 TS16 的高 4 个比特用来传送 TS1～TS15 话路的线路信令，而低 4 个比特用来传送 TS17～TS31 话路的线路信令。每路话路的线路信令分为前向信令和后向信令，前向信令为 a_f、b_f、c_f，后向信令为 a_b、b_b、c_b，分别对应于图 7.8 中 TS16 的信令编码 a、b、c(只用 3 位，d 保留不用)，各信令编码含义如下。

前向信令为 a_f，表示发话交换局状态的前向信令。

$a_f＝0$，主叫摘机(占用)状态；

$a_f＝1$，主叫挂机(拆线)状态。

前向信令为 b_f，表示故障状态的前向信令。

$b_f＝0$，表示正常状态；

$b_f＝1$，表示故障状态。

前向信令为 c_f，表示话务员再振铃或强拆信令。

$c_f＝0$，表示话务员再振铃或强拆；

$c_f＝1$，表示话务员未进行再振铃或强拆。

后向信令为 a_b，表示被叫用户摘挂机状态的后向信令。

$a_b＝0$，表示被叫用户摘机状态；

$a_b＝1$，表示被叫用户挂机(后向拆线)状态。

后向信令为 b_b，表示受话局状态的后向信令。

$b_b＝0$，表示示闲状态；

$b_b＝1$，表示占线或闭塞状态。

后向信令为 c_b，表示话务员回振铃的后向信令。

$c_b=0$，表示话务员进行回振铃操作；

$c_b=1$，表示话务员未进行回振铃操作。

数字型线路信令共有 13 种标志方式，即 DL(1)～DL(13)，用于表示接续状态编码。具体编码请查阅相关资料。

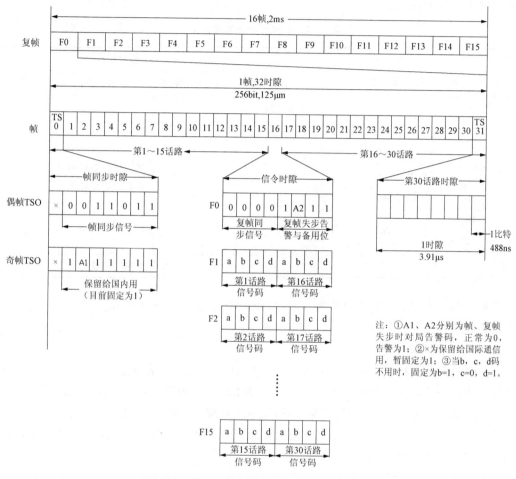

图 7.8 30/32 路 PCM 中的数字型线路信令

7.2.2 记发器信令

本节以多频互控信令(MFC)为例来简要地介绍记发器的信令编码方式、信令种类、信令含义及作用、发送顺序。

1. 信令编码方式

模拟 MFC 信令的前向信令采用 6 中取 2，频率从 1380Hz 到 1980Hz，频差 120Hz；后向信令采用 4 中取 2，频率从 780Hz 到 1142Hz，频差 120Hz。前向信令有 15 种，后向信令有 6 种。模拟 MFC 信令用于局间模拟线路，目前通信网中局间模拟线路已不存在，在数字线路中传送的为数字 MFC 编码。

2. 信令种类

为了增加信令容量，前向信令分为前向Ⅰ组和前向Ⅱ组信令，后向信令分为后向A组和后向B组。其中前向Ⅰ组又分为4种信令：KA信令、KC信令、KE信令、数字信令，前向Ⅱ组又称为KD信令。各种信令的基本含义见表7-1，前向Ⅰ组和后向A组，前向Ⅱ组和后向B组构成两组互控信令。

表7-1 各种信令的基本含义

前向信令				后向信令			
组别	名称	基本含义	容量	组别	名称	基本含义	容量
Ⅰ	KA	主叫用户类别	10(步进制) 15(纵横制)	A	A信令	收码状态和接续状态的回控证实	6
	KC	长途接续类别	5				
	KE	长市(市内)接续类别	5				
	数字信令	数字0～9	10				
Ⅱ	KD		6	B	KB	被叫用户状态	6

这里，前向Ⅰ组和前向Ⅱ组均为6中取2的多频信令，后向A组和后向B组均为4中取2的多频信令；前向Ⅰ组中的KA、KC、KE、数字信令也均为6中取2。可以根据它们使用的时间段不同来区分。

(1) 前向Ⅰ组及其互控信令后向A组用在后向A组的A3信令之前，A3信令的含义是"被叫用户到达，转向B组信令"，A3之后即为前向Ⅱ组和它的互控信令后向B组。

(2) 如图7.9所示，KA用在发端汇接局(或市话局)至发端长话局这个时间段内，KC用在发端长话局至收端长话局，而KE用于终端长话局至市话局，或发端市话分局至发端市话汇接局，即为汇接标志。

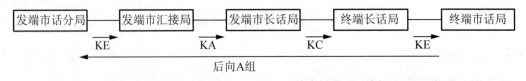

图7.9 前向Ⅰ组中KA、KC、KE的区别

3. 信令含义及作用

1) 前向Ⅰ组和后向A组

在表7-2中，KA信令在长途全自动接续时使用，是发端市话局向发端长话局所发的前向信令，以提供主叫用户类别。它包括计费种类、用户等级和通信业务类别3种原始信息。

表 7-2 前向 I 组和后向 A 组内容

KA 编码	KA 信令内容 步进制市话局 KA	KA 信令内容 纵横制、程控市话局 KA	KC 编码	KC 信令内容	KE 编码	KE 信令内容	数字信令	A 信令内容
1	普通 定期	普通 定期	11	备用	11	备用	1	A1：发下一位
2	普通 用户表，立即	普通 用户表，立即	11	备用	11	备用	2	A2：由第一位发起
3	普通 打印机，立即	普通 打印机，立即	11	备用	11	备用	2	A2：由第一位发起
4	备用	备用	12	"Z"指定号码呼叫	12	备用	3	A3：转到 B 信令
5	普通免费	普通免费	12	"Z"指定号码呼叫	12	备用	3	A3：转到 B 信令
6	备用	备用	13	"T"测试呼叫	13	"T"测试呼叫	4	A4：机键拥塞
7	备用	备用	13	"T"测试呼叫	13	"T"测试呼叫	4	A4：机键拥塞
8	备用	优先定期	13	"T"测试呼叫	13	"T"测试呼叫	4	A4：机键拥塞
9	郊话自动有权 长话自动无权	备用	14	优先	14	备用	5	A5：空号
10	长郊自动无权	优先免费	14	优先	14	备用	5	A5：空号
11	—	备用	14	优先	14	备用	6	A6：发 KA 和主叫号码
12	—	测试呼用	15	控制卫星电路段数	15	备用	6	A6：发 KA 和主叫号码
13	—	备用	15	控制卫星电路段数	15	备用	6	A6：发 KA 和主叫号码
14	—	—	15	控制卫星电路段数	15	备用	—	—
15	—	—	15	控制卫星电路段数	15	备用	—	—

KC 信令具有保证优先用户的通信质量，完成制定呼叫和其他特定接续的功能。KA 中除了有关计费的内容以外，用户等级和通信业务类别信息由发端长话局的市话记发器译成相应的 KC。即 KA 指出任务，KC 执行任务。

KE 信令只用到两种，是汇接标志。

数字信令用来表示选择信令，0~9 十位数字，数字 15 用来分隔主、被叫号码。

后向 A 信令中，A1、A2、A6 统称发码位次控制信令，控制前向信令的发码位次，A1 为请发下一位，A2 为从第一位发起，A6 为请发 KA 和主叫号码；A4、A5 为接续因故未到达被叫用户的原因分析信令，A4 为遇忙，A5 为空号；A3 为转换控制信令，比较重要，它是区分前向 I 组与前向 II 组，后向 A 组和后向 B 组的转换信令。A3 信令有互控信令和多频脉冲两种形式。

2）前向 II 组和后向 B 组

在表 7-3 中，KD 信令是发端呼叫业务类别，其作用在于根据 KD 可知是否能插入或强拆市话，或能否被插入或强拆。后向 B 信令表示被叫用户状态，它是在收到 KD 信令以后发的，KD 的作用见表 7-4。

表 7－3　前向Ⅱ组和后向 B 组内容

前向Ⅱ组信令(KD)			后向 B 组信令(KB)		
KD 编号	KD 信令内容		KB 编号	KB 信令内容	
				长途接续时或测试接续时(KD＝1、2、6)	市内接续时(KD＝3、4)
1	长途话务员 半自动呼叫	用于长途接续	1	被叫用户空闲	被叫用户空闲，互不控制复原
2	长途自动呼叫，用户呼叫立即去话务员		2	被叫用户市忙	备用
3	市内电话	用于市内接续	3	被叫用户长忙	
4	市内用户传真或用户数据通信，优先用户		4	机键阻塞	被叫用户忙或机键阻塞
5	半自动核对主叫号码		5	被叫用户为空号	被叫用户为空号
6	测试呼叫		6	备用	被叫用户空闲，主叫控制复原

表 7－4　KD 的作用

KD 编号	发端呼叫业务类别	KD 信令作用	
		能否插入市话	能否被长途话务员插入
1	长途话务员半自动呼叫	能	否
2	长途自动呼叫(电话通信、用户传真、用户数据通信)	否	否
3	市内电话	否	能
4	市内用户传真，用户数据通信，优先用户	否	否
5	半自动核对主叫号码	—	—
6	测试呼叫	否	否

7.3　No.7 信令系统

通信网中采用的信令方式与通信网中交换机的形式密切相关。随着数字交换机和数字传输技术的引入，随路信令方式因信令传递速度慢、信令容量有限、不能传送管理信令等一些缺陷，使其在使用上受到了一定的限制。有效的办法是在交换局间提供一条公共信令链路，使得两个交换局间的所有信令均通过一条与话音分开的信令链路传送，从而取代了随路信令。

No.7 信令系统是适合通信网最新发展的系统，它有一系列优点和发展前途。

7.3.1 No.7 信令概述

原 CCITT 于 1980 年提出了通用性很强的 No.7 信令系统,此后,No.7 信令系统经过多次扩展修改,已形成一个完整的信令体系。No.7 信令系统以网络消息方式在信点之间传送信令,它和国际标准化组织 ISO 的开放系统互联模型(OSI 模型)有对应的关系。

美国从 1985 年开始使用 No.7 信令,并利用 No.7 信令开发了智能网业务;建立了 No.7 信令网管中心。AT&T No.7 信令网为二级长途信令网,分为 10 个信令区,每一个信令区设置 1 对 STP(信令转接点),STP 间网状连接,选用 5ESS2000 的 STP 设备。日本 NTT 从 1982 年开始在电话网中引入 No.7 信令系统,NTT No.7 信令网为二级网,共有 16 对 STP,采用 A、B 平面结构,为确保信令网可靠性,又引入第二信令网(即 α、β 平面),并改为网状结构。此外还有不少国家也都使用了 No.7 信令,建成了 No.7 信令网。

我国在 20 世纪 80 年代中期开始了 No.7 信令系统的研究、实施和应用。1985 年北京、广州、天津等大城市首先在同一制式的交换机间采用了 No.7 信令。1987 年北京对 3 种不同制式的交换机 E-10B、S1240、AXE10 的 No.7 信令系统进行了联试,并在此基础上开通了 No.7 信令系统。1993 年开始组建公用 No.7 信令网。目前,三级 No.7 信令网已初步建成,包括全国长途信令网和各地的本地二级信令网。

No.7 信令作为目前最适合数字通信网中使用的公共信道信令技术,其应用主要有以下几个方面。

(1)话路信令。No.7 信令的一个最基本应用是替代老的 1~6 号信令,用做现代数字程控交换机的局间信令,控制局间呼叫的接续。

(2)800 号服务。据统计,1993 年,美国每天处理 8000 万~1 亿个 800 号电话,年营业额数百亿美元,年增长率为 15%~20%。800 号服务是一个巨大的市场,吸引着各个电信公司,是其最主要的收入之一。所谓 800 号电话是指公司企业向客户提供一种特殊的电话号码,该号码的地区码为 800(虚拟地区码),客户使用这个电话和公司企业通话时的费用由公司支付,打电话的客户免费。800 号电话号是一个虚拟的逻辑电话号,一个公司可能拥有许多的实际电话号码,但 800 号电话只有一个,客户可能在任何地方拨这个号码要求与该公司某个职能部门通话,这就存在一个将 800 号电话转变成实际电话号的过程。这个过程的实现依赖于 No.7 信令系统。

(3)他方付费电话。他方付费电话有 3 种形式:第一种形式是信用卡电话,它不同于我国目前流行的磁卡电话;第二种形式是被叫付费电话;第三种形式是第三方付费电话。在公共信道信令网建立之前,他方付费电话依赖电话局操作员才能实现,有了公共信道信令网,他方付费电话基本自动化,方便而高效。

(4)蜂窝移动通信系统。蜂窝移动通信系统需要在公共信道信令网中增加至少 3 种节点:MSC、HLR(Home Location Register)和 VLR(Visitor Location Register)。蜂窝移动通信系统将一个通信区域分成许多个 CELL,每个 CELL 内设立一个 MSC,负责 CELL 内无线用户的通信。MSC 是一个使用 No.7 信令的无线交换机,它包括 No.7 信令中的 MTP、SCCP、TCAP 和 MAP。在蜂窝移动通信系统中,每个无线用户必须在数据库 HLR 和 VLR 中登记。

(5)其他应用。No.7 信令有着广阔的应用前景。除了上述 4 种应用之外,它可以用做 ATM 网络和 B-ISDN 网络的内部信令、智能网的实现等。此外,由于数据通信网络规模的扩大，技术复杂度的增强，网络的操作维护、管理、测试和故障诊断的矛盾日益突出，解决这个问题的最好方法是利用 No.7 信令的 OMAP 在共路信令网中建立网络管理维护中心。由于信令网是一个速度快、可靠性好的分组交换网，网络管理中心的操作员可以对通信网进行远程的实时的测试、诊断、监视、控制和管理，并且不干扰正常的数据通信。

目前我国公网中已全部采用公共信道信令，其优越性体现在以下几个方面。

（1）信令传送速度快。减少了呼叫建立时间，对远距离长途呼叫，它可以使拨号后的时延缩短到 1 秒钟以内。这不仅提高了服务质量，还提高了传输设备和交换设备的使用效率。

（2）具有提供大量信令的潜力。还有利于传送各种控制信令，如网管信令、集中维护信令、集中计费信令等，并有可能发展更多的补充业务。

（3）统一了信令系统。随路信令通常是针对某一网路的专用信令，而公共信道信令是一个通用的信令系统，有利于在 ISDN 中应用。

（4）信令系统与话音通路完全分开，可以很方便地增加或修改信令，并可在通话期间随意地处理信令。

（5）信令设备经济合理。随路信令系统中，每条话路都必须配备一套相应的线路信令设备。记发器信令设备虽可为多条话路共用，但其使用效率不高。公共信道信令的一条高速数据链路要传送成百上千条话路的信令，每条话路不再配备自己专用的信令设备，降低了信令设备的总投资。

另外，针对上述的优点也对共路信令提出了一些特殊的要求，具体有以下几个方面。

（1）由于信令链路利用率高，一条链路可传送多达几千条中继话路的信令信息，因此信令链路必须具有极高的可靠性。原 CCITT 规定，No.7 信令数据链路传送出错但未检测出的概率为 $10^{-8} \sim 10^{-10}$，长时间误码率应不大于 10^{-6}。

（2）信令系统应具有完备的信令网管理功能和安全性措施，在链路发生故障的异常情况下，仍能保证正常的信令传送。

（3）由于信令网和通信网完全分离，信令畅通并不意味着话路畅通，因此共路信令系统应具有话路导通检验功能。

1. No.7 信令功能结构

No.7 信令系统是一个提供国际标准化的通用信令系统。其通用性决定了整个系统必然包含许多不同的应用功能，而且结构上应该更有利于未来应用功能的灵活扩展。因此，No.7 信令系统区别于其他任何信令系统的一个重要特点就是采用了模块化的功能结构，实现在一个系统框架内多种应用并存的灵活性。对于一种应用来说，只用到系统的一个子集。根据这一构思，No.7 信令系统的基本功能结构分为两部分，如图 7.10 所示。

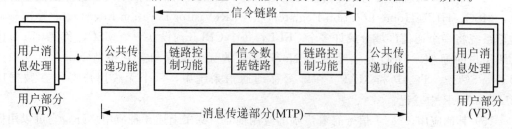

图 7.10　No.7 信令系统功能划分

1) 公共的消息传递部分(MTP)

MTP 的全部功能就是作为一个传送系统,在正在通信的用户功能位置之间保证信令信息无差错、不丢失、不错序、不重复地可靠传递。MTP 分为 3 个功能级,即信令数据链路、信令链路控制和信令网功能。

2) 适合不同用户的独立部分(UP)

UP 包括电话用户部分(TUP)、数据用户部分(DUP)和 ISDN 用户部分(ISUP)等。这里"用户"一词指的是任何 UP 都是公共的 MTP 的用户,都要用到 MTP 传递功能的支持。

2. No.7 信令格式

No.7 信令传送各种信令是通过信令消息的最小单元——信令单元(SU)来传送的。

No.7 信令采用可变长的信令单元,它由若干个 8 位位组组成,它有 3 种信令单元格式。

(1) 用来传送第 4 级用户级的信令消息或信令网管理消息的可变长的消息信令单元(MSU)。

(2) 在链路启用或链路故障时,用来表示链路状态的链路状态单元(LSSU)。

(3) 用于链路空或链路拥塞时来填补位置的插入信令单元(FISU),也称填充单元,如图 7.11 所示。

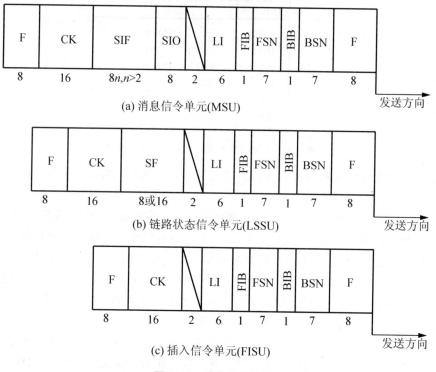

图 7.11 信令单元格式

每个信令单元都包含有以下共有的部分。

F:标志码,为 01111110,标识每个 SU 的开始或结束;

BSN:后向序号;

FSN:前向序号;

BIB:后向指示比特;

FIB：前向指示比特；

LI：长度表示语，用于指示 LI 和 CK 间的字节数，通过该字段可区分 3 种信令单元，其中 MSU——L1>2；LSSU——L1＝1、2；FISU——L1＝0；

CK：校验码。

上述这些字段用于消息传递的控制，其中 BSN、FSN、BIB、FIB 用在基本差错校正法中，完成信令单元的顺序控制、证实和重发功能。

LSSU 中的 SF 状态字段用于标志本端链路的工作状态，该字段的具体编码格式及其含义如图 7.12 所示。

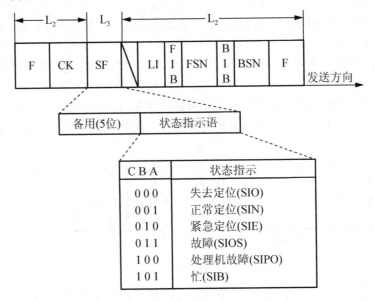

图 7.12　LSSU 中的 SF 字段编码与含义

业务信息字段 SIO 包括业务表示语和子业务字段两部分，SIO 的字段格式及其含义说明如图 7.13 所示。

SIF 是信令信息字段，在不同类型的消息中，它的构成不尽相同，SIF 分为 3 部分。

(1) 56 比特的编路标号。其中 24 比特的 DPC 为目的地码，用于指明消息的终点。24 比特的 OPC 为起源地码，用于指明消息的起源点。4 比特的 SLS 为链路选择字段，用于完成链路的负荷分担。最后补 4 个 0，使编路标号为 8 比特的整数倍。这里应注意：DPC、OPC 采用国际或国内统一编号计划，对各信令点进行编码而得到。国内采用 24 比特的编码，国际采用 CCITT 规定的 14 比特的编号计划。

SLS 对于不同的用户部分，其结构是不同的，在 TUP 中，SLS 采用电路识别码 CIC 的最低 4 比特兼任。在信令网管理消息中，SLS 被 4 比特的链路身份 SLC 取代。

(2) 8 比特的标题码。用于区分不同的消息，相当于给每一个特定的消息起了一个名字。其中，4 比特的 H0 用于识别消息组，4 比特的 H1 用于识别具体消息。表 7－5 为信令网管理消息标题码分配表。常用的命令有：倒换命令 COO、倒换证实 COA、倒回命令 CBD、倒回证实 CBA、紧急倒换命令 ECO、紧急倒换证实 ECA、信令路由组拥塞测试 RCT、受控传递 TFC、禁止传递 TFP、受限传递 TFR、允许传递 TFA、禁止目的地信令路由组测试 RST、业务再启动允许 TRA 等。

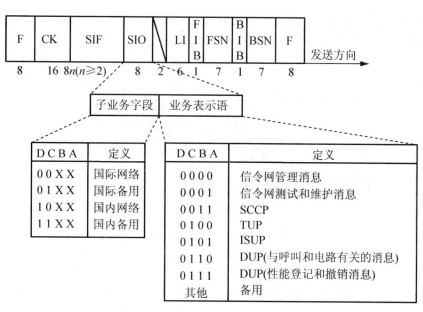

图 7.13 SIO 的字段格式及其含义

表 7-5 信令网管理消息标题码分配表

消息组	H0H1	0000	0001	0010	0011	0100	0101	0110	0111	1000	1001	1010	1011	1100	1101	1110	1111
	0000																
CHM	0001		COO	COA			CBD	CDA									
ECM	0010		ECO	ECA													
FCM	0011		RCT	TFC													
TFM	0100		TFP	*	TFR		TFA	*									
RSM	0101		RST	RSR													
MIM	0110																
TRM	0111		LIN	LUN	LIA	LUA	LID	LFU	LLT	LRT							
DLM	1000		TRA														
	1001		DLC	CSS	CNS	CNP											
UFC	1010																
	1011		UPU														
	1100																
	1101																
	1110																
	1111																

（3）$8 \times n$ 比特的信息，是真正要传送的可变长消息。

图 7.14 是 SIF 在信令网管理消息中的格式；图 7.15 是 SIF 在 TUP 消息中的格式；图 7.16 是 SIF 在 ISDN 用户部分（ISUP）消息中的格式；图 7.17 是 SIF 在 SCCP 和 TC 消息中的格式。

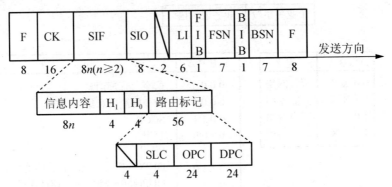

注：H_0——标题码（消息组）；　　OPC——源信令点编码；

H_1——标题码（消息类型）；　DPC——目的地信令点编码；

SLC——信令链路码。

图 7.14　SIF 在信令网管理消息中的格式

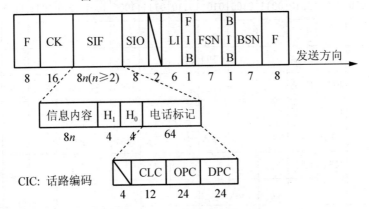

CIC：话路编码

图 7.15　SIF 在 TUP 消息中的格式

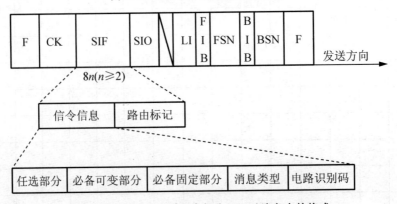

图 7.16　SIF 在 ISDN 用户部分（ISUP）消息中的格式

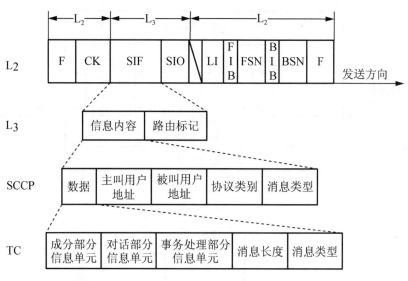

图 7.17　SIF 在 SCCP 和 TC 消息中的格式

7.3.2　No.7 信令功能级

No.7 信令系统采用功能模块化的结构，主要包括信令数据链路级(第1级)、信令链路功能级(第2级)、信令网功能级(第3级)、用户部分(第4级)，下面分别进行简要介绍。

1. 信令数据链路级(第1级)

信令数据链路是四级结构中的第1级，是一条双向的信令传输通路，它包括一个传输通路和接入此传输通路的交换功能，可提供一条用一种速率传送信令的双向数据通路，规定了该数据通路的物理、电气、功能特性及接入方法，分为模拟和数字两种。

模拟的信令数据链路采用 4.8Kbps 的速率，其模拟传输信道就是 4kHz 或 3kHz 的音频模拟传输信道。但由于交换机处理的必须是数字信号，所以应在信令终端和模拟传输信道之间设置调制解调器，完成数/模转换。由于目前模拟传输信道基本被淘汰了，所以基本上看不到这种应用。

在数字的信令数据链路中，通常采用 PCM 传输系统一次群(2Mbps)的 TS_{16} 或二次群(8Mbps)的 $TS_{67}\sim TS_{70}$，有时也可以利用 PCM 系统的其他时隙，采用 64Kbps 的传输速率，与第2级(即信令终端)的连接有两种方式。

1) 半永久连接方式

如图 7.18 所示，数字传输通道通过交换机的数字选择级与第2级相连，并且采用半永久连接方式，即局间 PCM 传输系统的任意时隙可通过人机命令确定作为信令链路使用。为了便于信令链路管理，目前常采用这种方式。

2) 时隙插入方式

如图 7.19 所示，数字通道通过时隙插入设备或数据终端设备与信令终端相连。

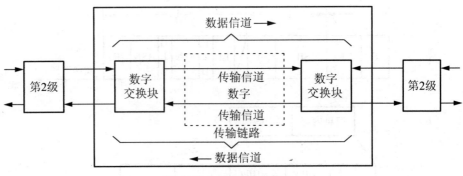

第1级信令数据链路(数字)

图7.18 半永久连接方式

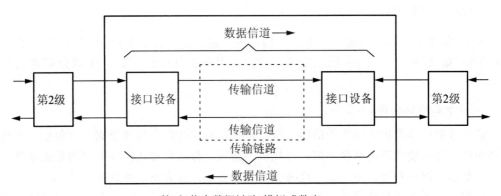

第1级信令数据链路(模拟或数字)

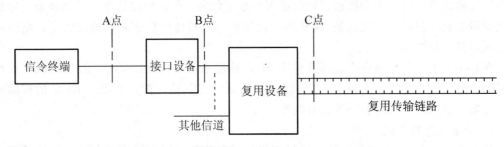

图7.19 时隙插入方式

2. 信令链路功能级(第2级)

信令链路功能的主要任务是将信令信息送至信令数据链路的有关功能和过程,它保证了两个信令点之间消息的可靠传递。第2级功能是将上一级(第3级)来的信令信息转变成不同长度的信令单元,然后传递至信令链路。信令单元除包括信令信息之外,还包括使信令链路正常工作的控制信息。信令链路功能控制级具体包括以下几项功能。

1) 信令单元定界

定界功能即为"0"插入或"0"删除功能。

No.7 信令方式采用码型为 01111110 的标志码作为信令单元的分界，它既表示上一信令单元的结束，又表示下一信令单元的开始。为了防止将非标志码误识别为标志码，就必须在信令发送端进行"0"插入，在接收端进行"0"删除。所谓"0"插入，就是在发端 5 个连续"1"之后插入一个"0"。到接收端，去掉这个"0"就是"0"删除。实际中，定界功能是由硬件电路实现的，应注意，"0"插入一定要在加标志码表示之前进行，而接收端是在检出标志码之后，再进行"0"删除。另外，CCITT 建议规定，在信令链路过负荷时，两个连续的信令单元之间可以发送一定数量的标志码，以减轻负荷。

2) 信令单元定位

在定界过程中，收到了不允许出现的码型，如大于 6 个连 1、小于 6 个 8 位位组，大于 $m+7$ 个 8 位位组（$m=62$ 或 272）、不是 8 位的整数倍，就认为失去定位，进入信令单元出错率监视过程。

3) 差错检测

为确保信令消息在数据链路上的可靠传送，误差检测是必不可少的。对于 No.7 信令的信令消息，一般要求误码率小于 $1.2×10^{-6}$。No.7 信令使用的误差检测方法是循环码校验法，由每个信令单元结尾提供的 16 比特的 CK 校验码完成。其方法如下所示。

（1）在发送端发送消息前，将信令单元的标志码 F 与校验码 CK 之间所有的码字（称为信息多项式 $M(X)$）与生成多项式 $G(X)=X^{16}+X^{12}+X^5+X^1$ 做除法运算，即

$$\frac{X^{16}M(X)}{G(X)}+\frac{X^K(X^{15}+X^{14}+\cdots+1)}{G(X)}=Q(X)+\frac{r(X)}{G(X)}1$$

式中：K 为被检验的比特数；$r(X)$ 为余数；$Q(X)$ 为商；取 $r(X)$ 二进制反码 $r(X)$ 为 CK。

（2）将产生的 CK 与 $M(X)$ 一起发出，要发送的信息为 $C(X)=X^{16}M(X)+r(X)$。

（3）到接收端，对收到的 $C(X)$ 做同样的运算，如果传输无差错，则余数应该是一个特定常数，即 0001110100001111。否则，认为传出出错，详细算法可参阅有关文献。

4) 差错校正

No.7 信令使用的差错校正方法有以下两种。

（1）基本校正法。这是一种非互控的既有肯定证实，又有否定证实的重发纠错系统。发送端按顺序依次发送信令单元，MSU_1，MSU_2，…，在收到接收端送来的证实信令前，将它们存在发送端的缓冲器里。当收到接收端送来的肯定证实后，将被证实已正确收到的信令单元从缓冲器中抹去。若收到的是否定证实信令，则说明 MSU 在发送或传输构成中有错，这时，停发新的 MSU，而从由否定证实所指出的那个错误 MSU 开始，重发已发出的但未收到肯定证实的信令单元。

信令单元的顺序控制，证实重发功能是由前向序号 FSN、前向指示比特 FIB、后向序号 BSN、后向指示比特 BIB 完成的。如图 7.20 所示，No.7 信令在两个信令点（SP_A 和 SP_B）之间的一条链路是两条双向数据通道。在非互控方式工作时，消息以连续比特流的形式发送，任何时候，信令链路上可以有许多消息传送。不管链路上的消息是什么内容，所有的信令在两端的信令点都是顺序发送的。信令单元中的 FSN、BSN、FIB、BIB 用在基本差错校正法中，完成信令单元的顺序发送，证实重发功能。一个方向的信令单元中的 FSN、FIB 与另一个方向的信令单元中的 BSN、BIB 配合，而前者的 BSN、BIB 与后者 BSN、BIB 相配合，即差错校正过程中在两个方向独立进行。

FSN 完成信令单元的顺序控制功能是发送信令单元的序号。FSN 只给消息信令单元 MSU 分配新的编号，并按 MSU 的发送顺序编号，在 0～127 循环。而对填充信令单元 FISU 不分配新的编号，只给它前面的 MSU 的 FSN。

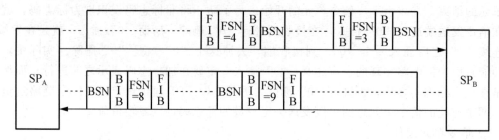

图 7.20　双向数据通道上的信令传送

证实功能有两个：肯定证实和否定证实。BSN 完成肯定证实功能。当接收端收到对方来的 FSN 是期望值，即 FSN(对端)＝BSN(本端)＋1，且该 FSN 序号的 MSU 经误差检验正确时，就将 BSN 加 1，发向对端。否则 BSN 保持不变。BIB、FIB 完成否定证实功能，并利用值的反转来向对方要求重发。正常情况下，BIB 应与另方向的 FIB 一致，当接收端收到的 MSU 的 FSN 不是期望值时，就将 BIB 反转，送向对端，对端收到 BSN，发现与本端的 FIB 不一致，就开始重发，并将 FIB 反转。重发应从收到的 MSU 提供的 BSN＋1 开始，示例如图 7.21 所示。

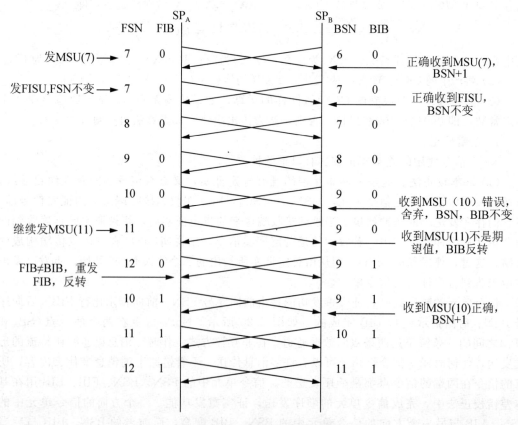

图 7.21　基本校正法示例

基本校正法用于单项传输时延小于 15ms 的链路。它不出错时效率高，出错时会造成循环重发。当传输时延较大时，如卫星链路，循环重发造成的危害较大。为了解决这一问题 No.7 信令还采用了第二种误差校正方法。

（2）预防循环重发校正法（PCR 法）。这是一种非互控的只有肯定证实、无否定证实的前行纠错方法，适用于单项传输时延大于 15ms 的链路。图 7.22 为预防循环重发校正法的示意图。

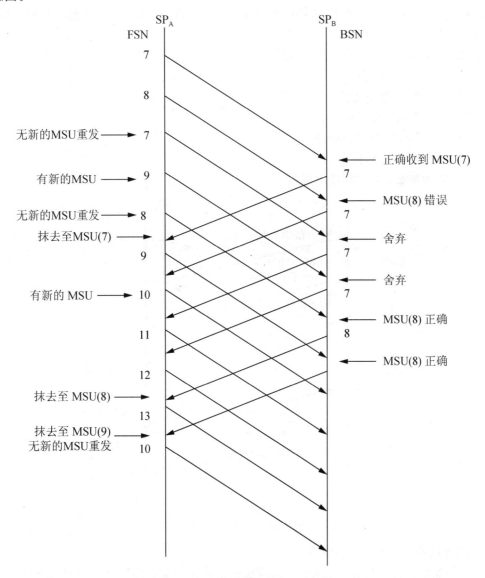

图 7.22　预防循环重发校正法示例

要发送的 MSU 存在发送端的重发缓冲器中，按循序发送，得到接收端的肯定证实的 MSU 可以从重发缓冲器中抹去。当无新的 MSU 要求发送时，自动循环重发未得到肯定证实，且还存在重发缓冲器中的 MSU。有新的 MSU 时，就自动中断循环重发，优先发送新的 MSU。在无新的 MSU 且重发缓冲器中也无未得到肯定证实的 MSU 时，发送 FISU。这种方法在无新的 MSU 要发送时，可以自动循环重发未证实的 MSU，而不像基本校正法那样必须全部重发 MSU，这样，在传输时延较长时，提高了校正效率。

使用这种方法，当信令链路负荷较大时，经常有新的 MSU 请求发送，使得循环重发机会减少，故必须补充强制重发程序，以避免重发缓冲器溢出。

5）初始定位

初始定位是链路进入业务使用前必须经过的过程，用于初始启用或链路发生故障进行恢复时链路的定位过程。初始定位功能是由链路状态信号单元（LSSU）中的 SF 来完成的。SF 为状态标志，可以为 8 或 16 比特，我国规定为 8 比特，目前只用 3 比特，其编码如下。

SF：I H G F E C B A

备用：　　 0 0 0　　"O" 失去定位

0 0 1　　"N" 常定位

0 1 0　　"E" 紧急定位

0 1 1　　"OS" 业务中断

1 0 0　　"PO" 处理机故障

1 0 1　　"B" 链路拥塞

图 7.23 为初始定位过程的示意图。

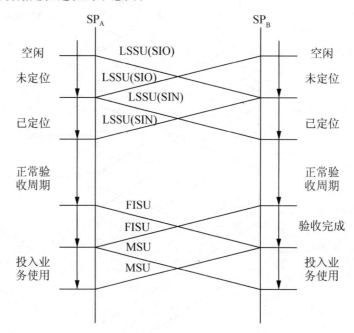

图 7.23　初始定位过程

由图可以看出以下几方面的内容。

（1）初始定位过程包括 5 个阶段，未定位→已定位→验收周期→验收完成→投入业务使用。处于空闲状态的信令链路决定启用时，信令链路两端，即信令点 SP_A、SP_B 互送 LSSU(SIO)，进入未定位状态，并启动定时器 T_2，当双方收到 LSSU(SIO) 时，停 T_2 启动 T_3，互送 LSSU(SIN) 进入已定位状态；收到 LSSU(SIN) 后，停 T_3 启动 T_4，进入验收周期阶段。在验收期间，利用定位差错率监视程序对信令单元的差错率线性累加计数，当计数器超过门限 T_i，就认为这次验收不合格。若验收合格，且未收到 LSSU(SIOS) 或 LSSU(SIO)，则完成验收，停 T_4 启动 T_1，进入验收完成阶段；此时双方互送 FISU，以示链路空闲，可以投入业务使用。

（2）初始定位程序有两种：正常定位或紧急定位。其区别在于验收周期的时常和计数器的门限不同，正常定位，验收周期为 8.2s，$T_i = 4$；紧急定位，验收周期 0.5s，$T_i = 1$。信令链路使用哪一种定位，由第 3 级定位。

（3）验收周期内，验收须经过 5 次，5 次均不合格，才发业务中断 LSSU(SIOS)。

（4）在初始定位过程中，用到 4 个定时器，如下所示。

① T_2：未定位定时器。在初始定位期间发送 LSSU(SIO) 允许的最大时延。它应大于传输通路的环路时延加上在发送"停止业务"消息和收到第 3 级的重新启动之间的时长，以保证远端收到 LSSU(SIO)；同时，为保证在故障情况下定位尝试不成功能及时通知第 3 级，以便在另一条链路上进行初始定位，T_2 也不能太长。我国规定 T_2 的时长为 5~150s。

② T_3：已定位定时器。T_3 的时长应不小于传输通路的最大环路时延和远端从 SIO 转换到 SIN 或 SIE 所需要的处理时间。我国规定 T_2 为 1~1.5s，建议值为 1s。

③ T_4：验收周期定时器。对于数字信令链路，正常和紧急验收周期分别为 8.2s 和 0.5s。对于模拟信令链路，正常和紧急验收周期分别为 110s 和 7s。

④ T_1：定位准备好定时器。在规定时限 T_1 内，链路必须投入业务使用，否则，判为故障状态。对数字信令链路，T_1 规定为 40~50s，建议值 45s，对模拟信令链路，T_1 规定为 500~600s，建议值为 550s。

6）信令链路差错监视

（1）定位差错率监视程序。在初始定位的验收周期阶段，执行定位差错率监视程序，判断验收是否合格。即用一线性计数器从零开始计数，每验出一个信令单元错误就增值一次，当超过门限值 T_i（正常定位 $T_i = 4$，紧急定位 $T_i = 1$）时，说明验收不合格。如果在验收周期内未验出错误，也未收到 LSSU(SIO) 及 LSSU(SIOS)，就认为验收合格。

（2）信令单元出错率监视程序。当链路上传送的信令单元出现差错时，可利用重发进行校正。但若差错率过高，会引起信令单元频繁重发，产生长的排队时延。所以对信令单元的差错率应该规定一个门限，超过该门限，就判为链路故障。

7）处理机故障控制

当由于高于第 2 级的原因造成链路不能正常使用，就认为发生了处理机故障，这时，消息不能传送到第 3 级或第 4 级。其原因有可能是中央处理机故障，也可能是由于人为阻断某一信令链路。处理机故障分为本地处理机故障和远端处理机故障。

当第 2 级收到了从第 3 级来的指示或已经识别出第 3 级故障时，则判为本地处理机故障。它发送 LSSU(SIPO)，并舍弃收到的 MSU。这时，如果对端第 2 级处于正常工作状态，且对端仍在发送 MSU 或 FISU，而不是 LSSU，则根据收到的本端发送的 LSSU(SI-PO)，通知第 3 级开始连续发送 FISU。当本地处理机故障消除后，则恢复发送 MSU 和 FISU，只要远端的第 2 级能正确接收 MSU 和 FISU，就通知第 3 级恢复正常。远端处理机故障的处理过程与上述类似。

8）流量控制

当信令链路过负荷时，为了不使信令链路的拥塞扩散，应执行第 2 级的流量控制程序，使信令链路恢复正常。其过程分为以下几个步骤。

（1）当信令链路验出拥塞时，停止对 MSU 的肯定和否定证实，即仍可发送 MSU、FISU，但其 BSN、BIB 维持拥塞检出之前的值，并按一定周期向对端发送 LSSU(SIB)。

其周期由定时器 T_5 控制，我国规定在 $80\sim120\mathrm{ms}$，建议值为 $100\mathrm{ms}$。

（2）对端停止对 MSU 的证实。

（3）对端收到 LSSU(SIB)后，启动最大允许证实时延定时器 T_7(T_7一般为 2s)和远端拥塞定时器 T_6(T_6一般为 5s)，如果拥塞时长超过 T_6门限，就判该链路出现故障。

（4）拥塞消除后，停发 LSSU(SIB)，发送 MSU，对端收到新的证实后，则 T_6、T_7停止工作。

第2级的上述8个功能和第1级提供的数据通道一起共同保证在两个信令点之间可靠地传递信令消息。

3. 信令网功能级（第3级）

第3级是信令网功能级，其主要功能是当信令网的可用性发生变化时，为保证仍能可靠地传递各种信息消息，规定在信令点间传送管理消息的功能和程序，分为信令消息处理和信令网管理功能。

信令消息处理包括消息识别、消息分配和消息路由。

信令网管理功能包括信令网的业务管理、链路管理和路由管理，如图 7.24 所示。

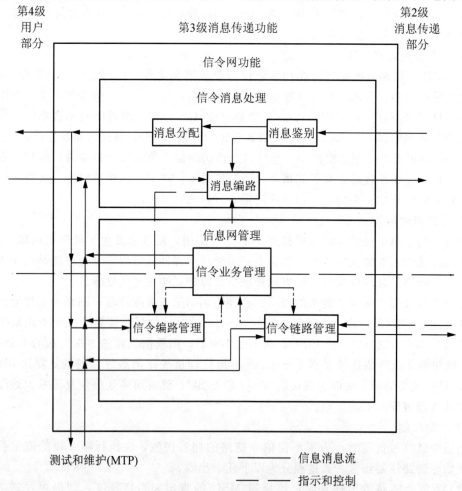

图 7.24　信令网功能级

1）信令消息处理功能

信令消息处理功能保证起源点的用户部分产生的信令消息传送到该用户指明的目的地的相同用户。

（1）消息识别。消息识别功能用来识别信令消息的目的地以决定信令消息的去向。消息识别是通过分析信令消息中路由标记的目的信令点编码（DPC）来实现的。

（2）消息分配。消息分配功能把信令消息分配给本信令点的相应用户部分。由于信令点的 MTP 部分可能要为多个用户服务，因此决定信令消息分配给哪一个用户部分主要依靠分析信令消息中的业务信息 8 位位组 SIO 中的业务指示码（SI）来实现。

（3）消息路由。消息路由也叫消息编路，是关于发出消息的功能。当消息来自第 4 级（或消息传递部分第 3 级，即起源于第 3 级）时，由消息路由功能为待发的消息选择消息路由、信令链路组和信令链路。如果两信令点间有两条或多条信令链路可将信令业务传递到同一目的地点，要采用负荷分担的方法，将这一信令业务在这些链路之间分配。

2）信令网管理功能

在信令网的运行中，当信令链路或信令转接点发生故障时，或去某信令点的信令业务发生拥塞时，必须采取一些网络调度、管理措施，以保证信令网的正常工作。这些网络的调度、管理措施称为网络的重组结构能力。这种能力是由信令网管理功能提供的，包括信令业务管理、信令链路管理、信令路由管理的全部功能和程序。

（1）信令网的业务管理。信令业务管理功能是用来将信令业务从一条链路或路由转到一条或多条不同链路或路由，或在信令拥塞情况下暂时减慢信令业务。它由以下过程组成。

① 倒换：即当信令链路由于故障，闭塞或阻断成为不可用时，将有关信令业务尽可能快地转移到另外一条或多条链路上去。

② 倒回：当不可用信令链路恢复正常时，信令业务就从替换信令链路转回到正常链路。

③ 强制重选路由：当一个信令点到某一个信令点目的地的信令路由变为不可用时，这时要将该信令业务转移到迂回信令路由，以恢复该目的地点的信令能力。

④ 受控重选路由：当不可用信令路由恢复为可用时，要使其恢复至原来的信令路由。

⑤ 信令点再启动：当某信令点成为可用时，信令点再次启动。

⑥ 管理阻断：当某链路在短时间内过于频繁地进行倒换和倒回，或链路差错率过高时，需要向产生信令业务的用户部分表明该链路不可用。

⑦ 信令业务流量控制：当信令网由于网络故障或拥塞而不能传递用户部分提供的全部信令业务时，限制信令源的信令业务。

（2）信令网的链路管理。信令链路管理功能用于控制本地连接的信令链路，恢复已有故障的信令链路，以便实现信令链路的接通、恢复和断开等功能。总的目的是为建立和保持链路组的正常工作提供手段。

根据分配和重新组成信令设备的自动化程度，有以下 3 种信令链路管理过程：①基本的信令链路管理过程——人工分配信令数据链路和信令终端；②信令终端自动分配的信令链路管理过程；③信令数据链路和信令终端自动分配的信令链路管理过程。

根据目前的实际情况，我国规定暂时只使用基本的信令链路管理过程。

（3）信令网的路由管理。信令路由管理功能，用来在信令点之间可靠地交换关于信令路由的可利用信息，以便及时地闭塞信令路由或解除信令路由的闭塞。

信令路由管理包括以下功能块。

① 禁止传递控制：某一信令转接点使用禁止传递控制过程时，其目的要通知一个或多个邻近信令点，告诉它们不能再经由此信令转接点传递有关消息。如果一个信令点收到禁止传递过程，它将实行强制实行重选路由。

② 允许传递控制：某一信令转接点使用允许传递过程时，其目的是通知一个或多个邻近的信令点，告诉它们已能经此信令转接点传递有关消息。一个信令点收到允许传递消息时可以实行受控重选路由。

③ 受限传递控制：某信令转接点希望通知一个或多个邻近信点尽可能停止通过此转接点的有关业务时，执行有限传递过程。信令点收到受限消息时实行受控重选路由。

④ 信令路由组测试控制：信令点通过信令路由组测试过程来确定去某目的地点的信令业务是否能通过邻近的信令转接点传送。当信令点从邻近信令转接点收到一个禁止传递消息或受限传递消息时，它每隔 30 秒向那个信令转接发送一个信令路由组测试消息，直到收到指明目的地变成可达的允许传送消息为止。

⑤ 受控传递过程受控：国际信令网利用受控传递过程将拥塞指示从发生拥塞的信令点传送到源信令点。源信令点收到受控传递消息时，让第 4 级用户部分减少发送的业务流量。国内信令网中具有拥塞优先级的受控传递过程用于一个信令转接点通知一个或多个源信令点。要求它们不再将某一优先级或低于该优先级的消息发送到某目的地。若国内信令网无拥塞优先级，则利用受控传递过程将拥塞指示从发生拥塞的信令点传送到源信令点。

⑥ 信令路由组拥塞测试控制：源信令点利用信令路由拥塞测试过程，修改关于去某目的地的路由的拥塞状态。目的是测试能否将信令消息发到那个具有拥塞优先级或更高于优先级的目的地点。

如果发出信令路由拥塞测试消息后，在规定时限内收到关于某目的地的受控传递消息，则信令点赋给去某目的地的信令路由组拥塞状态值等于受控传递消息中的拥塞状态值。如果在规定时限内未收到关于某目的地的受控传递消息，该信令点将改变去那个目的地的信令路由组的拥塞状态值，使其变成等于下一个的较低的值，然后重复测试过程，直到拥塞状态值下降到零为止。

4. 用户部分（第 4 级）

用户部分是 No.7 信令的第 4 功能级，其主要功能是控制各种基本呼叫的建立和释放。用户部分（UP）可以是 TUP、数据用户部分（DUP）、ISDN 用户部分（ISUP）和操作维护用户部分等。下面主要介绍 TUP。

1）信令单元格式

公共信道信令统一用消息信令单元来表示。来自电话用户部分的消息信令单元 MSU，其业务信息字段 SI 应为 0100，可变长的信息字段 SIF 具体格式如图 7.25 所示。

（1）标记部分。TUP 消息的标记为 64 比特，其中：24 比特的 DPC 为目的地码；24 比特的 OPC 为起源点码。12 比特的 CIC 为电路识别码，用于识别该 MSU 传送的是哪个话路的信令，即属于哪条 PCM 的哪个时隙。若采用 2Mbps 数字通路，则 CIC 的低 5 比特表示 PCM 时隙号，其余 7 比特表示 DPC 和 OPC 之间的 PCM 系统号；若采用 8Mbps 数字通路，则 CIC 的低 7 比特表示话路时隙，其余 5 比特表示 DPC 和 OPC 之间的 PCM 系统号。若采用 34Mbps 数字通路，则 CIC 的低 9 比特表示话路时隙，其余 3 比特表示 DPC 和 OPC 之间的 PCM 系统号。CIC 的最低 4 比特兼作链路选择字段 SLS。并且，为了使标记为 8 比特的整数倍，在 CIC 之后又补了 4 个。

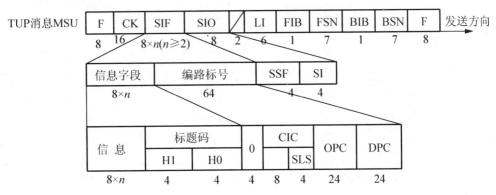

图 7.25 TUP 信令单元格式

（2）消息部分。标题码同信令网管理消息，4 比特的 H_0 用于识别消息组，4 比特的 H_1 用于识别具体的消息。但这时 H_0、H_1 编码所表示的含义就不同了。表 7-6 所列消息组为

FAM——前向地址消息；

FSM——前向建立消息；

BSM——后向建立消息；

SBM——后向建立成功消息；

UBM——后向建立不成功消息；

GSM——呼叫监视消息；

CCM——电路监视消息；

GRM——电路群监视消息；

CNM——电话网管理消息；

NSB——国内后向建立成功消息；

NCB——国内呼叫监视消息；

NUB——国内后向建立不成功消息；

NAM——国内地区使用消息。

表 7-6 标志码分配

消息组	H0H1	0000	0001	0010	0011	0100	0101	0110	0111	1000	1001	1010	1011	1100	1101	1110	1111
	0000	国内备用															
FAM	0001		IAM	IAI	SAM	SAO											
FSM	0010		GSM		COT	CCF											
BSM	0011		GRQ														
SBM	0100		ACM	CHG													
UBM	0101		SEC	CGC	NNC	ADI	CFL	SSB	UNN	LOS	SST	ACB	DPN				EUM
CSM	0110	ANC	ANC	ANN	CBK	CLF	RAN	FOT	CCL								
CCM	0111		RLG	BLO	BLA	UBL	UBA	CCR	RSC								

续表

消息组	H0H1	0000	0001	0010	0011	0100	0101	0110	0111	1000	1001	1010	1011	1100	1101	1110	1111
GRM	1000		MGB	MBA	MGU	MUA	HGB	HBA	HGU	HUA	GRS	GRA	SGB	SBA	SGU	SUA	
	1001		备用														
CNM	1010		ACC		国际和国内备用												
	1011																
NSB	1100				MPM	国内备用											
NCB	1101		OPR														
NUB	1110		SLB	STB													
NAM	1111		MAL														

注：FOT 在国际半自动接续中使用；NNC 只在国际网中使用；SSB 只在国际网中使用；ANU、CHG 暂不使用。

具体消息组中信令含义可查阅《中国国内电话网 No.7 信令方式技术规范》。从上述可看出，No.7 信令内容非常丰富，它能提供比随路信令多得多的信令。

2）消息格式与编码

参见表 7-6，前向地址消息 FAM、前向建立消息 FSM 负责传送前向建立的电话信令；后向建立消息 BSM、后向建立成功消息 SBM、后向建立不成功消息 UBM 负责传送后向建立的电话信令；呼叫监视消息 GSM 负责传送表示呼叫接续状态的信令（如挂机信令）；电路监视消息 CCM、电路群监视消息 GRM 负责传送电路和电路群闭塞、解除闭塞及复原信令；电话网管理消息 CNM 负责传送电话网的自动控制拥塞信息，以保证交换局拥塞时减少送至过负荷交换局的任务量；而国内后向建立成功消息 NSB、国内呼叫监视消息 NCB、国内后向建立不成功消息 NUB、国内地区使用消息 NAM 则是专用于国内电话网消息。

消息的种类很多可查阅《中国国内电话网 No.7 信令方式技术规范》。

3）同抢和信令传送方式

（1）同抢。No.7 信令采用双向电路工作方式，以提高局间电路利用率。这种方法意味着忙时两个交换局有可能几乎同时试图占用同一条电路，即一个交换局已经向对方交换局发出了初始地址消息 IAM，又收到了对方送来的 IAM，这就发生了双向电路的双向占用，即同抢。

No.7 信令采用双向电路工作方式时，存在一段无防卫时间，它是信令数据链路的传播时间、由重发引起的时延和准直连工作时在信令转接点处的附加消息处理时间之和。无防卫时间越长，就越有可能发生同抢。为预防发生同抢，可采取的防卫措施有两种。

① 双向电路两端交换机采用反顺序选择。信令点编码大的交换局按从大到小的顺序选择电路；信令点编码小的交换局按从小到大的顺序选择电路。

② 将两端交换机之间的双向电路群分为两部分，各归一端交换局控制。就交换局来说，对它控制的那部分电路是主控局。另一部分电路是非主控局。在进行电路选择时，每个终端交换局可优先接入由它主控的电路群，并按先进先出方式选择一群中释放时间最长的电路；对于不是主控的电路群，则无优先权接入，并按后进先出方式选择这一群中最新释放的电路。

采用这两种方法可减少发生同抢的机会，但一旦发生同抢，就应该采取下述方法来处理：非主控局让位于主控局。即对主控局处理的呼叫将继续完成，对收到的初始地址消息 IAM 不作处理，而对非主控局处理的呼叫将放弃占用这些电路，自动在同一路由或重选路由进行重复试呼。按照 CCITT 的规定，信令点编码大的交换局主控所有偶数电路，信令点编码小的交换局主控所有奇数电路。

（2）信令传送方式。No.7 信令在交换局之间传送时，有两种工作方式：重叠工作方式，在收到必要的选择路由的数字信息后，立即开始接续；成组工作方式，在收到全部地址信息后，才开始接续。成组工作方式可减少电路的占用时间。

7.3.3 No.7 信令网

信令网是在电信网的交换节点间，采用公共信道信令，由信令终端设备和共路信令链路组成的网络。No.7 信令是公共信道信令，它区别于早期的随路信令的一个重要特征是有一个独立于信息网的信令网。在 No.7 信令网中除了传送电话的呼叫控制等电话信令外，还可以传送其他如网络管理和维护等方面的信息，因此 No.7 信令网实际上是一个业务支撑网。它可支持电话通信网（PSTN）、电路交换的数据网（CSPDN）、窄带综合业务数字网（N-ISDN）、宽带综合业务数字网（B-ISDN）和智能网（IN）等各种信令信息的传送，从而实现呼叫的建立和释放、业务的控制、网路的运行和管理以及各种补充业务的开放等功能。

No.7 信令网传送的信令单元就是一个个数据分组，各节点对信令的处理过程就是存储转发的过程，各路信令信息对信令信道的使用采用时分复用的方式，因而可以说 No.7 信令网其本质是一个载送信令信息的专用分组交换数据网。

1. No.7 信令网的组成

No.7 的信令网由信令点、信令转接点和信令链路组成，如图 7.26 所示。

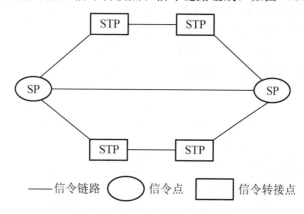

——信令链路　　◯ 信令点　　▢ 信令转接点

图 7.26　No.7 信令网组成示意图

（1）信令点：信令点（SP）是信令消息的起源点和目的点，它是信息网中具有 No.7 信令功能的业务节点，是信令消息的源点和目的地点。它可以是各类交换局也可以是各种特服中心（如网管中心、操作维护中心、网络数据库、业务交换点、业务控制点等）。

（2）信令转接点：信令转接点（STP）是将一条信令链路收到的信令消息转发到另一条信令链路的信令转接中心，它具有信令转接功能。STP 可分为独立的信令转接点和综合的信令转接点。

① 独立的信令转接点：是只完成信令转接功能的 STP，即专用的信令转接点。独立的信令转接点只具有 No.7 信令系统中的 MTP 功能。

② 综合的信令转接点：既完成信令转接的功能，同时又是信令消息的起源点和目的点。综合的信令转接点具有 No.7 信令系统中的 MTP 和 UP 部分的功能。

（3）信令链路：是 No.7 信令网中连接信令点和信令转接点的数字链路，其速率为 64Kbps，它由 No.7 信令的第 1 和第 2 功能级组成，即具有 No.7 信令系统中的 MTP1 和 MTP2 部分的功能。

根据通话电路和信令链的关系，No.7 信令网可以采用 3 种工作方式：直连工作方式、准直连工作方式和非直连工作方式。

（1）直连工作方式。如果信令消息是在信令的源点和目的点之间的一段直达信令链路上传送，并且该信令链路是专为连接这两个交换局的电路群中的话路服务的，则这种传送方式叫做直连工作方式。图 7.27 所示为直连工作方式。

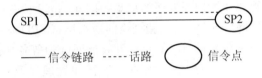

图 7.27　直连工作方式示意图

（2）准直连工作方式。如果信令消息是在信令的源点和目的点之间的两段或两段以上串接的信令链路上传送，信令传送路径与话路路径是非对应的，但只允许通过预定的路由和信令转接点，则这种传送方式叫做准直连工作方式。图 7.28 所示为准直连工作方式。

（3）非直连工作方式。与准直连工作方式相同，信令消息是在信令的源点和目的点之间的两段或两段以上串接的信令链路上传送，但信令消息在信令的源点和目的点之间的多条信令路由中的传输是随机的，与话路无关，是由整个信令网根据实际的运行情况动态选择的，这种方式可有效地利用网络资源，但会使信令网的路由选择和管理非常复杂。图 7.29 所示是非直连工作方式，信令传送时，对信令路由 1（SP1—STP1—SP2）和信令路由 2（SP1—STP2—SP2）的选择是随机的，没有事先规定。

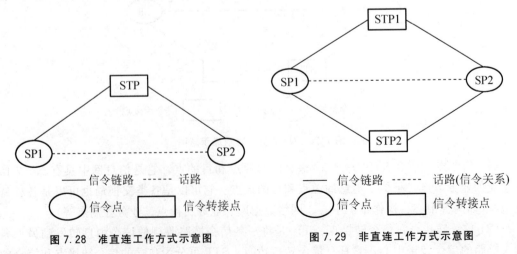

图 7.28　准直连工作方式示意图　　　图 7.29　非直连工作方式示意图

2. No.7 信令网的结构

No.7 信令网的结构取决于信令网节点之间选择的连接方式。连接方式分为 STP 与 SP 之间的连接方式和 STP 之间的连接方式。

1）STP 与 SP 间的连接方式

根据 STP 与 SP 间的相互关系，STP 与 SP 间的连接方式可分为以下两种方式。

（1）分区固定连接方式：分区固定连接方式示意图如图 7.30 所示。为保证信令的可靠转接，在这种方式中每个 SP 需成对地连接到本信令区的两个 STP。每一信令区内的 SP 间的准直连接必须经过本信令区的 STP 的转接。某一个信令区的一个 STP 故障时，该信令区的全部信令业务负荷都转到另一个 STP；如果某一信令区两个 STP 同时故障，则该信令区的全部信令业务中断。若是两个信令区之间的 SP 间的准直连接则至少需经过两个 STP 的两次转接。采用该方式连接时，信令网的路由设计及管理较方便。

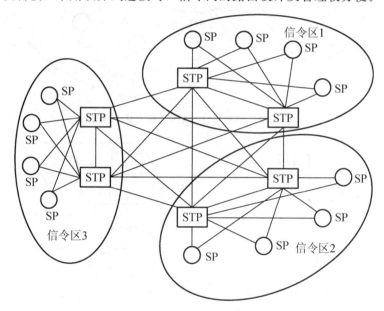

图 7.30　STP 与 SP 分区固定连接方式示意图

（2）随机连接方式：随机连接方式示意图如图 7.31 所示。这种方式是按信令业务负荷的大小采用自由连接的方式，即本信令区的 SP 根据信令业务负荷的大小可以连接其他信令区的 STP；为保证信令连接的可靠性每个 SP 需接至两个 STP（可以是相同信令区，也可以是不同信令区）；当某一个 SP 连接至两个信令区的 STP 时，该 SP 在两个信令区的准直连接可以只经过一次 STP 的转接；随机连接的信令网中 SP 间的连接比固定连接时灵活，但信令路由比固定连接复杂，所以信令网的路由设计及管理较复杂。

2）STP 间的连接方式

（1）网状连接方式：网状连接方式的主要特点是各 STP 间都设置直达信令链路，在正常情况下，STP 间的信令连接可不经过 STP 的转接。但为了信令网的可靠，还需设置迂回路由，如图 7.32(a)所示。

（2）A、B 平面连接方式：A、B 平面连接的主要特点是 A 平面或 B 平面内部的各个 STP 间采用网状相连，平面之间则采用成对的 STP 相连。在正常情况下，同一平面内的

STP 间信令连接不经过其他 STP 转接。在故障情况下，同一平面内的 STP 间信令连接需经由不同平面的 STP 连接，这种方式除正常路由外，也需设置迂回路由，但转接次数比网状连接时多，如图 7.32(b)所示。

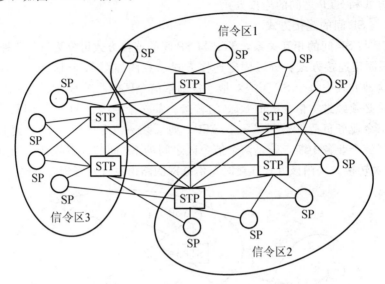

图 7.31　STP 与 SP 随机连接方式示意图

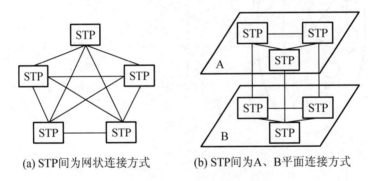

(a) STP间为网状连接方式　　　　(b) STP间为A、B平面连接方式

图 7.32　STP 间连接方式示意图

　　结合上述节点间的连接方式，信令网的结构可分为无级信令网和分级信令网。

　　(1) 无级信令网就是信令网中不引入信令转接点，信令点间采用直连工作方式，网络拓扑结构为网形网，因此该种结构具有信令路由多，信令消息传递时延短等优点。但同时由于采用网形网的结构，局间信令的链路数量会随着节点的增加而呈指数增加，因此这种方式无法满足较大范围的信令网的要求，从而导致其在信令网的容量和经济性上都满足不了国际、国内信令网的要求，故未被广泛采用。无级信令网如图 7.33(a)所示。

　　(2) 分级信令网就是含有信令转接点的信令网，它可按等级分为两种：一种是二级信令网，如图 7.33(b)所示，由一级 STP 和 SP 组成；另一种是三级信令网，如图 7.33(c)所示，由两级信令转接点组成，即 HSTP(高级信令转接点)、LSTP(低级信令转接点)和 SP 组成，采用几级信令网，主要取决于信令网所能容纳的信令点数量以及 STP 的容量。

　　二级信令网相对三级信令网具有信令转接点少、信令传递时延小等优点，在信令网容量可以满足要求的条件下，通常都采用二级信令网。目前大多数国家采用二级信令网结构。当二级信令网容量不能满足要求时，就必须采用三级信令网。

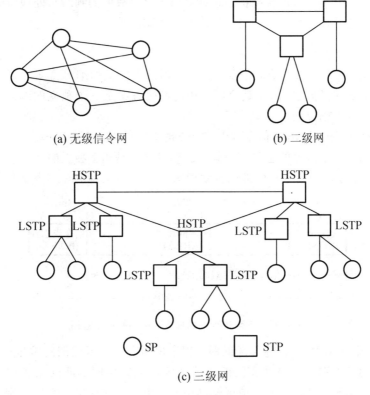

(a) 无级信令网   (b) 二级网

(c) 三级网

图 7.33　信令网结构示意图

3. No.7 信令网的维护、管理

No.7 信令可以提供丰富的信令消息，为信令网的管理、维护提供了先进的维护管理手段。同时也对信令网的管理和维护工作提出了更高的新要求。

No.7 信令网的运行、管理和维护(OA&M)主要包括以下功能。

(1) 信令网中信令点、信令转接点和信令业务量的监视测量。

(2) 信令网的路由测试。

(3) 信令链路的运行管理。

(4) 信令网的设计数据采集。

(5) 信令网故障的监视和测量。

对于信令网的监视和测量主要有以下几个方面。

(1) 信令链路性能。

(2) 信令链路可用性。

(3) 信令链路利用率。

(4) 信令链路组和路由组可用性。

(5) 信令点状态的可接入性。

(6) 信令路由利用率。

进行信令网的监视和测量有两种主要测试工具。

(1) 人机命令。

（2）利用专门的测试设备。

此外，对于信令网的管理与维护还包括对信令链路故障的判断与处理、STP设备故障的及时发现并有效处理、信令网网络的管理和规划调度等。

4. No.7信令点编码

在No.7信令网中，每一个信令点利用与电话网中类似的编号方案对每一个信令点进行编码来唯一标识它。但在No.7信令网采用的编码方案是一个独立的编码计划，不从属于任何一种业务的编码计划。

ITU-T给出了国际No.7信令网中信令点的编码计划，而各国国内No.7信令网的信令点的编码计划由各个国家的主管部门确定。两者之间是相互独立的。

国际No.7信令网中信令点的编码方案如图7.34所示，采用三级编码结构，共14位。

图7.34 国际信令网的信令点编码构成示意图

在图7.34中，NML 3bit为大区识别，用于识别全球大区或洲的编号；K~D 8bit为区域网识别，用于识别全球编号大区内的地理区域或区域网，即国家或地区；CBA 3bit为信令点识别，用于识别地理区域或区域网中的信令点。在这里，大区识别和区域网识别合称为信令区域网编码（SANC）。

我国的No.7信令网内信令点的编码方案采用统一的分级编码方案。考虑到未来信令网的发展以及组网的灵活性等因素，我国国内信令点编码采用24bit全国统一编码方案，编码格式如图7.35所示。

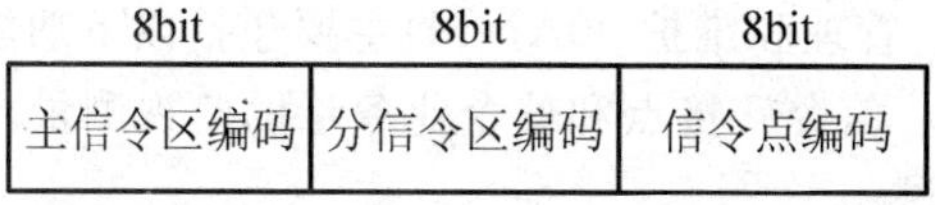

8bit	8bit	8bit
主信令区编码	分信令区编码	信令点编码

图7.35 国内信令网信令点编码构成示意图

由图7.35可知，我国国内信令点编码由主信令区、分信令区、信令点3部分组成。主信令区编码原则上以省、自治区、直辖市为单位编排；分信令区编码原则上以每省、自治区的地区、地级市或直辖市的汇接区和郊县为单位编排；国内信令网的每个信令点都分配一个信令点编码。

对于支持No.7信令的国际出口局，应有两个信令点编码，一个是国际信令网14bit的信令点编码，例如，我国大区编码为4，区域网编码为120，而我国在国际网中分配有8个信令点，其编码为4-120-XXX。另一个是国内信令网24bit的信令点编码，两者之间的转换由该国际出口局来完成。

5. 我国No.7信令网概况

No.7信令网与电话网是一种共生的关系。因此我国的No.7信令网的发展是伴随着我国的电话交换网的发展而展开的。根据我国电话网的现状，结合前面讲述的 No.7 信令网的网络结构的相关内容，我国的 No.7 信令网采用三级结构，如图 7.36 所示。

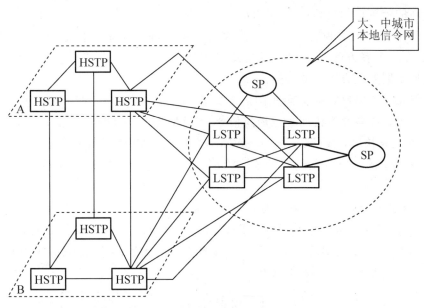

图 7.36　我国 No.7 信令网结构示意图

在我国的 No.7 信令网中，HSTP 采用 A、B 平面连接方式，A、B 平面内的各个 HSTP 采用网状网结构以提高信令网的可靠性。A、B 平面间成对的 HSTP 相连，HSTP 负责转接它所汇接的 LSTP 和 SP 的信令信息。HSTP 作为高级信令转接点信令负荷较大，因此应尽量采用独立的信令转接点。

LSTP 负责转接本信令区各 SP 的信令消息，可根据实际情况采用独立信令转接点或综合信令转接点，其与 HSTP 和 SP 之间的连接采用分区固定连接方式。在同一信令区内的 LSTP 间采用网状连接，以提高可靠性。

每个 SP 至少连接两个 LSTP，连接方式可采用分区固定连接方式或随机连接方式。若根据实际情况连接至 HSTP，应分别以分区固定连接方式连接至 A、B 平面内成对的 HSTP。

7.4　ATM 信令

7.4.1　ATM 信令的功能、结构

1. ATM 信令的功能和协议结构

信令技术在 ATM 网中占有举足轻重的地位，ATM 是面向连接的，连接是网络根据用户的要求建立和拆除的。ATM 信令是带外信令，它的功能是为控制 ATM 网中呼叫和接续。为此目的，它对网络用户和交换节点或交换节点间的信息交换动态地建立、保持和释放各通信的接续或呼叫。ATM 信令应具备如下功能：①为 ATM 网中的信息转移建立、维持、释放 VCC，这种建立可以是随时需要的，也可以是永久或半永久的；②在建立连接时，还要为这些连接分配网络资源；③支持点到点通信以及点到多点通

信；④对于已建立的连接，还可以重新协商、分配网络资源；⑤支持对称和非对称呼叫，前者两个方向的带宽相等，后者有可能在一个方向上只占很少的带宽，而在另一方向需要很高的带宽，如视频点播（VOD）；⑥可以为一个呼叫建立多个连接；⑦在一个已建立的呼叫中加上或去掉连接；⑧支持多方呼叫，在多个端点间建立连接（如视频会议），可以在一个多方呼叫中加上或去掉一个通信端点；⑨支持与非 BISDN 业务的互通；⑩支持不同编码方案间的互通。

信令信元以与用户数据信元相同的方式在 ATM 层传送。ATM 网在用户和网络间支持接入信令；在各交换机间支持局间信令，ATM 网信令协议的结构如图 7.37 所示。

在用户/网络接口，ATM 适配层（SAAL）功能支持 ATM 层以上的可变长度信令信息交换。SAAL 将高层信令信息适配到 ATM 信令信元。高层信令协议为国际电联标准 Q.2931。

在网络节点接口（NNI），高层的局间信令协议是 ITU - T 标准宽带 ISDN 用户部分（BISUP）。图 7.37（b）表明直接通过 ATM 链路经过 SAAL 和 No.7 信令网的信息转移部分第三层（MTP-3）支持 BISUP。另一方式如图 7.37（c）所示，通过现有的 No.7 信令网，即经过 MTPl 至 MTP3，支持 BISUP。

Q.2931
SAAL
ATM
物理层

BISUP
MTP-3
SAAL
ATM
物理层

BISUP
MTP-3
MTP-2
MTP-1
物理层

(a) 接入信令　　(b) ATM网直通局间信令　(c) No.7信令网转接局间信令

Q.2931:高层信令协议　　　　　　　　SAAL:ATM适配层信令
ATM:ATM层　　　　　　　　　　　　BISUP:宽带ISDN用户部分
MTP-1:No.7信令信息转接部分1层　　MTP-3:No.7信令信息转接部分3层
MTP-2:No.7信令信息转接部分2层

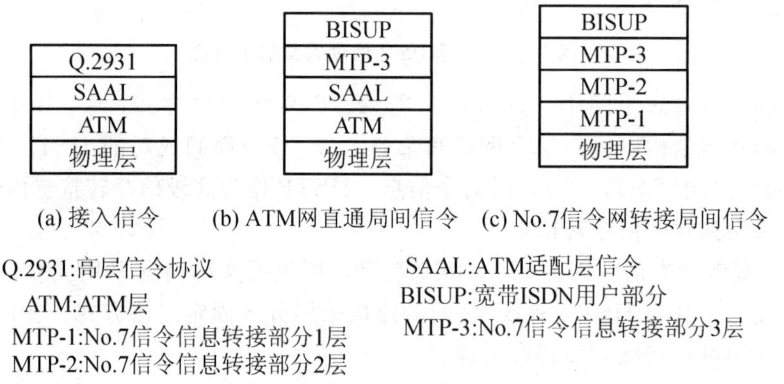

图 7.37　ATM 网信令协议结构

信令信息以信令信元的形式通过 ATM 层传递。信令信元由虚信道识别符域识别并在信令虚信道中传递。

信令 ATM 适配层由公共部分（CP）和业务特定会聚子层（SSCS）组成。SSCS 又分为特定业务协调功能（SSCF）和业务特定面向接续协议（SSCOP）。SSCF 被设计为采用低层的 SSCOP 业务在高层信令单元间交换信息。它主要为信令单元提供接续建立和释放的信令信息。同层 SSCF 单元不能通信，如 SSCF 既不能把 AAL 信息插入信令信息，也不能从信令信息中提取 AAL 信息。SSCF 的作用就是在高层信令单元和 SSCOP 间传递数据，这涉及 SSCOP 业务。因此，SSCF 只具有协调的功能，它将 SSCOP 业务映射到高层信令单元处理。

SSCOP 采用 AAL5 通用非确保传递业务，它在其用户间提供可变长度数据单元传递业务。它采用 AAL5 的检错方法，但是在 AAL5 公共部分上增加了丢失恢复和差错控制功能。

Q. 2931 和 BISUP 的现行版本将逐渐增强以支持各种高级业务,如呼叫/接续分离控制、多点接续和多媒体呼叫。

2. ATM 信令适配层 SAAL 功能

ATM 信令适配层由 CP 和 SSCS 组成,在前面已经介绍了 AAL5 的 CPCS 和 SAR 子层,这里主要说明 SSCOP 和 SSCF。

1) SSCOP

SSCOP 的主要功能是为提供连接的建立和释放并在对等层之间完成可靠的信息传送。

(1) SSCOP 的功能有以下几个方面。

① 顺序一致性:SSCOP 按照上层提交的顺序来发送,保证 SSCOP-PDU 的顺序不变。

② 差错校正:接收方 SSCOP 实体通过序号检查可发现 PDU 的丢失,能通过选择性地重发来进行差错校正。

③ 流量控制:接收方可控制发送方的发送速率。

④ 向层管理报告差错的发生。

⑤ 保持连接激活:对等层 SSCOP 实体间的连接长时间无数据传送时,可验证该连接是否还处于已建立的状态。

⑥ 本地数据恢复:SSCOP 的用户能检索恢复 SSCOP 尚未清除的保持顺序的 SDU。

⑦ 连接控制:通过专门的 PDU 实现 SSCOP 连接的建立、释放和重新同步,后者指已建立的连接发生问题后双方的重新协商。

⑧ 传送用户数据:在连接建立、释放和重新同步 PDU 中,可以同时传送 SSCOP 用户的数据信息。

⑨ 协议差错的检测和恢复。

⑩ 状态报告:收发方之间可以交换状态信息。

(2) SSCOP PDU 的类型。

SSCOP PDU 的类型见表 7-7,表中包含了 PDU 的功能类别、名称、PDU 类型编码及简要说明。

表 7-7 SSCOP PDU 类型

功能类别	PDU 名称	PDU 类型编码	说明
建立	BGN	0001	连接建立请求
	BGAK	0010	建立请求证实
	BGREJ	0111	建立请求拒绝
释放	END	0011	连接释放命令
	ENDAK	0100	连接释放证实
再同步	RS	0101	再同步命令
	RSAK	0110	再同步证实
恢复	ER	1001	差错恢复命令
	ERAK	1111	差错恢复证实

续表

功能类别	PDU 名称	PDU 类型编码	说明
确保数据传输	SD	1000	带序号的数据传输
	POLL	1010	请求对等层的状态信息
	STAT	1011	请求的状态信息
	USTAT	1100	非请求的状态信息
非证实数据传输	UD	1101	无序号的数据传输
管理数据传输	MD	1110	无序号的管理数据传输

2) SSCF

(1) 用于 UNI 的 SSCF。在 UNI 的 SAAL 可以提供 SAAL SDU 的透明传送，包括确保的数据传送和无证实的数据传送，并对确保的数据传送提供 SAAL 连接的建立和释放。作为 SAAL 中最上的子层，SSCF 在用户信令第三层（如 Q. 2931）与 SSCOP 之间起协调作用，以支持 SAAL 用户对 SAAL 的服务要求。

(2) 用于 NNI 的 SSCF。NNI 的 SSCF 的功能比 UNI 的 SSCF 要复杂一些，其主要功能有如下几个方面。

① 映射功能：SSCF 将从 SAAL 用户（MTP-3）收到的原语映射为至 SSCOP 的信号，或反之。这些原语和信号反映了 SAAL 可提供的服务，包括信令消息的透明传送，SAAL 连接的建立和释放等，也包括其他一些功能。

② 链路状态的保存：NNI 的 SAAL 提供了信令链路的功能，以支持在两个信令点之间提供可靠的信令消息的传送。为此，SSCF 在 MTP-3 和 SSCOP 的配合下保存链路状态的信息。

③ 定位过程：建立 SAAL 连接时，SSCF 要控制和协调初始定位过程。

④ 内部恢复：内部恢复功能用来支持 MTP-3 中的倒换过程。为此，当 MTP-3 向 SSCF 发出与恢复有关的原语请求时，SSCF 应在 SSCOP 的配合下予以处理并对 MTP-3 做出回答。

⑤ 流量控制：SSCF 向 SAAL 用户报告拥塞状况并可调整流向低层的 PDU 的速率，以避免信元丢失。

⑥ 处理机故障：当本方处理机出现故障时，由 SSCF 协调有关的操作。

⑦ 向层管理报告：SSCF 应向层管理报告有关事件的发生，例如，当释放 1 个 SSCOP 连接时，就向层管理报告释放的原因。

7.4.2 ATM 信令的工作原理

1. UNI 信令

UNI 第三层信令规定了信令消息的类型、格式和编码，以及 B-ISDN 呼叫/连接的控制过程。

1) 消息类型和格式

(1) 消息类型。Q. 2931 协议完成在 UNI 接口处呼叫建立、维护和拆除的操作，所以可以将 Q. 2931 协议中消息类型分为 5 类，即呼叫建立、消息传送、呼叫清除、多点控制和其他消息。

(2) 消息格式。Q.2931 消息的一般格式如图 7.38 所示,对消息中所包含的字段简述如下。

① 协议鉴别语:协议鉴别语用来区分不同的协议所用的消息。

② 呼叫参考:信令消息的第 2 至第 5 个 8 位位组为呼叫参考。其中第 2 个 8 位位组的 1~4 比特为呼叫参考值的长度,以 8 位位组为单位,由于不包括自身所在的 8 位位组,故编码值为 3;5~8 比特固定为 0000。第 3 至 5 个的 8 位位组为呼叫参考值。呼叫参考值由 UNI 接口发生呼叫的这一侧分配,以使消息与特定的呼叫相联系。第 3 个 8 位位组的第 8 比特为呼叫参考标志位,用来识别信令虚信道的哪一侧分配呼叫参考值,从而在不同侧同时分配相同的呼叫参考值时也不致引起混淆。

③ 消息类型:消息类型用来区分各种消息的不同功能,用第 6 个 8 位位组来标识,此外还包括消息兼容性指示语(第 7 个 8 位位组),用来指明当收到不能识别的消息类型时如何进行处理。

④ 消息长度:消息长度占有消息的第 8 和第 9 个 8 位位组,用来指明消息长度以后的消息内容的 8 位位组数。

⑤ 可变长度的信息单元:前述的 4 个部分(协议鉴别语、呼叫参考、消息类型和消息长度)是每个消息都含有的固定的信息单元(IE);此外,按照各类消息的不同功能,还含有数量不等、长度可变的信息单元。每个 IE 包含 IE 标识、兼容性指示域、IE 内容长度和 IE 内容等信息。在相应规范中定义了各种信息单元,例如,被叫号码、主叫号码、连接标识、AAL 参数、QoS 参数、ATM 业务流描述、宽带承载能力等信息单元。

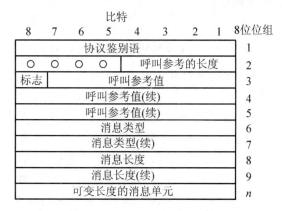

图 7.38 Q.2931 消息的一般格式

2) 点到点呼叫/连接的建立和释放

图 7.39 表示点到点呼叫/连接的建立和释放过程。

(1) 主叫侧的呼叫控制:主叫用户在指配的信令虚信道中发送 SETUP 消息以启动呼叫的建立,其中包括所选定的呼叫参考值。在 SETUP 消息中,ATM 业务流描述、宽带承载能力和 QoS 参数是必备的信息单元,此外还包括用于呼叫建立所需的全部或部分地址信息。

网络侧收到 SETUP 消息后如果可以接受和处理这一呼叫,就发回 CALL PROCEEDING 消息,作为对 SETUP 消息的证实,并指示呼叫正被处理。在 CALL PROCEEDING 消息中包含的连接标识信息单元中,指明了网络侧所分配的 VPCI/VCI 值。这里用 VPCI (虚通道连接标识)而非 VPI 是由于信令虚信道可控制多个接口,VPCI 相当于接口号和 VPI;如果只控制一个接口,则用户侧的 VPCI 就等于 VPI。

当已向被叫地址启动警示(如电话呼叫的振铃)时,网络向主叫用户发送 ALERING 消息;当被叫接受这一呼叫时,网络向主叫用户发送 CONNECT 消息。主叫收到 CONNECT 消息时,回送 CONNECT ACKNOWLEDGE 消息。至此,端到端的连接已建立,用户间可以开始通信。

任何一方都可以释放呼叫。图 7.39 表示主叫发送 RELEASE 消息,网络回送 RELEASE COMPLETE,并向另一方传送释放消息。

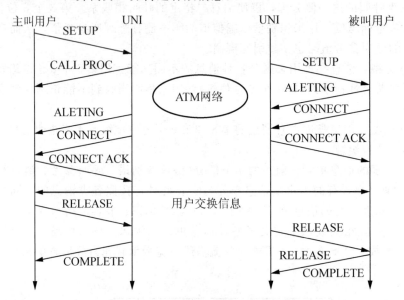

图 7.39　点到点呼叫/连接的建立和释放

(2) 被叫侧的呼叫控制:呼叫建立可能通过多个交换节点的转接,最后由被叫 UNI 接口所在的网络侧向被叫用户发送 SETUP 消息,消息中含有呼叫参考值和 VPCI/VCI 值,这些值仅在被叫侧具有局部含义。被叫用户要根据 SETUP 消息中所包含的 ATM 业务流描述、宽带承载能力、QoS 参数、AAL 参数等信息单元的内容来进行一致性检验。如果被叫用户具备接受这次呼叫请求的能力,就向网络侧发送对 SETUP 消息的响应:CALL PROCEEDING、ALERTING 或 CONNECT 消息。被叫用户如果在对 SETUP 消息的响应时限内未能发送 ALERTING 或 CONNECT 消息,可以先行发送 CALL PROCEEDING 消息。如果不需要或有些规范不支持 ALERTING 消息,也可以不发 ALERTING 而直接发 CONNECT 消息。网络收到 CONNECT 消息后,向被叫用户回送 CONNECT ACKNOWLEDGE 消息;主叫用户也将收到 CONNECT 消息。

通信完毕,被叫用户收到网络发来的 RELEASE 消息后,也回送 RELEASE COMPLETE 消息。

2. NNI 信令

(1) B-ISUP 功能结构。ITU-T 将 B-ISUP 的功能划分为 3 个能力集(CS)。CS-1 支持基本承载业务和用户补充业务以及与 N-ISDN 的互通,CS-2 支持可变比特率 (VBR)业务,并将呼叫控制与连接控制分离,CS-3 支持多媒体业务和分配型业务。图 7.40 所示为 B-ISUP 的功能结构。在图 7.40 中,"交换应用处理"代表交换机中所有应用层的功能,"B-ISUP 节点功能"则表示 B-ISUP 应用进程功能,"B-ISUP AE(应用实体)"提供"B-ISUP 节点功能"所需的全部通信能力。B-ISUP 只包含 1 个 SAO(单相关对象),可以避免使用 MACF(多相关控制功能)。B-ISUP AE 由 1 个 SACF(单相关控制功能)和若干个 ASE(应用服务单元)构成。每个 ASE 执行一定的通信功能。CC ASE 为呼叫控制 ASE,BCC ASE 为承载连接控制 ASE,MC ASE 为维护控制 ASE,UI ASE 为未识别信息 ASE。此外,还有用于补充业务的 ASE:CLIP/CLIR ASE 为主叫用户线标识提供和限制 ASE,COLP/COLR ASE 为被连接用户线标识提供和限制 ASE,SUB ASE 为子地址 ASE,U-U 信令 ASE 为用户至用户信令 ASE。

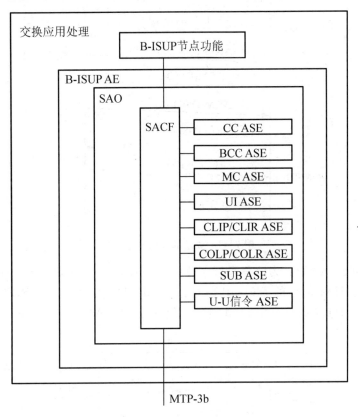

图 7.40 B-ISUP 的功能结构

(2) B-ISUP 消息格式和类型。B-ISUP 的消息结构与 N-ISUP 相同,其业务指示语(SI)为 1001,信令信息字段(ST)的格式如图 7.40 所示。B-ISUP 消息中的路由标记也由 DPC、OPC 和 SLS 码组成。属于同一呼叫虚连接的消息的路由标记必须相同,以保持同一呼叫的 No.7 信令消息的顺序连续性。SLS 仍用于信令业务的负荷分担。

1 个字节的消息类型编码用来区分不同的消息。CSl 定义了 28 种不同的消息,例如,初始地址消息(IAM)、IAM 证实消息(IAA)、地址全消息(ACM)、应答消息(ANM)、释放消息(REL)、释放完成消息(RLC)等。消息长度用来指示消息长度以后的消息兼容性信息和消息内容的字节数。消息兼容性信息未识别消息的处理动作,可用于不同版本信令协议的兼容,消息内容由若干个参数组成。B-ISUP 规定了各种参数的名称和编码,例如,被叫用户号码、被叫用户子地址、主叫用户号码、主叫用户子地址、AAL 参数、ATM 信元率、宽带承载能力、原因表示语、用户至用户信息等，可由各类消息按需选用。

（3）呼叫建立过程。

成功建立的过程示例：图7.41表示呼叫成功建立的过程。图中还用括号表明每个消息所带有的信令标识（SID）。在IAM消息中，A局将其所分配的OSID（源SID）A告知对方，B局在IAA消息中将其所分配的OSID B也告知A局，同时还将原先收到的SID A作为DSID（目的SID）回传给对方，从而将这两个SID联系在一起。于是在以后的消息中，只需包括对方所分配的SID，从DSID（即收方所分配的SID）可以很快查到有关呼叫的状态信息。

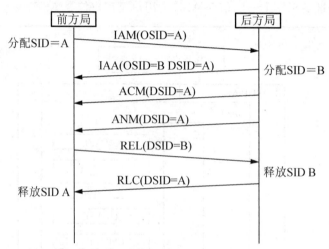

图7.41 成功的呼叫建立过程

端到端呼叫建立过程：为清楚起见，最后用图7.42表示端到端的呼叫建立过程中的信令配合情况。UNI信令的SETUP消息、ALERTING消息、CONNECT消息和RELEASE消息分别与NNI信令中IAM消息、ACM消息、ANM消息和REL消息存在一定的映射关系。

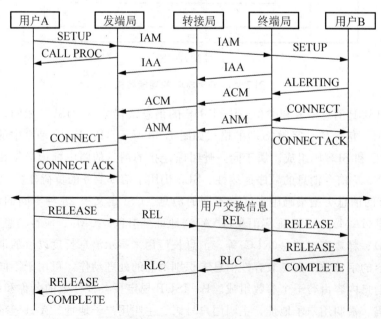

图7.42 端到端呼叫建立过程

3. 拥塞管理

根据 ITU - T 的定义, ATM 网络的拥塞指的是网络元素(如交换机、复接器或传输设备等)的一种状态, 在这种状态下网络不能保证已建立连接的服务质量或者不能接纳新的连接请求。出现拥塞的原因有两方面: 一是由于网络中流量强度不可预测地随机波动而造成网络负荷过重; 二是由于网络本身出现故障。任何一个实用的电信网都需要解决网络拥塞的管理问题, 也就是解决有限的网络资源与用户需求间的矛盾, 在满足用户对服务质量要求的前提下尽可能地充分利用网络资源。

ATM 网与以往的电路交换方式或分组交换方式的网络相比, 这一问题显得更加突出, 这是因为 ATM 网络的拥塞管理既重要又困难。说它重要是因为 ATM 是一种异步时分、统计复用的信息传送方式, 而统计复用在提高网络资源利用率、增强灵活性的同时, 不可避免地增加了引起网络拥塞的风险。拥塞管理的困难又表现在两个方面: 一方面, ATM 网中传送的是各种类型的业务信息综合而成的数据流, 其流量特性十分复杂难于控制; 另一方面, 由于 ATM 网络传输速率高, 一旦某处发生拥塞而不能及时解决时, 拥塞范围将迅速扩大。由此可见, ATM 网的拥塞管理是个很重要的问题。此外, 拥塞管理也是 ATM 的一个非常显著的特点。

1) 网络拥塞管理的基本思想

由于 ATM 网络拥塞管理的复杂性, 以往在电路交换网与分组交换中采用的拥塞管理方法不再适用。电路交换网中拥塞控制的基本思想是资源预分配与即时拒绝, 在为呼叫请求建立一条连接的同时分配一部分被这条连接所独占的资源, 当网络资源不足时拒绝新的呼叫请求。这种方法的主要缺陷是缺乏灵活性, 与 ATM 动态分配资源的特性相矛盾。分组交换网中目前普遍使用 X.25 协议中的窗口流量控制技术来控制拥塞, 其基本思想是通过反馈的方法来限制发送端发出过多的流量, 这种方法控制的速度较慢, 不适合用于高速的 ATM 网络。

为了满足 ATM 网中拥塞管理的要求, ITU - T 提出了一套新的拥塞控制机制。其基本思想在于: 引入预防性控制措施, 不再是出现拥塞之后再采取措施来消除拥塞, 而是通过精心管理网络资源来避免拥塞的出现。

拥塞管理的功能分成两个层次: 第一层是预防性措施, 称为流量控制, 是为防止网络出现拥塞而采取的一系列措施, 包括网络资源管理(NRM)、连接允许控制(CAC)、使用参数控制(UPC)以及优先级控制等; 第二层是反应性措施, 称为拥塞控制, 是当网络出现拥塞后为将拥塞的强度、影响范围、持续时间减到最小而采取的一系列措施, 包括信元选择性丢弃与拥塞指示等。

ATM 网中拥塞管理由流量控制与拥塞控制功能配合完成。用户向网络发出呼叫请求时需要向网络提交即将发送的流量特性, 以及对服务质量的要求, 网络此时执行 CAC 功能, 确定网络是否有足够的资源来支持这一新的呼叫请求。如果能支持就建立相应的虚电路连接, 并同用户协商允许通过这条虚电路输入网络的流量的特性参数。只有用户实际输入网络的流量特性满足协定的特性参数时, 网络才保证对它的服务质量。在通信过程中执行 UPC 功能, 监测每条虚电路中实际输入网络的流量, 一旦发现超越了协定参数就采取措施加以限制。以上这些功能的目的都在于防止拥塞的出现, 属于流量控制范围。

ATM 网一旦检测到出现拥塞状况, 则启动拥塞控制功能, 首先是有选择地丢弃重要程度相对低的信元以缓解拥塞, 同时进行拥塞状态信息的前向、反向指示。当这些措施仍不能很好地控制住拥塞时，网络将进行释放连接或重选路由。

由此可见，ATM 网的流量管理机制可分成如下几个阶段：①呼叫请求建立连接阶段，其关键技术是连接允许控制；②通信过程中对入网流量的监测与控制，关键技术是使用参数控制；③拥塞控制阶段，关键技术是选择信元丢弃与拥塞指示。

2）网络拥塞管理的主要功能

（1）连接允许控制（CAC）。当网络收到呼叫请求后首先启动 CAC 功能，检测当前网络资源的分配与占用情况，对照用户呼叫请求中提交的流量特性与服务质量要求，确定当前可供使用的网络资源能否满足用户要求。如果能够满足要求并在建立新连接的同时仍能保证已有连接的服务质量，则网络将接纳这一呼叫并建立相应的虚电路，否则拒绝用户的请求。CAC 功能在建立连接的同时还完成两方面的功能：其一是同用户协商相应虚电路中允许入网流量的特性参数供 UPC 利用；其二是为相应的虚电路分配资源。

（2）入网流量的监控。入网流量监控功能根据所处的位置分成 UPC 与网络参数控制（NPC）。前者位于用户/网络接口，而后者用在网络接口上，两者的功能类似。下面主要介绍 UPC 功能。在通信过程中，用户实际输入网络的流量特性可能超越 CAC 功能执行过程中所确定的值，对这种情况需要加以限制，否则将影响网络的服务质量。为此在用户/网络接口设立了监测与限制机制，以确保每条虚电路中实际入网的流量特性参数符合协商值，这一机制即是 UPC 功能。目前 UPC 中的限制措施主要是对属于超越协商值的那部分流量的信元打上标记，表示这部分信元的服务质量不能保证，一旦网络发生拥塞，首先丢弃这类信元。

漏桶算法是目前研究最多的一种业务流监控方法，其基本思想是：设一有限容量的漏桶（桶的深度对应某种流量参数或容差参数），到达的信元进入漏桶，经漏桶渗漏后输出到网络。该漏桶以每单位时间一个容量单位的连续速率向外渗漏（该速率对应于某种业务的信元速率参数），同时，每当一个信元到达时，其容量加 1。当信元到达速率超过漏桶渗漏速率时，连续累积的信元会使漏桶充满，这时如果还有信元到达，该信元就会溢出漏桶（即被丢弃），该信元即是违约信元。图 7.43 所示为带有缓存器的漏桶系统，其漏桶操作描述如下：到达的信元首先进入排队缓存器，当缓存器占满时，新到达的信元即是违约信元而被丢弃。进入缓存器的信元，必须取得一个令牌后才能进入网络。令牌以固定速率 R 产生，并放在令牌池中（令牌池可放 M 个令牌），当令牌池占满时，令牌生成，就暂停，直到令牌池再次出现空位时为止。漏桶操作确保了符合流量协商值的信元才能进入网络。对违约信元的处理有立即丢弃和打上标记并允许其进入网络这两种方法。

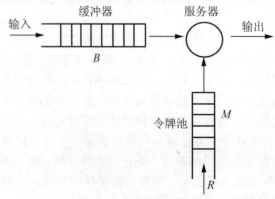

图 7.43　一种漏桶模型

（3）选择性信元丢弃。ATM 网中传送的信元有两种优先级别，通过信元头中的 CLP 位来区分，CLP＝0 表示优先级高，CLP＝1 表示优先级低。当网络发生拥塞时首先选择 CLP＝1 的信元丢弃以缓解拥塞。CLP＝1 的信元有两个来源：一是由用户产生，说明此信元所承载的信息属于低优先级；二是 UPC 将某些 CLP＝0 的信元改成 CLP＝1，说明此信元属于超越协定值的流量部分。实际上 ATM 网拥塞时就是牺牲掉这些信元来保证高优先级信元的传送质量。

（4）拥塞信息指示。选择性信元丢弃是在网络发生拥塞的地点进行的，在有些情况下仅仅依靠这一处采取措施不足以控制拥塞，而要求整个网络协调行动，这就要求某处发生拥塞后能及时地将拥塞信息传递给网络的其他部分，以便采取措施协助对拥塞的控制。拥塞信息指示根据方向可分成前向拥塞指示与反馈拥塞指示。

7.5 数据网络协议

在数据通信网络中，通信双方遵循一定的网络协议，通过网络协议完成通信双方数据信息的传递与交换。

7.5.1 X.25 协议

X.25 建议即"用专用电路连接到公用数据网上的分组式数据终端设备（DTE）与数据电路终接设备（DCE）之间的接口"，是分组数据网中最重要的协议之一，有人把分组数据网简称为 X.25 网。

X.25 是在 1976 年 10 月通过的标准，它是在加拿大 DATAPAC 公用分组网相关标准的基础上制定的。1976 年制定了 X.25 的第二层所采用的链路接入规程 LAP。1980 年制定了 X.25 的第二层增加平衡链路接入规程，即 HDLC 中的异步平衡方式，简称 LAPB。1984 年制定了 X.25 的第二层的多链路规程，简称 MLP。为了适应卫星信道的需要，1988 年又在原有的 X.25 增加了模 128。为了适应异步传输的需要，1992 年通过的 X.25 又增加了异步帧模式，取消了 LAP 规程等。

X.25 协议采用分层的体系结构，自下而上分别为物理层、链路层和分组层，分别对应于 OSI 参考模型的下三层。各层在功能上相互独立，每一层接受下一层提供的服务，同时为上一层提供服务，相邻层之间通过原语进行通信。在接口的对等层之间通过对等层之间的通信协议进行信息交换的协商、控制和信息的传输，如图 7.44 所示。

1）X.25 物理层

X.25 物理层协议可以采用的接口标准有 X.21 建议、X.21bis 建议及 V 系列建议。X.25 的物理层协议规定了在公用数据网上为同步工作的 DTE 和 DCE 之间接口的电气特性、功能特性和机械特性以及协议的交互流程。DTE 可以是同步终端或异步终端，也可以是通用终端或专用终端，还可以是智能终端。DCE 是 DTE-DTE 远程通信传输线路的终接设备，主要完成信号变换、适配和编码等功能。模拟传输线路一般为调制解调器（Modem），数字传输线路则为多路复用器或数字信道接口设备。当采用调制解调器的模拟传输线路时，或使用具有 V 系列接口的 DTE 时，可采用 X.21bis 建议，这时 DTE 与 DCE 的接口实际采用 V.24 建议。

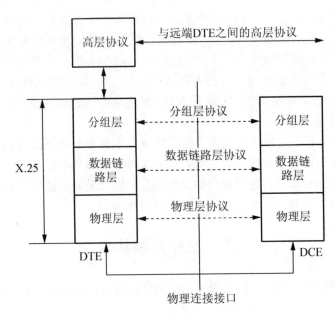

图 7.44 X.25 协议的分层结构

物理层完成的主要功能有以下几个方面。

(1) DTE 和 DCE 之间的数据传输。

(2) 在设备之间提供控制信号。

(3) 为同步数据流和规定比特速率提供时钟信号。

(4) 提供电气地。

(5) 提供机械的连接器(如针、插头和插座)。

2) X.25 数据链路层的 LAPB

X.25 数据链路层协议是在物理层提供的双向的信息传输通道上,控制信息有效、可靠地传送协议。X.25 的数据链路层协议采用的是 HDLC(高级数据链路控制规程)的一个子集——平衡型链路访问规程 LAPB 协议。HDLC 提供两种链路配置:一种是平衡配置;另一种是非平衡配置。非平衡配置可提供点到点链路和点到多点链路。平衡配置只提供点到点链路。由于 X.25 数据链路层采用的是 LAPB 协议,所以 X.25 数据链路层只提供点到点的链路方式。X.25 数据链路层完成的主要功能如下:DTE 和 DCE 之间的数据传输;发送端和接收端信息的同步;传输过程中的检错和纠错;有效的流量控制;协议性错误的识别和告警;链路层状态的通知。

数据链路层传送信息的单位是帧,X.25 中采用的 LAPB 的帧结构如图 7.45 所示。一个 LAPB 的帧由标志码(F)、地址字段(A)、控制字段(C)、帧检验序列(FCS)以及信息字段(I)构成。根据控制信息可以将 LAPB 的帧分为 3 种:信息帧(I 帧)、监控帧(S 帧)和无编号帧(U 帧)。

标志码F	地址字段A	控制字段C	信息字段I	检验序列FCS	标志码F
8bit	8bit	8bit/16bit	变长	8bit	8bit

图 7.45 LAPB 帧的结构

各字段的作用及功能描述如下。

（1）标志码 F。标志码的长度为 8bit，由 0111110 这样的比特组合形成。用于同步，位于帧的开始和结束，上一帧结束的标志码同时是下一帧的开始标志码。

（2）地址字段 A。该字段的长度为 8bit，目的是标识出该帧是命令帧还是响应帧。命令帧用来发送信息或产生某种操作，响应帧是对命令帧的响应。在发送端发出命令帧或信息帧后紧跟着是接收方发送的响应帧（如认可 ACK 帧），命令帧内的地址是发送命令的 DCE 或 DTE 地址，而响应帧内的地址是发送该帧的 DTE 或 DCE 地址。

（3）控制字段 C。LAPB 定义了两种工作方式：模 8 方式和模 128 方式。模 8 方式就是指发送序号或接收序号在 0～7 之间循环编号，即 7 的下一个序号是 0。模 128 方式则是在 0～127 之间循环号。如果工作在模 8 方式，以上 3 种类型帧的控制字段长度均为 8bit；如果以模 128 方式工作，信息帧和监控帧的控制字段长度为 16bit，无编号帧的控制字段长度为 8bit。

信息帧用于传输信息数据，只在数据传输过程中使用。控制字段的第 1 比特为 "0" 表示该帧为信息帧。信息帧的控制字段中包括帧序号 N(S)、P/F 和认可序号 N(R)，如图 7.46 所示。N(S) 和 N(R) 用于帧接收的肯定证实，N(S) 是已发送的信息帧序号，N(R) 是接收方预期将收到的下一序列的信息帧的序号（第 6 位是最低位），也就是最近已成功发送的帧是 (N(R)−1)。在模 8 基本方式中，序号范围为 0～7；在模 128 扩充方式中，序号范围为 0～127。C 字段中的第 5 比特位称作探询 (Poll)/最终 (Final) 位，即 P/F 位。对于命令帧，该位为 P 位；对于响应帧，该位为 F 位。P/F＝0，该位不起作用；命令帧 P＝1，表示要探询对端的状态，响应帧 F＝1，则是对刚收到的 P＝1 的命令帧的响应。I 帧是命令帧，所以其 C 字段第 5 比特位总是探询位 (P)。

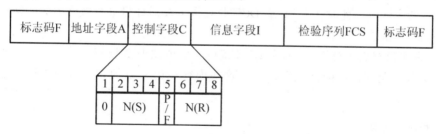

图 7.46　LAPB 中的信息帧的控制字段

监控帧用于保护信息帧的正确传输，它没有 I 字段。控制字段的第 1 比特位和第 2 比特位分别为 "1" 和 "0" 表示该帧为监控帧。监控帧的控制字段除 N(R) 与上述相同外，第 3、4 位为监视功能字段，可以有 3 种组合。

①"00" 表示接收准备就绪 (RR)，即已经正确接收到编号为 N(R)−1 及以前的 I 帧，并准备好接收第 N(R) 个信息帧。

②"10" 表示已经正确接收到编号为 N(R)−1 及以前的 I 帧，但此时处于忙状态暂时不能接收新的 I 帧。

③"01 表示拒绝 (REJ) 命令，表示已经正确接收到编号为 N(R)−1 及以前的 I 帧，申请对方重发以 N(R) 开始的信息帧。

监控帧既可以是命令帧也可以是响应帧，所以其控制字段第 5 比特位为 P 位或 F 位。用法与信息帧的控制字段相同。

无编号帧在链路的建立、断开和复位等控制过程中使用,用来实现附加的数据链路功能。控制字段的第 1 比特位和第 2 比特位均为"1"表示该帧是无编号帧。第 5 比特位是 P/F 位,第 3、4、6、7、8 比特位用于区分不同类型的无编号帧。无编号帧包括 SABM(置异步平衡方式)、DISC(断开)、DM(已断开方式)、UA(无编号确认)、FRMR(帧拒绝)、SABME(置扩展的异步平衡方式)。无编号帧除 FRMR 之外都没有 I 字段。

(4) 信息字段 I。只有信息帧和无编号帧中的 FRMR 帧会包含信息字段。信息帧中的信息字段为来自分组层的分组数据。FRMR 帧的信息字段为拒绝的原因。

(5) 帧检验序列 FCS。帧检验序列为 16bit,用来检查帧通过链路传输可能产生的错误。FCS 在发送方按照特定的算法对发送信息进行计算而产生,并附于帧尾;在接收端通过检查 FCS 来判别在传输过程中是否发生了错误。

数据链路层完成的主要功能就是建立数据链路,利用物理层提供的服务为分组层提供有效可靠的分组信息的传输。LAPB 的工作包括 3 个阶段,即链路的建立、数据传输和链路拆除。链路的建立由 DTE 或 DCE 发起均可,通常是由 DTE 发起的。在此过程中,DCE 向 DTE 发送连续的标志字段表示信道状态有效,能够建立数据链路,DTE 向 DCE 发送 SABM 或 SABME 命令并开始建立链路,DCE 在收到正确的 SABM 或 SABME 后判断能否进入信息传输阶段,若能则发送 UA 帧响应,并将它的状态变量 N(R) 和 N(S) 置"0",DCE 进入数据传输阶段。DTE 收到 UA 帧,将 N(R) 和 N(S) 置"0",DTE 也进入数据传输阶段。

信息传输阶段的任务是保证 DCE 和 DTE 之间信息的正确传输。在数据传输阶段,只有信息帧(I 帧)和监控帧(U 帧)在 DTE 和 DCE 之间交互。

DTE 或 DCE 都可以通过发送 DISC 命令来结束这一工作模式,接收方可发送一个 UA 以对该命令认可,此时在 DTE 或 DCE 收到该 UA 后即可进行链路拆除的操作。

3) X.25 分组层

X.25 分组层规定了分组层 DTE/DCE 接口、虚电路业务规程、分组格式、用户任选的补充业务规程及其相应的格式等内容。这些内容在第 4 章的相关章节中已做过相应的介绍。

7.5.2 帧中继协议

帧中继对协议进行了简化,取消了第二层的流量控制和差错控制,仅有端到端的流量控制和差错控制,这部分功能由高层协议实现。

帧中继分层协议功能如图 7.47 所示。

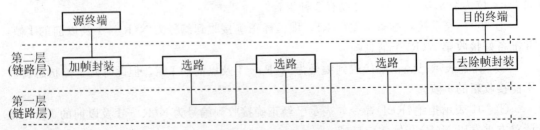

图 7.47 帧中继分层协议功能

1. 帧中继协议结构

帧中继的协议是以 OSI 参考模型为基础的，仅包含两层参考模型，即物理层和数据链路层的核心功能，协议模型如图 7.48 所示。

1）帧中继的操作平面

（1）控制平面（C 平面）：用于建立和释放逻辑连接，传送并处理呼叫控制消息；控制平面（C 平面）包括三层。第三层规范使用 ITU-T 的建议 Q.931/Q.933 定义了帧中继的信令过程，包括提供永久虚连接 PVC 业务的管理过程、交换虚连接 SVC 业务的呼叫建立和拆除过程。第二层的 Q.921 协议是一个完整的数据链路协议——D 信道链路接入规程 LAPD，它在平面中为 Q.931/Q.933 的控制信息提供可靠的传输。C 平面协议仅在用户和网路之间操作。

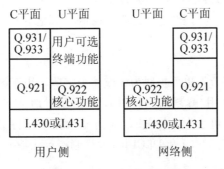

图 7.48 帧中继的协议模型

·（2）用户平面（U 平面）：用于传送用户数据和管理信息。U 平面使用了 ITU-T Q.922 协议，即帧方式链路接入规程 LAPF。帧中继只用到了 Q.922 中的核心部分，称为 DL-Core。

2）数据链路层核心部分（DL-Core）的功能

帧中继数据链路层核心功能用来支持帧中继承载业务，其主要功能包括以下几项。

（1）帧定界、同步和透明传输。

（2）用地址字段实现帧多路复用和解复用。

（3）对帧进行检测，确保 0 比特插入前/删除后的帧长是整数个字节。

（4）对帧进行检测，确保其长度不至于过长或过短。

（5）检测传输差错，将出错的帧舍弃（帧中继不进行重发）。

（6）拥塞控制。

作为数据链路层的子层，DL-Core 只提供无应答的链路层数据传输帧的基本服务和从一个用户到另一个用户传送数据链路帧的基本功能。

2. 帧中继的帧格式

在帧中继接口（用户线接口和中继线接口），数据链路层传输的帧由 4 种字段组成：标志字段 F、地址字段 A、信息字段 I 和帧校验序列字段 FCS。帧中继的帧结构如图 7.49 所示。从图 7.49 可以看出，帧中继的帧格式和 LAPB 的格式类似，主要的区别是帧中继的帧格式中没有控制字节 C。帧格式中各字段的含义如下。

注：F——标志；A——地址；I——信息；

FCS——帧效验序列。

图 7.49　帧中继的帧结构

1）标志字段 F

标志字段是一个 01111110 的比特序列，用于帧同步、定界(指示一个帧的开始和结束)，帧结构中其余部分为比特填充区。在一些应用中，本帧的结束标志可以作为下一帧的开始标志。由于在一帧中的比特填充区是不允许出现这样的序列的，所以发端除 F 字段外，其余部分每 5 个"1"要插入一个"0"以区别标志位。如原代码为 11111111101111110011111 01100000，"0"插入后应变为 11111011101111010011111001100000。

数据进入接收段后，要进行相应的处理，在两个标志位之间的数据只要连续有 5 个"1"，其后的"0"就要删除。

2）地址字段 A

地址字段一般为两个字节，也可扩展为 3 或 4 个字节，用于区分同一通路上的多个数据链路的连接，以实现帧的复用/解复用，如图 7.50 所示。地址字段包括字段扩展比特 EA、命令响应指示比特 C/R、帧可丢失比特 DE、前向显示拥塞比特 FECN、后向显示拥塞比特 BECN、数据链路连接标识符 DLCI 和 DLCI 扩展/控制指示比特 D/C 共 7 个组成部分。

比特　8　7　6　5　4　3　2　1

DLCI(高阶比特)			C/R	EA=0
DLCI(低阶比特)	FECN	BECN	DE	EA=1

图 7.50　帧中继地址字段结构

每一个字节的第一个比特位都是 EA，当 EA＝0 时，表示下一个字节仍为地址字节；当 EA＝1 时，表示本字节为地址字段的最后一个字节。一个帧是命令帧还是响应帧用 C/R 来标识，如果是命令帧，就将 C/R 置为"0"；如果是响应帧，则将 C/R 置为"1"。用于帧中继丢失业务指示的 DE 置为"1"时，说明网络发生拥塞时，优先考虑丢弃的帧。FECN 由发生拥塞的网络来设置，用于通知用户启动拥塞避免程序，它说明与载有 FECN 指示的帧同方向上的信息量情况。BECN 由发生拥塞的网络来设置，用于通知用户启动拥塞避免程序，它说明与载有 BECN 指示的帧反方向上的信息量情况。FECN、BECN 仅与帧中继业务有关。当地址字节为 3 个以上时会出现 D/C 比特位，如果 D/C 置为"1"，表示最后一个字节包含 DL－Core 控制信息；如果 D/C 置为"0"，则表示最后一个字节包含 DLCI 信息。实际中 D/C 比特位通常为"0"。在地址字段 A 中有一个数据链路连接 DLCI，用来标识用户网路接口或网路接口上承载通路的虚电路。当 DLCI 长度为 10bit 时，则有 2^{10}(1024)个单元，其中 16～1007 单元被分配给永久虚电路 PVC。

3）信息字段 I

信息字段 I 包含的是用户数据，可以是任意的比特序列，它的长度必须是整数个字节，LAPF 信息字节的最大默认长度为 260 个字节，网络应能支持协商的信息字段的最大字节数至少为 1598，用来支持如 LAN 互连之类的应用，以尽量减少用户设备分段和重装用户数据的需要。

4）帧校验序列字段 FCS

帧校验序列字段能检测出任何位置上 3bit 以内的错误、所有奇数个错误、16bit 之内的连续错误和数据量的突发性的错误。FCS 是一个 16bit 的序列，是下面两项和（模 2）的二进制的反码。

$X^K(X^{15}+X^{14}+X^{13}+X^{12}+\cdots+X^3+X^2+X+1)$ 被生成多项式（$X^{16}+X^{12}+X^5+1$）所除（模 2）后得到的余数。其中，K 是开始标志的最后一个比特位到 FCS 的第一个比特位之间所有比特位的个数（不包括这两个比特位且不包括为了增加透明性所插入的比特位）。

从开始标志的最后一个比特位到 FCS 的第一个比特位之间的比特序列（不包括这两个比特位且不包括为了增加透明性所插入的比特位）乘以 X^{16} 后，再被生成多项式（$X^{16}+X^{12}+X^5+1$）所除（模 2）后得到的余数。

典型的实现方法是：在发端将计算余数的设备寄存器的初始内容全部置"1"，然后用生成多项式的地址字段、信息字段去除该初始内容，以修改寄存器的内容，最后得到的余数的反码作为 16bit 的 FCS 序列来发送。在接收端，计算余数的设备寄存器的初始内容全部置"1"，然后乘以 X^{16}，再被串行的保护比特位和 FCS 的生成多项式（$X^{16}+X^{12}+X^5+1$）所除，在传输无差错的情况下，最后得到的余数应为 0001 1101 0000 1111。

7.6 软交换网络协议

软交换网络是一个开放的体系结构，网络中各个功能模块之间采用标准的协议进行通信，因此，软交换网络中涉及的协议繁多，表 7-8 汇总了软交换网络中用到的主要协议。

表 7-8 软交换网络协议汇总

协议类型	适用范围	协议/接口标准
IP 电话协议	软交换和终端间	H.323 和 SIP
媒体网关控制协议	软交换与媒体网关间	MGCP 和 H.248/MEGACO
SIGTRAN 协议	软交换与信令网关间	SCTP、M3UA、M2PA、M2UA、IUA 和 SUA
互通协议	软交换间	SIP-T、SIP-I、BICC
业务层协议	软交换与应用服务器间	Parlay API、SIP、JAIN 和 INAP

7.6.1 IP 电话协议

IP 电话是利用 Internet 传递话音业务，即在分组交换网上通过 TCP/IP 协议实现传统的电话应用。IP 电话技术有两种体系：一个是 H.323 体系结构；另一个是 SIP 体系结构。

1. H.323 协议

1）H.323 概述

H.323 是 ITU-T 研究开发的 IP 网络实时多媒体通信标准协议族。它由呼叫控制、媒体编码、管理控制、网络安全和会议通信等一系列协议组成，不但包括 IP 电话应用，而且还包括 IP 视频和数据应用以及多媒体会议应用。其主要目的是实现位于不同网络中的终端之间的音频交互通信，这些网络可以是具有 QoS 保证的，也可以是没有 QoS 保证的。H.323 协议栈如图 7.51 所示。

应用层	视/音频应用		控制和管理				数据应用
	G.7XX	H.26X	实时控制协议（RTCP）	H.225.0 终端至网守信令（RAS）	H.225.0 呼叫信令	H.245 媒体信道控制信令	T.120 系列协议
	加密						
	实时传输协议（RTP）						
传输层	不可靠传输协议（UDP）				可靠传输协议（TCP）		
网络层及其下层协议	IP						

图 7.51　ITU－T H.323 协议栈

H.323 协议栈中的协议大致可以分为以下 4 类。

（1）核心控制协议。其中，系统控制协议包括 H.323、H.245 和 H.225.0，Q.931 和 RTP/RTCP 是 H.225.0 的主要组成部分。整个系统控制由 H.245 控制信道、H.225.0 呼叫信令信道和 RAS（注册、许可、状态）信道提供。

（2）话音信号协议。音频编解码协议包括 G.711（必选）、G.722、G.723.1、G.728、G.729 等协议。编码器使用的音频标准必须由 H.245 协议协商确定。

（3）视频信号协议。视频编解码协议主要包括 H.261（必选）、H.263 协议。

（4）数据通信协议。数据会议功能是可选的，其标准是多媒体会议数据协议 T.120。

2）H.225.0 协议

H.225.0 协议功能包括建立呼叫、带宽变更请求、获得端点呼叫状态和断开呼叫等。H.225.0 协议包括 RAS 信令和呼叫控制信令。

（1）注册、许可和状态（RAS）信道。RAS 信道用于承载 RAS 消息，主要功能是查找网守、端点注册处理（如地址转换）、接入许可和带宽修改等。RAS 信道打开后才可以建立其他 H.323 信道（呼叫信令信道和 H.245 控制信道）。RAS、呼叫信令信道和 H.245 控制信道是各自独立的，没有网守的网络环境是不使用 RAS 信令的。RAS 消息是基于 UDP 的，故 RAS 信道是不可靠传输的信道。

（2）呼叫信令信道。呼叫信令信道用于承载 H.225.0 呼叫控制信息，是基于 TCP 进行传送的，包括呼叫的建立和拆除等流程；呼叫信令的消息与 Q.931 是十分类似的。呼叫信令信道是在 H.245 控制信道和其他逻辑信道之前打开的。如果网络中没有网守，呼叫信令信道消息通过呼叫信令传送地址，直接在主、被叫之间进行传递；如果网络中有网守，主叫端点和网守使用网守的 RAS 信道传送地址交换初始允许接入消息。

3）H.245 协议

H.245 控制功能采用 H.245 控制信道交换端到端的控制消息，从而实现 H.323 实体的运作，其中包括主从判别、能力交换、打开和关闭逻辑信道、模式参数请求，以及流控消息和通用命令与指示。H.245 信令建立于两个端点之间、一个端点与一个多点控制器（MC）之间，或是一个端点与一个网守之间。每个呼叫有唯一的 H.245 控制信道，H.245 控制信道是在 H.225.0 呼叫建立过程中，主被叫通过 SETUP 和 CONNECT 消息相互交换各自分配的 H.245 端口地址而建立起来的。两种典型的 H.245 控制信道的建立过程如图 7.52 和图 7.53 所示。

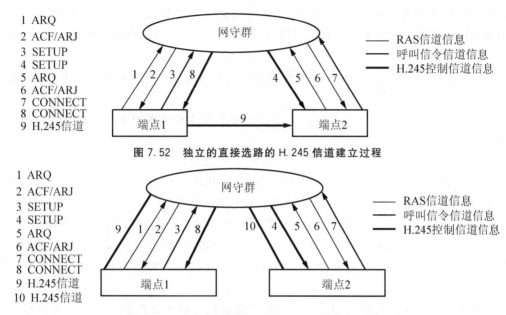

1 ARQ
2 ACF/ARJ
3 SETUP
4 SETUP
5 ARQ
6 ACF/ARJ
7 CONNECT
8 CONNECT
9 H.245信道

—— RAS信道信息
—— 呼叫信令信道信息
—— H.245控制信道信息

图 7.52　独立的直接选路的 H.245 信道建立过程

1 ARQ
2 ACF/ARJ
3 SETUP
4 SETUP
5 ARQ
6 ACF/ARJ
7 CONNECT
8 CONNECT
9 H.245信道
10 H.245信道

—— RAS信道信息
—— 呼叫信令信道信息
—— H.245控制信道信息

图 7.53　独立的经网守路由的 H.245 信道建立过程

由于终端、多点控制单元、网关和网守都支持多个呼叫，这就意味着会有多个 H.245 控制信道。在 H.245 中，通信过程中的通信信道（媒体信道）称为逻辑信道，在其上传送用户通信的信息，在呼叫的过程中可以根据需要随时打开或者关闭，而 H.245 信道承载于逻辑信道 0 上，逻辑信道 0 在整个呼叫期间始终处于打开状态，正常的打开和关闭逻辑信道的过程不适用于 H.245 控制信道。

4）H.323 实体

H.323 建议定义了在分组网上实现多媒体通信的系统，根据 ITU－T 的标准文档，H.323 的实体类型主要包括 H.323 终端、网守（GK）、网关（GW）和多点控制单元（MCU）。常见的 H.323 系统体系结构如图 7.54 所示。

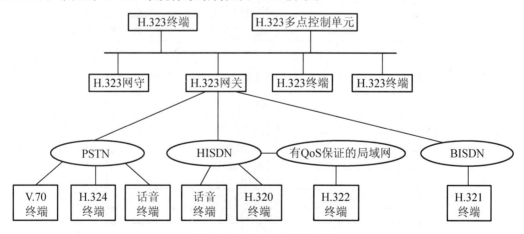

图 7.54　H.323 系统体系结构

（1）H.323 终端。H.323 终端是提供实时、双向通信的节点设备，能够完成两个终端之间的控制、指示、音频、动态视频图像或数据信息的交换等通信过程。所有的终端都必须支持话音通信，对视频和数据通信支持可选。H.323 规定了不同的音频、视频和数据终端协同工作所需的操作模式。所有的 H. 323 终端必须支持 H. 245，H. 245 标准用于协商信道使用和信道控制；其他 3 个必须支持的部件是：用于呼叫信令和呼叫建立的 Q. 931，用于和网守通信的 RAS，以及用于顺序打包传送音频、视频、数据的 RTP/RTCP。

（2）H. 323 网守。网守是一个域的管理者，在 H. 323 系统中起着重要的作用，它的主要功能表现在以下几方面。

① 认证计费：收集认证计费信息，把认证请求和计费请求用 Radius 消息送给 AAA 服务器。

② 地址解析：将送给网守的别名地址解析为 IP 地址。

③ 域管理：单一网守管理下的所有终端、网关和多点控制单元的集合称为域，网守负责管理域中的终端、MCU 和网关等设备。

④ 带宽管理：网守可以将用户带宽设置在网络总带宽的某一个可行的范围内。

（3）H. 323 网关。网关负责进行 H. 323 协议和其他非 H. 323 协议的转换，使 H. 323 终端和其他非 H. 323 终端能进行互通。H. 323 体系通过网关可以兼容多种终端，从而保护已有的投资。

（4）H. 323 多点控制单元（MCU）。MCU 是视频会议系统的特有设备，由两部分组成，一部分是多点控制器（MC），主要负责处理会议中的控制信息；另一部分是多点处理器（MP），主要用来处理音频、视频和数据信息。MC 和 MP 在物理上可以是一个设备，也可以是独立的设备。

5）通信流程举例

H. 323 通信流程分为正常启动方式和快速启动方式，一个完整的 H. 323 呼叫需要 RAS、Q. 931 和 H. 245 协议相配合共同完成。图 7.55 和图 7.56 分别对应正常启动信号流程和快速启动信号流程。

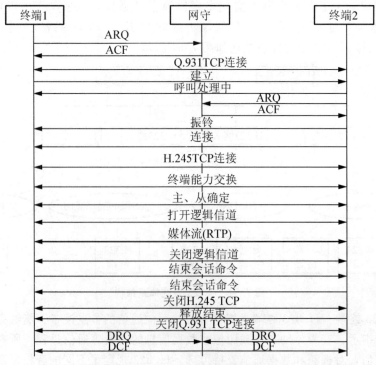

图 7.55　H. 323 正常启动的呼叫流程

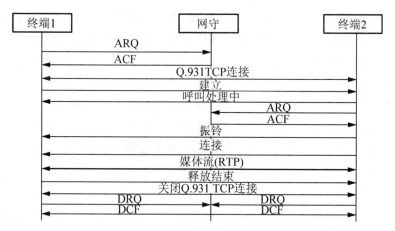

图 7.56 H.323 快速启动的呼叫流程

2. SIP 协议

1) SIP 协议概述

SIP 是 IETF 提出的在 IP 网络上进行多媒体通信的应用层控制协议，可用于建立、修改和终结多媒体会话与呼叫。SIP 协议采用基于文本格式的客户—服务器方式，以文本的形式表示消息的语法、语义和编码，客户机发起请求，服务器进行响应。SIP 独立于低层协议——TCP、DUP 或 SCTP，而采用自己的应用层可靠性机制来保证消息的可靠传送。基于 SIP 的 IP 网络电话系统所用的协议栈结构如图 7.57 所示。

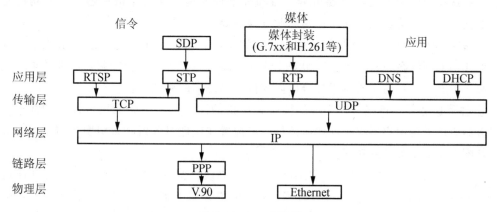

图 7.57 SIP 协议栈

（1）SIP 协议的主要特点：SIP 可以发起会话，通过 SDP 协议，SIP 可以在呼叫发起和呼叫进行过程中对会话参数进行协商，如会话带宽要求、传输的媒体类型（话音、视频和数据等）、媒体的编解码格式，以及对组播和单播的支持等；SIP 可以提供呼叫控制功能（如呼叫保持、呼叫路由、呼叫转移和媒体转换等）。

SIP 可以支持单播会话，也可以支持多播会话。SIP 与网络协议独立，即与低层协议无关。SIP 可以在不同的传输层协议上工作，如 TCP 或 UDP。当使用 UDP 时，SIP 可以更好地支持多播会话；当使用 TCP 时，SIP 可以更容易地通过防火墙。SIP 支持很多其他协议，如 RSVP、RTP、RTCP、RTSP、SAP 和 SDP 等。但是，SIP 的功能和操作不取决于以上任何协议。SIP 是基于文本的协议，简单灵活、可扩展性好。SIP 采用客户/服务器的体系结构，在很大程度上继承了 HTTP 和 SMTP 协议的特征。SIP 协议是无状态的，服务器可以保持也可以不保持呼叫状态。SIP 透明支持名字映射和重定向服务，可以实现 ISDN 和 IN 电话用户服务；通过网关 SIP 可以实现 PSTN 电话之间的呼叫，SIP 支持用户的移动性和移动业务。

（2）SIP 协议的基本功能有以下几个方面。用户定位：决定哪个终端系统参加通信。用户能力协商：决定通信所采用的媒体和媒体参数。用户可用性：决定被叫方是否愿意加入通信过程。呼叫建立：振铃、主叫方和被叫方的连接和参数的建立。呼叫处理：呼叫转移和终止呼叫等。

2）SIP 网络结构

SIP 是基于客户/服务器的体系结构，网络组件基本分为用户代理和网络服务器。

（1）用户代理。用户代理包含用户代理客户端 UAC 和用户代理服务器 UAS。用户代理客户端是指发起 SIP 呼叫的客户端应用程序。用户代理服务器是指接收 SIP 请求的服务器程序。作为用户的代理，根据接收到的请求代表用户返回相应的响应（接收、拒绝和转接）。UAC 和 UAS 都可以终止一个呼叫。

（2）网络服务器。网络服务器包括 SIP 代理服务器、重定向服务器、注册服务器和位置服务器。

① SIP 代理服务器：该服务器代表其他客户机发起请求，既充当服务器又充当客户机的媒介程序。请求可能在代理服务器中被服务或者直接经过翻译后发送到其他的服务器。代理服务器在转发请求之前可能解释、改写和翻译原请求消息中的内容，主要功能是路由、认证鉴权、计费监控、呼叫控制和业务提供等。

② 重定向服务器：该服务器在接收 SIP 请求后，把请求中的原地址映射成零个或多个新地址，返回给客户机。重定向服务主要完成路由功能，并不会发起自己的请求，也不会发起或中断呼叫；与注册过程配合可以支持 SIP 终端的移动性。

③ 注册服务器：该服务器主要是接收客户机的注册请求，完成用户地址的注册。注册服务器应该支持用户鉴权。注册服务器一般配置在代理服务器和重定服务器之中，并且一般都配有位置服务器的功能。

④ 位置服务器：该服务器可以不使用 SIP 协议，其他 SIP 服务器可以通过任何非 SIP 协议（如 SQL、LDAP 和 CORBA 等）来连接位置服务器。位置服务器的主要功能是提供位置查询服务，主要是由 SIP 代理服务器或重定向服务器用来查询被叫可能的地址信息。

SIP 网络结构如图 7.58 所示，下面以图中的网络结构为例介绍一个呼叫过程：①SIP 用户代理客户端（主叫）向 SIP 代理服务器发送呼叫建立请求；②SIP 代理服务器向重定向服务器发送呼叫建立请求；③重定向服务器返回重定向消息；④SIP 代理服务器向重定向消息指定的 SIP 代理服务器发送呼叫建立请求；⑤被请求的 SIP 代理服务器使用非 SIP 协议，如域名查询或 LDAP 到定位服务器查询被叫位置；⑥定位服务器返回被叫位置（被叫 SIP 代理服务器）；⑦被请求的 SIP 代理服务器向被叫 SIP 代理服务器发送呼叫建立请求；⑧被叫 SIP 代理服务器向 SIP 用户代理服务器（被叫）发送呼叫建立请求（被叫振铃或显示）；⑨被叫用户代理（UAS）向被叫 SIP 代理服务器发送接收或拒绝消息；⑩被叫 SIP 代理服务器转发接收或拒绝消息；⑪主叫代理服务器所请求的 SIP 代理服务器转发接收或拒绝消息；⑫主叫代理服务器向主叫用户代理(UAC)指示被叫接收或拒绝呼叫请求；⑬双方根据协商得到的媒体和压缩算法等信息建立媒体流。至此，完成了整个呼叫的建立。

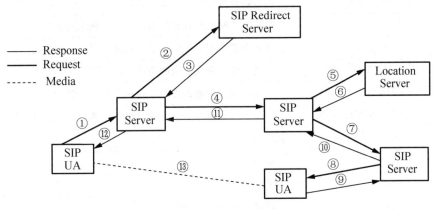

图 7.58 SIP 网络结构

3) SIP 地址和消息

SIP 地址格式由 SIP URL(SIP 统一资源定位器)定义，SIP URL 类似于 mailto 或 telnet URL。SIP 在设计上充分考虑了对其他协议的扩展适应性。它支持许多种地址描述和寻址，包括用户名@主机地址和被叫号码@PSTN 网关地址等。SIP 地址包括用户部分和主机部分，如 j.doe@big.com 和 j.doe@192.168.10.1；可以用来标识一个人、一个组里第一个可以访问的人或者标识一个组。SIP 地址可以从带外信息获得(如媒体代理和 E-mail 等)。

SIP 协议定义的只是与会话(呼叫)建立、终结和修改有关的控制信令消息，并不涉及会话级描述信息和媒体级描述信息，其中包括会话名、联系地址、带宽信息和会话时间等会话总体信息，以及媒体类型、传送协议、编码格式和传输层地址等媒体信息需要由 SDP(RFC 2327)描述，并作为消息体封装进 SIP 消息中。

SIP 通过邀请的方式建立会话。由发起方邀请所有的与会者构成一个会话，由一个全局唯一的呼叫标识(Call-ID)进行标识。点到点会话是最简单的会话，它映射为单一的 SIP 呼叫。通常呼叫由主叫方创建，但呼叫也可以由并不参与媒体通信的第三方创建，此时，会话的主叫方和会话的邀请方并不相同。邀请是 SIP 协议的核心机制，要求消息发出后，终结用户或网络回送响应。在 SIP 中，响应分为两种：一种是中间响应，用于报告呼叫进展情况，如用户空闲、振铃等；另一种是最终响应，包括成功响应和异常响应。在 SIP 中，客户端和服务器端之间的交互从首次请求到最终响应为止的所有消息组成一个事务。一个正常的呼叫一般包括 3 个事务，即呼叫开始的邀请(INVITE)请求、证实(ACK)请求以及终结的再见(BYE)请求。其中邀请请求要求服务器回送响应，而证实请求只是证实已收到最终响应，不需要服务器回送响应。

根据功能需要，SIP 协议定义的请求消息和响应消息见表 7-9。每个消息的格式均相同，只是调用的请求方法或响应码不同而已。

表7-9　SIP消息

分类	消息类型	功能
请求消息	INVITE(邀请)	邀请用户或应用程序加入会话
	ACK(证实)	确认客户机已经接收到对 INVITE 的最终响应
	BYE(再见)	表示释放呼叫,接收方应立即终止媒体流的发送
	CANCEL(取消)	取消一个尚未完成的呼叫请求
	OPTIONS(选择)	用于咨询服务器的能力,包括用户忙/闲状态
	REGISTER(注册)	用于客户端程序启动时向登记服务器登记其地址
响应消息	1xx	呼叫进展响应
	2xx	成功响应
	3xx	重定向响应
	4xx	请求消息语法错响应
	5xx	服务器出错响应,表示请求合法但服务器无法完成
	6xx	全局故障,任何服务器都无法完成此请求

4) 通信流程举例

SIP 协议支持 3 种呼叫方式:点对点直接呼叫方式,即由用户代理客户机向用户代理服务器直接呼叫;代理服务器方式,即由代理服务器代表 UAC 向被叫方发起呼叫;重定向服务器方式,即由 UAC 在重定向服务器的辅助下进行重定向呼叫。下面分别介绍注册流程、点对点直接呼叫流程、代理服务器方式呼叫流程和重定向服务器方式呼叫流程。

(1) 注册流程(带鉴权)。用户每次开机时都需要向服务器注册,当 SIP Client 的地址发生改变时也需要重新注册。注册信息必须定期刷新,通常 Register 将注册信息保存到 Location Server 中。注册过程如图 7.59 所示。用户向服务器发出注册请求,消息体的 Contact 中列出地址表,表示用户的联系方式;服务器向用户返回一个需要鉴权的信息;用户填写用户 ID 和密码提交;服务器检验并通过对用户的信任,在数据库中注册用户,并返回 200 号响应,响应中包含用户当前的注册项,这代表用户以前没有进行过注册。

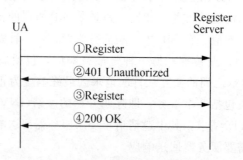

图 7.59　用户注册过程

(2) 呼叫流程,可以分为以下 3 种方式。

① 点对点直接呼叫流程。如图 7.60 所示,点对点直接呼叫流程中包括:①呼叫建立

成功流程；②呼叫建立失败流程；③呼叫早释流程；④呼叫释放流程。呼叫中由用户代理客户机（UAl）向用户代理服务器（UA2）直接呼叫。

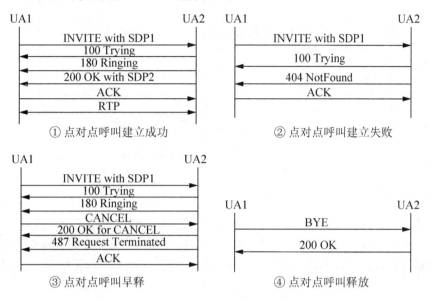

图 7.60　点对点直接呼叫流程

②　代理服务器方式呼叫流程。如图 7.61 所示，代理服务器方式呼叫流程是由代理服务器代表主叫 UAl 向被叫 UA2 发起呼叫。主叫 UAl 向代理服务器发送 INVITE 请求，代理服务器接收 INVITE 请求，发送 l00 Trying 消息表示正在处理，并发送 INVITE 请求通知被叫 UA2；被叫 UA2 向代理服务器返回连接成功消息 180 Ringing/200 OK，代理服务器向主叫返回连接成功消息 180 Ringing/200 OK；主叫 UAl 返回 ACK 确认连接成功建立，代理服务器返回 ACK 给被叫 UA2 确认连接成功建立；媒体流 RTP 建立。

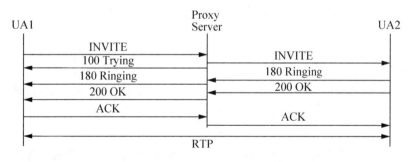

图 7.61　代理服务器方式呼叫流程

③　重定向服务器方式呼叫流程。如图 7.62 所示，重定向服务器方式呼叫是 UAl 在重定向服务器的辅助下进行重定向的，然后，向被叫 UA2 直接发起呼叫。主叫 UAl 向重定向服务器发送 INVITE 请求；重定向服务器接收 INVITE 请求，将新地址返回给主叫 UAl；主叫 UAl 向重定向服务器返回 ACK 确认；主叫 UAl 直接根据新地址向被叫 UA2 发送 INVITE 请求；被叫 UA2 接收请求，响应 200 OK 消息；主叫 UAl 向 UA2 返回 ACK 确认；媒体流 RTP 建立。

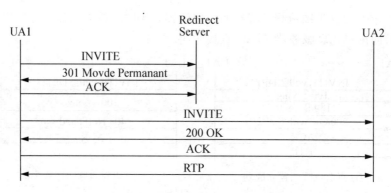

图 7.62　重定向服务器方式呼叫流程

7.6.2　媒体网关控制协议

软交换对媒体网关(MG)的控制是通过媒体网关控制协议来完成的。媒体网关控制协议的呼叫控制模型如图 7.63 所示，这种模型结构使得呼叫控制与媒体承载相分离。

软交换对媒体网关和 IAD 设备之间的控制协议包括 MGCP 协议和 MEGACO/H.248 协议。

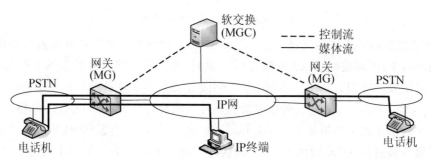

图 7.63　媒体网关控制协议的呼叫控制模型

1. MGCP 协议

1）呼叫模型

MGCP 的呼叫模型的两个基本概念是端点和连接，它们用于建立端到端话音通信。一个或多个连接组合成一个呼叫；呼叫建立和释放要使用的事件和信号。

（1）端点和连接。MGCP 的端点分为物理端点和虚拟端点。物理端点可以是 PSTN 的中继接口或是网关上的普通电话接口；虚拟端点可以是临时性的信息流。连接可以是点到点连接或多点连接，点到点连接是两个互相发送数据的端点之间的连接，多点连接是多个端点之间的连接。

（2）事件和信号。事件和信号是 MGCP 的重要概念。软交换可以要求端点检测某些事件，如摘机、挂机或拨号号码发生时向其发出通知；也可以请求将某些信号，如拨号音、回铃音、忙音或导通音等加到端点上。事件和信号组合成包，每个包由某一特定端点支持，例如，某个包包含的是模拟接入线需支持的事件和信号，另一个包包含的是中继需支持的事件和信号。

（3）呼叫和连接。呼叫由建立在端点上的连接组成，例如，在数字信道端点（EP1 和

EP2)之间建立呼叫，则软交换将为这两个端点建立两个连接（Connection1 和 Connection2），如图 7.64 所示。

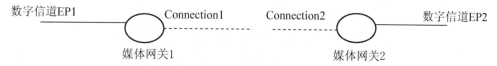

数字信道EP1　　Connection1　　Connection2　　数字信道EP2

媒体网关1　　　　　　　　　　　　媒体网关2

图 7.64　呼叫和连接关系示意图

MGCP 规定，呼叫由唯一的"呼叫标识符"属性（Call ID）来进行标识，该 Call ID 应独立于软交换，为一个呼叫建立了多个连接后，这些连接应具有相同的 Call ID，这些连接可以分别位于相同或不同的媒体网关中。当软交换请求 MG 创建连接时，媒体网关应创建连接标识符，连接标识符在媒体网关内应该具有唯一性。当两个端点所在的网关由同一软交换控制时，连接的建立将分为以下 3 个步骤。

① 软交换请求在第一个网关的端点数字信道 EP1"Creat Connection"，网关向这个连接分配资源，并通过提供"会话描述"来响应命令，会话描述包含远端网关向新创建连接发送业务分组所需的信息，例如，IP 地址、UDP 端口和编解码参数等。

② 软交换请求在第二个网关的端点数字信道 EP2"Creat Connection"，这个命令携带着第一个网关提供的"会话描述"，第二个网关向这个连接分配资源，并通过提供自己的"会话描述"来响应命令。

③ 软交换使用"Modify Connection"命令向第一个网关的端点提供第二个网关"会话描述"，此时两个网关就获得了为这个呼叫连接的对方的"会话描述"，即 IP 地址、UDP 端口和编解码参数等，这样两个端点之间就可以进行双向通信了。

当两个端点所在的网关由不同的软交换控制时，为了同步在两个端点上连接的创建，需要通过软交换间的信令协议，例如，通过 SIP 来交换信息。

2）MGCP 命令

MGCP 命令包括连接处理和端点处理两类命令（共 9 个），分别是端点配置、报告请求、通报、创建连接、修改连接、删除连接、端点审计、连接审计和重启动。

所有的 MGCP 命令都需要接收方进行证实，证实消息中含返回码；返回码表明命令的执行状态，为一个整数。目前已定义了 5 个范围的值：000～099 表示响应证实；100～199 表示暂时响应；200～299 表示成功完成；400～499 表示短暂出错；500～599 表示持久出错。

3）通信流程举例

（1）注册流程（图 7.65）：MG 向 MGC 发重启（RSIP）命令，端点为 *、mg 或具体的终节点，启动方式为重启；MGC 回响应；MGC 下发检测摘机报告请求（RQNT）命令，请求 MG 检测摘机（L/HD）事件；MG 回响应。

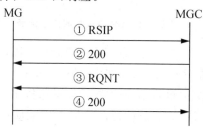

MG　　　　　　　　　　MGC

① RSIP

② 200

③ RQNT

④ 200

图 7.65　MG 注册流程图

(2) 注销流程(图 7.66)：MG 向 MGC 发重启(RSIP)命令，端点为 * 、mg 或具体的终节点，方式为被迫；MGC 回响应。

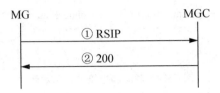

图 7.66　MG 注销流程图

(3) 呼叫建立流程如图 7.67 所示：①AG1 上 User1 摘机，AG1 发送通报命令，通知 MGC；②MGC 回响应；③MGC 向 AG1 发送报告请求命令，送拨号音，下发拨号表并要求检测用户拨号、挂机、拍叉簧及放音结束事件；④AG1 回响应；⑤AG1 发送通报命令，将用户拨号送给 MGC；⑥MGC 回响应；⑥MGC 向 AG1 发送创建连接命令，为主叫创建一个连接，连接模式为 Recvonly；⑧AG1 回响应，将连接的 SDP 信息返回给 MGC；⑨MGC 向 AG2 发送创建连接命令，连接模式为 Sendrecv，将主叫连接的 SDP 信息带给 AG2，向被叫用户振铃，并检测被叫用户摘机；⑩AG2 回响应，将连接的 SDP 信息返回给 MGC；⑪MGC 向 AG1 发送报告请求命令，向主叫用户放回铃音；⑫AG1 回响应；⑬被叫用户摘机，AG2 发送通报命令给 MGC；⑭MGC 回响应；⑮MGC 向 AG1 发送修改连接命令，修改连接模式为 Sendrecv，把被叫的 SDP 信息带给 AG1，并停回铃音；⑯AG1 回响应。至此，主被叫进入通话状态。

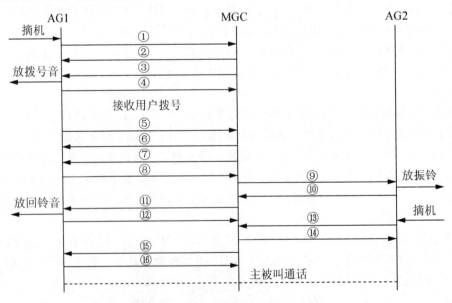

图 7.67　MGCP 协议呼叫建立流程

(4) 呼叫释放流程如图 7.68 所示：①AG1 挂机，向 MGC 发送通报命令；②MGC 回响应；③MGC 向 AG1 发送删除连接命令，拆除对应连接；④AG1 回响应，其中包括上报统计信息；⑤MGC 向 AG1 发送报告请求命令，监视摘机事件；⑥AG1 回响应；⑦MGC 向 AG2 发送报告请求命令，让 AG2 放忙音；⑧AG2 回响应；⑨被叫挂机，AG2 向 MGC 发送通报命令；⑩MGC 回响应；⑪MGC 向 AG2 发送删除连接命令，拆除对应连接；

⑫ AG2 回响应，其中包括上报统计信息；⑬ MGC 向 AG2 发送报告请求命令，监视摘机事件；⑭ AG2 回响应。

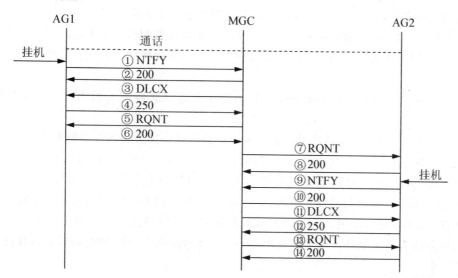

图 7.68　MGCP 协议呼叫释放流程

2. H.248 协议

1）连接模型

H.248 协议的连接模型描述了 MG 内的逻辑实体或者对象。连接模型中使用的主要抽象实体是终节点（Termination）和关联（Context）。

（1）终节点是 MG 中的逻辑实体，负责发起和接收媒体流或控制流。在一个多媒体会议中，一个终节点可以支持多种媒体，并且发送或者接收多个媒体流。终节点分为半永久型终节点和临时终节点，半永久型终节点通常代表一些物理实体，如一个 TDM 信道、模拟线；临时终节点通常代表临时性的信息流，如 RTP 流。临时终节点可以由 Add 命令创建和 Subtract 命令删除，而半永久型终节点使用 Add 命令或 Subtract 命令，只是将其加入一个特定的关联或从一个特定的关联中删除，其自身是不能用命令来创建和删除的。

（2）关联是一次呼叫或一个会话中的终节点的集合，一个关联代表一次呼叫或一个会话中的媒体类型。例如，从 SCN 到 IP 呼叫的关联包含 TDM 音频终节点和 RTP 音频流终节点。如果媒体网关只提供点到点连接的话，则只允许每个关联最多有两个终节点，若支持多点会议，则可以有多个。

当 MG 发起呼叫时，MGC 就创建一个新的关联域，并使用 ADD 命令将 RTP 流和模拟线两个终节点分别添加到关联域中，建立两个终节点的媒体连接；当通信完毕时，MGC 就使用 Subtract 命令控制 MG 将终节点从关联中删除，从而释放所使用的资源。

2）H.248 协议命令

为了实现呼叫连接的建立、释放以及 MGC 对 MG 的管理功能，H.248 协议定义了 8 个命令。

（1）添加（Add）：Add 命令用来向一个关联添加终节点；当使用 Add 命令向一个关联添加第一个终节点时，相当于使用 Add 命令创建了一个关联。

（2）修改（Modify）：此命令用来修改一个终节点的特性、事件和信号等参数。

（3）减去（Subtract）：其功能用来解除一个终节点与它所处的关联之间的联系，同时返回这个终节点处于关联期间的统计数据。当使用 Subtract 命令解除一个关联中最后一个终节点与它所处的关联之间的联系时，同时就删除了这个关联。

（4）移动（Move）：用来将一个终节点从一个关联转移到另一个关联。

（5）审核值（Audit Value）：用来获取与终结点的当前特性、事件、信号和统计有关的信息。

（6）审核能力（Audit Capability）：其功能用来查询媒体网关的终节点所支持的功能特性。

（7）通报（Notify）：其功能是向软交换设备报告媒体网关中所发生的事件。

（8）业务变更（Service Change）：媒体网关可以使用 Service Change 命令向 MGC 报告一个终结点或者一组终节点将要退出服务，或者刚刚返回服务，也可以使用 Service Change 命令向 MGC 进行注册，并且向 MGC 报告媒体网关将要开始或者已经完成了重新启动工作。MGC 可以使用 Service Change 命令通知媒体网关将一个终节点或者一组终节点投入服务或者退出服务，还可以使用 Service Change 将对 MG 的控制转交给其他 MGC。

7.6.3 Sigtran 协议

Sigtran 协议是由 IETF 发起制定的，目的是实现 SS7 信令协议在 IP 网上的传输。它支持的标准原语接口不需要对现有的电路交换网（SCN）信令进行任何修改，从而保证已有的 SCN 信令应用可以不必修改而直接在 IP 网络中使用。信令传送协议利用标准的 IP 协议，并通过增加自身的功能来满足 SCN 信令传送的要求。Sigtran 协议的应用模型如图 7.69 所示。

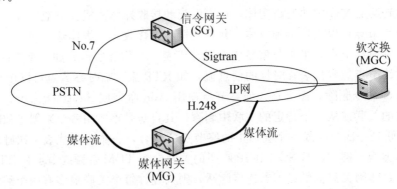

图 7.69　Sigtran 协议应用模型

1. Sigtran 协议栈结构

Sigtran 协议担负信令网关与软交换设备间的通信，主要有两个功能：传输和适配。因此，Sigtran 协议栈包含两层协议：传输协议层和适配协议层。其中，传输协议层包括流控制传输协议（SCTP）；适配协议层包括 MTP-2 用户适配协议（M2UA）、MTP-2 用户对等适配协议（M2PA）、MTP-3 用户适配协议（M3UA）、SS7 SCCP 用户适配协议（SUA）、ISDN Q.921 用户适配协议（IUA）和 V5 用户适配协议（V5UA）。

Sigtran 协议结构是在 SCTP 上加一个信令适配层，信令适配层由多个适配模块组成，它们分别为上层现有的电话用户/应用提供原来的原语接口，并把上层特定信令协议打包在 SCTP 上传输，SCTP 基于标准的互联网协议（IPv4、IPv6）之上。Sigtran 协议栈结构如图 7.70 所示。

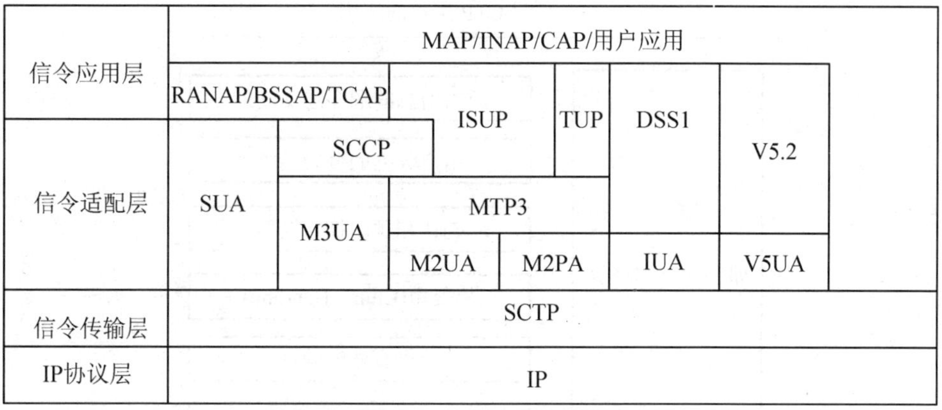

信令应用层	MAP/INAP/CAP/用户应用					
	RANAP/BSSAP/TCAP	ISUP	TUP	DSS1	V5.2
信令适配层		SCCP				
	SUA	M3UA	MTP3			
			M2UA	M2PA	IUA	V5UA
信令传输层	SCTP					
IP协议层	IP					

图 7.70 Sigtran 协议栈结构

Sigtran 把原来建立在电信网的协议栈上的 No.7 信令协议与 IP 网直接添加一个适配层，这些适配统一在 SCTP 之上，以 SCTP 为传输协议，对上层的 No.7 信令协议分别提供适配器，处于协议栈上层的 No.7 信令不会感觉到自身是在电信网内传输还是在 IP 网中传输，这就是建立 SCN 网与 IP 网之间互操作的基础。

2. SCTP 协议

SCTP 是由 IETF 的 Sigtran 工作组开发的一种面向连接的传输层协议，采用了类似于 TCP 的流量控制和拥塞控制算法，通过自身的证实和重发机制来保证用户数据在两个 SCTP 端点间可靠传输，可在如 UDP 或 IP 等不可靠数据分组的服务上提供可靠的服务。

该传输协议针对 IP 网络上 TCP 协议的缺陷进行了修改和补充，但它同时也支持原来 TCP 更高层次上的协议，能够按照目前 No.7 信令网对可靠性和误码率等要求生成数据包，并且透明地传输。SCTP 协议主要用来在确认方式下，无差错、无重复地传送用户数据；根据通路对 MTU 的限制进行用户数据的分段；并在多个流上保证用户消息的顺序递交；把多个用户的消息复用到 SCTP 的数据块中；利用 SCTP 偶连的机制来提供网络级的故障保证；同时 SCTP 还具有避免拥塞的特点和避免遭受泛播和匿名攻击的特点。

SCTP 传送业务可以分解成如下几个功能块，如图 7.71 所示。

1）偶连的建立和释放

偶连是由 SCTP 用户发起请求来启动的。出于安全的目的，为了避免遭受攻击，在偶连的启动过程中采用了 Cookie 机制。SCTP 提供了一个对激活偶连的完善关闭程序，它必须根据 SCTP 用户的请求来执行。当然，SCTP 也提供一种非完善的关闭程序，这个程序的执行可以根据用户的请求来关闭，也可以由 SCTP 检出差错来关闭。

2）流内数据的顺序递交

SCTP 中的流用来指示需要按顺序递交到高层协议的用户消息的序列，在同一个流中的消息要按照其顺序进行递交。SCTP 用户能够在偶连建立时规定在一个偶连中支持的流的个数，偶连中流的个数是可以协商的。用户消息可以通过流号来进行关联。在发送端的 SCTP 内部，SCTP 为每个通过 SCTP 层的用户消息分配一个流号。在接收端，SCTP 层保证在一个给定的流中把消息按照顺序递交给 SCTP 用户。当然，SCTP 也提供非顺序递交业务，被叫收到用户消息时，可以使用这种方式立即将其递交到 SCTP 用户。

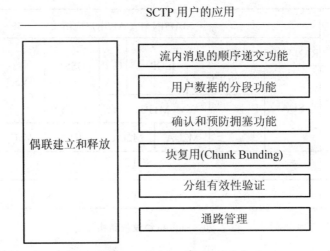

SCTP 用户的应用

偶联建立和释放

流内消息的顺序递交功能

用户数据的分段功能

确认和预防拥塞功能

块复用(Chunk Bunding)

分组有效性验证

通路管理

图 7.71　SCTP 协议的功能模块

3）用户数据分段

在需要的时候，SCTP 可以对用户消息进行分段，以确保发送到低层的 SCTP 分组长度能够符合通路 MTU 的要求。接收方的 SCTP 在把消息递交给 SCTP 用户之前，把各分段信息重组成完整的用户消息。

4）数据接收确认和避免拥塞

SCTP 为每一个用户数据分段或未分段的消息分配一个传输顺序号码(TSN)，TSN 独立于在流一级分配的任何流的顺序号码。因此，接收方需要确认所有收到的 TSN，尽管在接收序列中可能存在未收到的"缝隙"。所谓缝隙就是指未收到的 DATA 数据块的 TSN 间隔，采用这种方式就把可靠的递交功能与流内的顺序递交功能相分离。

数据接收确认和拥塞避免功能可以在定时的接收确认没有收到时负责对分组进行重发。分组重发功能通过与用于 TCP 协议类似的程序来实现。

5）块复用

SCTP 分组在发送到低层时要包含一个公共的分组头，随后跟着一个或多个数据块。每个数据块中既可以包含用户数据，也可以包含 SCTP 的控制信息。SCTP 用户具有选择是否请求把多于一个的用户消息捆绑在一个 SCTP 分组中的功能。SCTP 的这种数据块捆绑的功能负责生成一个完整的 SCTP 分组；在接收端，则要对这个完整的 SCTP 分组进行分解。

6）分组的有效性

每个 SCTP 公共分组头中都包含一个必备的验证标签字段（32 比特长的校验字段），验证标签的值由偶连的两端在偶连启动时选择。如果收到的分组中未包含期望的验证标签值，则舍弃该分组。校验码由 SCTP 分组的发送方设置，以提供附加的保护，用来避免由网络造成的数据差错。接收方对包含无效校验码的 SCTP 分组予以丢弃。

7）通路管理

发送方的 SCTP 用户能够使用一组传送地址作为 SCTP 分组的目的地。SCTP 通路管理功能根据 SCTP 用户的指令和当前合格的目的地的可达性状态为每个发送的 SCTP 分组选择一个目的地传送地址,通路管理功能通过心跳消息来监视通路的可达性,并当任何远端传送地址发生状态变化时,向 SCTP 用户指示。通路管理功能也用于在偶连建立时,向远端报告合格的本地传送地址集,并且把从远端返回的传送地址报告给本地 SCTP 用户。

当偶连建立后,通路管理功能为每个 SCTP 端点定义一个首选通路用来在正常情况下发送 SCTP 分组。接收端在处理 SCTP 分组前,通路管理功能用来验证输入的 SCTP 分组是否属于存在有效偶连。

3. 信令适配层协议

信令适配层主要完成 No. 7 信令与 IP 网中传送 No. 7 信令高层的适配。适配层的功能主要包括协议转换功能、SCTP 链路管理功能、对上层协议的接口功能、可靠性保障功能等。由于在电路交换网中 No. 7 信令协议种类较多,Sigtran 协议族针对不同的协议制定了相应的适配协议,主要有以下几种。

(1) M2UA(MTP2 – Usre Adaptation Layer):MTP 第 2 级用户的适配层协议,该协议终结 MTP2 与 IP 网边缘信令网关,透明地把 MTP2 用户消息转发给位于 IP 网中的软交换设备/MGC。

(2) M2PA(MTP2 – Usre Peer to Peer Adaptation Layer):MTP 第 2 级用户的对等适配层协议,该协议允许信令网关向对等的 IPSP(IP 服务器进程)处理及传送 MTP3 消息,并提供 MTP 信令网网管功能。

(3) M3UA(MTP3 – Usre Adaptation Layer):MTP 第 3 级用户的适配层协议,提供信令点编码和 IP 地址的转换,用于在软交换设备/MGC 与信令网关之间实现 No. 7 信令协议的传送,支持在 IP 网上传送 MTP 第 3 级的用户消息,并对 No. 7 信令网和 IP 网提供无缝的网管互通功能。

(4) SUA(SCCP – User Adaptation Layer):SCCP 用户的适配层协议,它的主要功能是适配传送 SCCP 的用户信息给 IP 数据库,提供 SCCP 的网管互通功能。

(5) IUA(ISDN Q. 921 – User Adaptation Layer):ISDN Q. 921 用户的适配层协议。

(6) V5UA(V5. 2 – User Adaptation Layer):V5. 2 用户的适配层协议,完成 V5. 2 信令数据在媒体网关和软交换/MGC 之间的传送。

7.6.4 软交换互通协议

1. SIP – T 协议

SIP – T(SIP for Telephone)是一个带有载荷定义的 SIP 协议,由 IETF 的 SIP 工作组负责制定。SIP – T 不是一个新协议,它完整继承了 SIP 的体系结构和消息结构,其目的是为了实现 ISUP 信息在 IP 网上的传输。

SIP – T 将传统电话网信令(目前仅对 ISUP 消息)通过“封装”和“翻译”转化为 SIP 消息,通过在 SIP 的净荷部分封装 ISUP 信息单元,并且翻译部分 ISUP 信息单元为 SIP 协议消息头字段,实现 ISUP 消息的“透传”,同时,还采用 SIP 协议的呼叫控制流程来简化 ISUP 控制信令,并且 SIP – T 通过添加 INFO Method 来传递呼叫建立过程中的一些中间信息。

在 SIP – T 中,SIP 用于会话识别,ISUP 用于呼叫控制。SIP 信息中的 SDP 部分描述了承载的属性，例如，RTP 端口和编码方式等。ISUP 信息中的路由标记和电路识别码被剥离，因此，只有 ISUP 信息类型和 ISUP 参数才会显示。

在软交换网络中，SIP－T 已成为软交换通用的接口标准，用于实现软交换之间的互联。

2. SIP－I 协议

SIP－I(SIP with Encapsulated ISUP)是由 ITU－T SG11 工作组基于 SIP－T 提出的协议，用于支持 SIP 在电信网的应用，包括 TRQ. 2815 和 Q. 1912.5 两个标准草案。前者定义了 SIP 协议与 BICC/ISUP 协议互通时的技术需求，包括互通模型、互通单元支持的能力集和互通接口的安全模型；后者详细定义了 3GPP SIP、普通 SIP 和 SIP－I 与 BICC/ISUP 的互通协议能力配置集。SIP－I 协议明确说明了 SIP 与 ISUP 的参数映射，弥补了 RFC 定义的严谨性不足的缺点，并且对电信网补充业务的互通也进行了明确的定义，增强了 SIP－T 协议的可操作性。

SIP－I 协议系列重用了许多 IETF 的标准和草案，内容比 SIP－T 要丰富得多。该协议系列不仅包括了基本呼叫的互通，还包括了 CLIP 和 CLIR 等补充业务的互通；除了呼叫信令的互通，还考虑了资源预留、媒体信息转换，以及固定网络 SIP/3GPP SIP 与 BICC/ISUP 的互通等问题。最重要的是 SIP－I 协议系列秉承了传统 ITU－T 标准的清晰严谨、详细具体等优点，可操作性远强于 SIP－T 协议。目前，SIP－I 协议已被 3GPP、世界各国主要电信运营商，以及各大电信设备供应商采纳作为 NGN SIP 网络与传统电信网络互通的核心协议。

3. BICC 协议

BICC(Bearer Independent Call Control)是 ITU－T SG11 工作组制定的与承载无关的呼叫控制协议，BICC 协议解决了呼叫控制和承载控制分离的问题，使呼叫控制信令可以在各种网络上承载，包括 MTP/SS7、ATM 网络、IP 网络等。BICC 呼叫控制协议基于 N－ISUP 信令，沿用 ISUP 中的相关消息，并利用 APM(Application Transport Mechanism)机制传送 BICC 特定的承载控制信息，因此，可以承载全方位的 PSTN/ISDN 业务。由于呼叫控制与承载控制的分离，使得异种承载的网络之间的业务互通变得十分简单，只需要完成承载级的互通，业务不用进行任何修改。

1) BICC 的信令节点

支持 BICC 信令的节点有多种，具有承载控制功能(BCF)的节点为服务节点(SN)；不具有 BCF 的节点称为呼叫协调节点(CMN)。软交换应支持服务节点功能，如图 7.72 所示。

2) BICC 协议模型

BICC 协议具有呼叫信令和承载信令功能分离的特点，图 7.73 给出了其协议模型。

BICC 程序框包含图 7.72 功能模型中 CSF 实体的功能；而功能模型中的 BCF 实体的协议功能分布在映射功能和承载控制框中，包括在 BCF 的其他功能；BCF 承载信令的发送和接收是通过映射功能的通用接口来实现的；BICC 消息的发送和接收是通过信令传送转换器的通用接口来实现的。

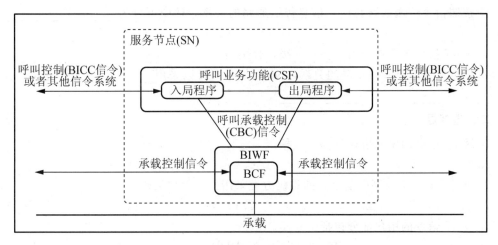

图 7.72 软交换支持服务节点功能

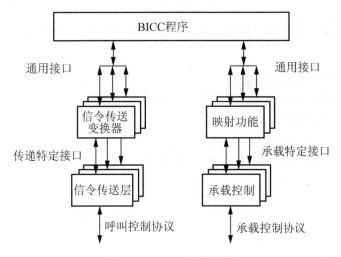

图 7.73 BICC 协议模型

3）BlCC 支持的能力

BICC 支持基本呼叫的信令能力包括话音 3.1kHz 音频、64Kbps 不受限、多速率连接类型、$N\times 64$Kbps 连接类型、成组地址类型、重叠地址信令、转接网络选择、导通指示和简单分段等；BICC 同时支持通用信令程序、补充业务和一些额外的功能/业务。

BICC 是一个成熟的标准协议，能够实现可靠、实时、有序的信令传送，但是由于 BICC 的复杂性，越来越多的设备厂商倾向于用 SIP - T(SIP - I)替代 BICC 作为软交换之间的互通协议。

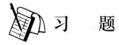 习　题

一、填空题

1. IP 电话技术有两种体系，分别是＿＿＿＿和＿＿＿＿。

2. TCP 协议的建立需＿＿＿＿步，TCP 协议的拆除需＿＿＿＿步。

3. 按照信令的工作区域来划分，信令可分为＿＿＿＿和＿＿＿＿。

4. 按照信令传送通路与用户信息传送通路的关系，信令可分为＿＿＿＿＿＿＿＿＿＿和＿＿＿＿＿＿＿＿＿＿＿。

5. No.7 信令按功能分为＿＿＿＿级，分别是＿＿＿＿＿＿＿、＿＿＿＿＿＿＿。

6. 根据通话电路和信令链的关系，No.7 信令网可以采用＿＿＿＿种工作方式，分别是：＿＿＿＿＿＿＿＿＿＿＿＿＿＿。

二、选择题

1. No.7 信令的单元格式有（　　）种。

A. 2　　　　　　　B. 3　　　　　　　C. 4　　　　　　　D. 5

2. 国际 No.7 信令网中信令点的编码方案采用（　　）位编码。

A. 12　　　　　　B. 13　　　　　　C. 14　　　　　　D. 15

3. No.7 信令的用户部分包括（　　）。

A. TUP　　　　　B. CUP　　　　　C. DUP　　　　　D. ISUP　　　　E. EUP

三、名词解释

1. 信令　2. 信令方式　3. 随路信令　4. 公共信道信令　5. 信令点　6. 信令转接点

四、问答题

1. 简述 H.248 协议的呼叫模型。

2. SIP 系统主要包括几个部分？简述 SIP 的基本功能。

3. MFC 信令是如何工作的？有什么特点？

4. 简述我国 No.7 信令网的分级结构。

5. 为什么分组数据网有时又称为 X.25 网？

第8章 通 信 网

电话通信网是最早建立起来的，也是遍布全球的最大的通信网络。电话通信网经历了从模拟到数字、从单一到智能的业务转换。虽然现在各种先进通信手段不断涌现，但电话通信仍然是最有效、使用最广泛的通信业务，电话通信网已成为人们日常生活、工作所必需的传输媒体。

计算机通信网是计算机技术和通信技术相结合的产物，也称数据通信网，信息已成为经济发展的战略资源和独特的生产要素。

全光网络由光传输系统和在光域内进行交换/选路的光节点组成，光传输系统的容量和光节点的处理能力非常大。

电信网、广播电视网和计算机通信网的相互渗透、互相兼容，将逐步整合成为全世界统一的信息通信网络，达到三网融合。

▌ 教学目标

> 了解通信网的构成要素、通信网的分类和电话网编号计划；
> 掌握通信网的汇接方式、网络结构、电话网编号计划；
> 掌握计算机通信网中的访问控制方式；
> 了解全光交换技术。

▌ 教学要求

知识要点	能力要求	相关知识
电话通信网	(1) 了解通信网的构成要素、分类 (2) 掌握通信网的汇接方式、网络结构、电话网编号计划	电信网分层结构
计算机通信网	(1) 了解计算机通信网中的基本概念 (2) 掌握访问控制方式、令牌环网	局域网、广域网
全光网络	(1) 了解光传输技术、三网融合的相关知识 (2) 掌握全光交换技术、WDM 光网络中使用的关键技术	光纤通信

 推荐阅读资料

1. 茅正冲，姚军. 现代交换技术[M]. 北京大学出版社，2006.

2. 姚军，毛昕荣，郭芳华. 代新冠. 现代通信网[M]. 人民邮电出版社，2010.

18世纪，法国工程师克劳德·查佩成功地研制出一个加快信息传递速度的实用通信系统。该系统由建立在巴黎和里尔230km间的若干个通信塔组成。在这些塔顶上竖起一根木柱，木柱上安装一根水平横杆，人们可以使木杆转动，并能在绳索的操作下摆动形成各种角度。在水平横杆的两端安有两个垂直臂，也可以转动。这样，每个塔通过木杆可以构成192种不同的构形，附近的塔用望远镜就可以看到表示192种含义的信息。这样依次传下去，在230km的距离内仅用2分钟便可完成一次信息传递。该系统在18世纪法国革命战争中立下了汗马功劳。

8.1　电话通信网

8.1.1　电话通信网概述

　　通信是人类社会传递信息、交流思想、传播知识、促进科技发展和人类文明的一种非常有效的手段，在人类社会走向信息化时代的今天，对通信的需求越来越强烈，通信作为社会的基础设施和国民经济的支柱产业，其重要性将会与日俱增。通信将成为社会组成的主体，无论在产品开发、生产、管理、交流、服务、生活的哪一个方面，通信都将是一个必要的环节。

　　1. 通信网的概念

　　通信网是一种使用交换设备、传输设备，将地理上的分散用户终端设备互连起来实现通信和信息交换的系统。通信网是实现信息传输、交换的所有通信设备相互连接起来的整体。对通信网一般有几个通用的标准：接通的任意性与快速性；信号传输的透明性与传输质量的一致性；网络的可靠性与经济合理性；安全可靠性。

　　通信网是由一定数量的节点(包括终端设备和交换设备)和连接节点的传输链路相互有机地组合在一起，以实现两个或多个规定点间信息传输的通信体系。也就是说，通信网是由相互依存、相互制约的许多要素组成的有机整体，用以完成规定的功能。

　　通信网的功能就是要适应用户呼叫的需要，以满足用户要求的程度传输网内任意两个或多个用户之间的信息。为了使通信网能快速且有效、可靠地传递信息，充分发挥其作用，对通信网一般提出3个要求。

　　(1) 接通的任意性与快速性，这是对通信网的最基本要求。所谓接通的任意性与快速性是指网内的任一个用户应能快速地接通网内任意一个其他用户。如果有些用户不能与其他一些用户通信，则这些用户必定不在同一个网内；而如果不能快速地接通，有时会使要传送的信息失去价值，这种接通将是无效的。

　　(2) 信号传输的透明性与传输质量的一致性，透明性是指在规定业务范围内的信息都可以在网内传输，对用户不加任何限制。传输质量的一致性是指网内任何两个用户通信时，应具有相同或相仿的传输质量，而与用户之间的距离无关。通信网的传输质量直接影响通信的效果，不符合传输质量要求的通信网是没有意义的。因此要制定传输质量标准并进行合理分配，使网中的各部分均满足传输质量指标的要求。

　　(3) 网路的可靠性与经济合理性，可靠性对通信网是至关重要的，一个可靠性不高的网络会经常出现故障乃至中断通信，这样的网络是不可用的，但绝对可靠的网络是不存在的。所谓可靠是指在概率的意义上使平均故障间隔时间（两个相邻故障间隔时间的平均值）达到要求。可靠性必须与经济合理性结合起来。提高可靠性往往要增加投资，但造价太高又不易实现，因此应根据实际需要在可靠性与经济性之间取得折中和平衡。

以上是对通信网的基本要求，除此之外，人们还会对通信网提出一些其他要求。而且对于不同业务的通信网，上述各项要求的具体内容和含义将有所差别。

2. 通信网的构成要素

由通信网的定义可以看出：通信网在硬件设备方面的构成要素是终端设备、传输链路和交换设备。为了使全网协调合理地工作，还要有各种规定，如信令方案、各种协议、网路结构、路由方案、编号方案、资费制度与质量标准等，这些均属于软件。即一个完整的通信网除了包括硬件以外，还要有相应的软件。

1）终端设备

终端设备是通信网最外围的设备，将输入信息变换成为易于在信道中传送的信号，并参与控制通信工作，是通信网中的源点和终点，对应于通信模型中的信源/信宿及部分变换/反变换设备。其主要的功能是转换，它将用户（信源）发出的各种信息（声音、数据、图像等）变换成适合在信道上传输的电信号，以完成发送信息的功能。或者反之，把对方经信道送来的电信号变换为用户可识别的信息，完成接收信息的功能。终端设备的种类有很多，如电话终端、数字终端、数据通信终端、图像通信终端、移动通信终端、多媒体终端等。

2）传输链路

传输链路是信息的传输通道，是连接网路节点的媒介。它一般包括信道与变换器、反变换器的一部分。传输链路包括传输媒质和延长传输距离及改善传输质量的相关设备，其功能是将携带信息的电磁波信号从发出地点（信源）传送到目的地点（信宿）。把发送端发出的信息通过传输信道传送到接收端。传输设备根据传输介质的不同有光纤传输设备、卫星传输设备、无线传输设备、同轴电缆与双绞线传输设备等。在交换设备之间的干线传输设备中，以光纤传输设备为主，其他传输设备为辅；而在终端设备与交换设备之间的传输设备中，以缆线传输设备、无线传输设备为主，其他传输设备为辅。传输系统将终端设备和交换设备连接起来形成网络。

3）交换设备

交换设备是通信网的核心（节点），起着组网的关键作用。交换设备的基本功能是对所接的链路进行汇集、接续和分配。不同的业务，如话音、数据、图像通信等对交换设备的要求也不尽相同。

交换设备解决信息传输的方向问题。根据信息发送端要求，选择正确、合理、高效的传输路径，把信息从发送端传递到接收端。为了保证信息传输的质量，交换设备之间必须具有统一的传输协议，它规定了传输线路的连接方式（面向连接与面向非连接）、收发双方的同步方式（异步传输与同步传输）、传输设备工作方式（单工、半双工与双工）、传输过程的差错控制方式（端到端方式与点到点方式）、流量的控制形式（硬件流控与软件流控）等。常用的交换设备是各种类型的交换机，如电话交换机、X.25 交换机、以太网交换机、帧中继交换机、ATM 交换机等。

3. 通信网的分类

通信网的分类方法有很多，常见的有以下几种。

1) 按业务类别分

(1) 电话网。电话网用以实现网中任意用户间的话音通信，它是目前通信网中规模最大、用户最多的一种，也是本章学习的重点内容。

(2) 电报网。电报是用户将书写好的电报稿文交由电信公司发送、传递，并由收报方投送给收报人的一种通信业务。电报网用来在用户间以电信号形式传递文字，现在人们对电报的使用已经越来越少，但这项业务还在一些范围内存在。例如，礼仪电报，是在国内普通公众电报基础上开办的一种新业务。礼仪电报是以礼仪性交往为目的的电报，它迅速、及时、充满温馨，因此应用范围十分广泛。

(3) 数据网。数据网是利用数字信道传输数据信号的数据传输网，向用户提供永久性和半永久性连接的数字数据传输信道，既可用于计算机之间的通信，也可用于传送数字化传真、数字话音、数字图像信号或其他数字化信号。在数据终端之间传送各种数据信息，以实现用户间的数据通信。数据传送的特点：抗干扰能力强、容易采用加密算法，而且易实现智能化和小型化。目前有数字数据网、分组交换网、帧中继网、ATM 网等。

(4) 传真网。传真是一种通过有线电路或无线电路传送静止图像或文字符号的技术。发送端将欲传送的图像或文件分解成若干像素，以一定的顺序将各个像素变换成电信号，然后通过有线或无线的传输系统传送给接收端，接收端将收到的电信号转变为相应亮度的像素，并按照同样的顺序一行一行地、一点一点地记录下来，合成与原稿一模一样的图像或文件。

(5) 多媒体通信网。多媒体通信网可提供多媒体信息检索、点对点及点对多点通信业务、局域网互联、电子信函、各种应用系统，如电子商务、远程医疗、网上教育及办公自动化等，我国的多媒体通信网可通过网关与 Internet 互连。

(6) 综合业务数字网。综合业务数字网(ISDN)是以综合数字电话网为基础发展演变而成的通信网，能够提供端到端的数字连接，用来支持包括话音和非话音在内的多种电信业务，用户能够通过标准的用户/网络接口接入网内。把话音及各种非话音业务集中到同一个网中传送，实现用户到用户间的全数字化传输，有利于提高网络设备的使用效率及方便用户的使用。

2) 按使用范围分

(1) 公用网。公用网也称为公众网，它指的是向全社会开放的通信网。

(2) 专用网。专用网是各专业部门主要为内部通信需要而建立的通信网，专用通信网有着各行业自己的特点，如公安通信网、军用通信网、电力通信网等。

3) 按传输信号的形式分

(1) 模拟网。通信网中传输的是模拟信号，即时间与幅度均连续或时间离散而幅度连续的信号。对于大容量的通信网现在很少有模拟网络。

(2) 数字网。数字网是指使用数字传输与交换，在两个或多个规定点之间提供数字连接，实现数字通信的数字节点和数字通道的集合。现在我国使用的通信网绝大多数是数字网，数字通信具有体积小、保密性好、易于集成化等优点。

4）按传输媒质分

（1）有线网。其传输媒质包括（架空）明线、（同轴、对称）电缆、光缆等。

（2）无线网。包括移动通信（GSM、CDMA）、无线寻呼、卫星通信等。

8.1.2 本地电话网

1．本地电话网概述

本地电话网简称本地网，是指在同一个长途编号区范围内，由端局、汇接局、局间中继线、长市中继线，以及用户线、电话机组成的电话网。每个本地网都是一个自动电话交换网，在同一个本地网内，用户相互之间呼叫只需拨本地电话号码。本地网是由市话网扩大而形成的，在城市郊区、郊县城镇和农村实现了自动接续，把城市及其周围郊区、郊县城镇和农村统一起来组成本地网。

1）本地网的类型

扩大本地网的特点是：城市周围的郊县与城市划在同一长途编号区内，其话务量集中流向中心城市。扩大本地网的类型有以下两种。

（1）特大和大城市本地网，以特大城市及大城市为中心，中心城市与所辖的郊县（市）共同组成的本地网，简称特大和大城市本地网。省会、直辖市及一些经济发达的城市，如深圳组建的本地网就是这种类型。

（2）中等城市本地网，以中等城市为中心，中心城市与该城市的郊区或所辖的郊县（市）共同组成的本地网，简称中等城市本地网。地（市）级城市组建的本地网就是这种类型。

2）本地网的交换中心及职能

本地网内可设置端局和汇接局。端局通过用户线与用户相连，它的职能是负责疏通本局用户的去话和来话话务。汇接局与所管辖的端局相连，以疏通这些端局间的话务；汇接局还与其他汇接局相连，疏通不同汇接区间端局的话务；根据需要还可与长途交换中心相连，用来疏通本汇接区的长途转话话务。本地网中，有时在用户相对集中的地方可设置一个隶属于端局的支局（一般的模块局就是支局），经用户线与用户相连，但其中继线只有一个方向，即到所隶属的端局，用来疏通本支局用户的发话和来话话务。

2．本地网的汇接方式

对于采用二级结构的本地网，就是将本地网分区分成若干个汇接区，在汇接区内设汇接局，每个汇接局下设若干个端局。汇接局之间以及汇接局与端局之间都设置低呼损的直达中继群。不同汇接局之间的呼叫通过这些汇接局之间的中继群沟通。根据汇接方式的不同，可以分为集中汇接、去话汇接、来话汇接、来去话汇接等。

1）集中汇接

集中汇接是一种最简单的汇接方式，在一个汇接区内仅设一个汇接局，如图8.1所示。在实际中，为了提

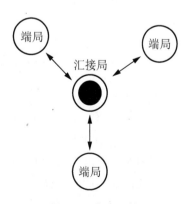

图8.1 集中汇接

高可靠性，常常使用一对汇接局来全面负责本地网中各端局间的来、去话汇接，这两个汇接局是平行关系，其中任意一个不能正常使用基本上不影响网络的畅通。本地网的每一个端局都与汇接局相连。

2）去话汇接

去话汇接的基本方式示意图如图8.2所示。图中，虚线把本地网络分为两个汇接区，分别为汇接区1和汇接区2两个汇接区。每个区内的汇接局除了汇接本区内各个端局之间的话务以外，还汇接去往另一个汇接区的话务。每个端局对所属汇接区的汇接局建立直达去话中继电路，而对全网所有汇接局都建立抵呼损来话直达中继电路，即"去话汇接，来话全覆盖"。

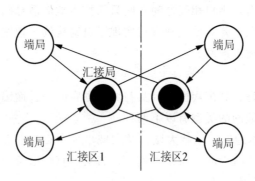

图8.2　去话汇接

在实际应用时，为了提高可靠性，常常在每一个汇接区内使用一对汇接局来全面负责本汇接区内各端局间的来、去话汇接任务，而且这一对汇接局还可以同时汇接本区内去往另一汇接区中每一端局的话务。

3）来话汇接

对于来话汇接的汇接方式如图8.3所示，基本与去话汇接方式相似，仅改去话为来话，即"来话汇接，去话全覆盖"。

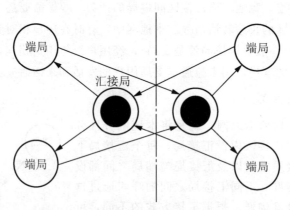

图8.3　来话汇接

4）来、去话汇接

如图8.4所示为来、去话汇接的基本结构示意图，其中每一个汇接区中的汇接局既汇接去往其他区的话务，也汇接从其他汇接区送过来的话务。每个端局仅与所属汇接区的汇接局建立直达来/去话中继电路，区间只有汇接局间的直达中继电路连线。为了提高可靠性，在实际应用时往往在每个汇接区内设置一对汇接中心。每个端局与本区内的两个汇接局都有直达路由，汇接局和每一个端局与长途局之间也都可以有直达路由。

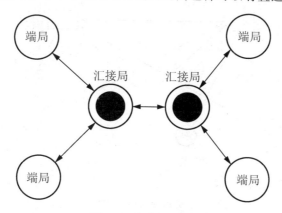

图 8.4　来去话汇接

在上述各种汇接方式中，在实际应用中，可以在端局之间或端局与另一个汇接区的汇接局之间设置高效直达路由。

3. 本地网的网络结构

由于各中心城市的行政地位、经济发展及人口的不同，扩大的本地网交换设备容量和网络规模相差很大，所以网路结构分为以下两种。

1）网形网

网形网是本地网结构中最简单的一种，网中所有端局个个相连，端局之间设立直达电路。当本地网内交换局数目不太多时采用这种结构，如图 8.5 所示。

2）二级网

当本地网中交换局数量较多时，可由端局和汇接局构成两级结构的等级网，端局为低一级，汇接局为高一级。二级网的结构又分为分区汇接和全覆盖两种。

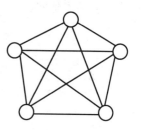

图 8.5　网形网

（1）分区汇接：分区汇接的网络结构是把本地网分成若干个汇接区，在每个汇接区内选择话务密度较大的一个局或两个局作为汇接局，根据汇接局数目的不同，分区汇接有两种方式：分区单汇接和分区双汇接。

① 分区单汇接。这种方式是比较传统的分区汇接方式。它的基本结构是每一个汇接区设一个汇接局，汇接局之间以网形网连接，汇接局与端局之间根据话务量大小可以采用不同的连接方式。在城市地区，话务量比较大，应尽量做到一次汇接，即来话汇接或去话汇接。此时，每个端局与其所隶属的汇接局与其他各区的汇接局（来话汇接）均相连，或汇接局与本区及其他各区的汇接局（去话汇接）相连。在农村地区，由于话务量比较小，采用来、去话汇接，端局与所隶属的汇接局相连。

采用分区单汇接的本地网结构如图 8.6 所示。每个汇接区设一个汇接局，汇接局间结构简单，但是网路可靠性差。当汇接局 A 出现故障时，a_1、a_2、b_1' 和 b_2' 这 4 条电路都将被中断，即 A 汇接区内所有端局的来话都将中断。若是采用来、去话汇接，则整个汇接区的来话和去话都将被中断。

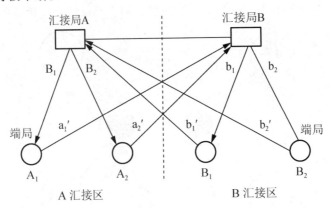

图 8.6　分区单汇接的本地网结构

② 分区双汇接。在每个汇接区内设两个汇接局，两个汇接局地位平等，均匀分担话务负荷，汇接局之间网状相连；汇接局与端局的连接方式同分区单汇接结构，只是每个端局到汇接局的话务量一分为二，由两个汇接局承担。

采用分区双汇接的本地网结构如图 8.7 所示。分区双汇接结构比分区单汇接结构可靠性提高很多，例如，当 A 汇接局发生故障时，a_1，a_2，b_1' 和 b_2' 这 4 条电路被中断，但汇接局仍能完成该汇接区 50% 的话务量。分区双汇接的网络结构比较适用于网络规模大、局所数目多的本地网。

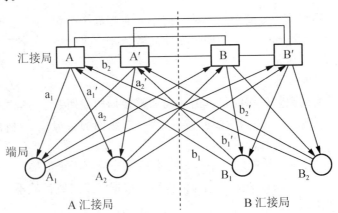

图 8.7　分区双汇接的本地网结构

（2）全覆盖：全覆盖的网络结构是在本地网内设立若干个汇接局，汇接局间地位平等，均匀分担话务负荷。汇接局间以网状网相连，各端局与各汇接局均相连，两端局间用户通话最多经一次转接。

全覆盖网路结构如图 8.8 所示。全覆盖的网络结构几乎适用于各种规模和类型的本地网。汇接局的数目可根据网络规模来确定。全覆盖的网络结构可靠性高，但线路费用也提高很多，所以应综合考虑这两个因素来确定网络结构。图中设置了 3 个汇接局，采用了分区双汇接的汇接方式。

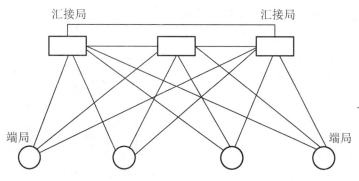

图 8.8　全覆盖网络结构

　　一般来说，特大或大城市的本地网，其中心城市采取分区双汇接或全覆盖结构；周围的县采取全覆盖结构，每个县是一个独立的汇接区；偏远地区可采用分区单汇接结构；中等城市本地网，其中心城市和周边县采用全覆盖结构；偏远地区可采用分区单（双）汇接结构。

8.1.3　长途电话网

　　长途电话网由国内长途电话网和国际电话长途网组成。国内电话网是在全国各城市间用户进行长途通话的电话网，网中各城市都设一个或多个长途电话局，各长途局间由各级长途电路连接起来，提供跨地区和省区的电话业务；国际长途电话网是指将世界各国的电话网相互连接起来进行国际通话的电话网。为此，每个国家都需设一个或几个国际电话局进行国际去话和来话的连接。一个国际长途通话实际上是由发话国的国内网部分、发话国的国际局、国际电路和受话国的国际局以及受话国的国内网等几部分组成的。

1. 国内长话网

1）传统四级长话网结构

　　早在 1973 年电话网建设初期，鉴于当时长途话务流量的流向与行政管理的从属关系几乎相一致，即呈纵向的流向，邮电部明确规定我国电话网的网路等级分为五级，由一、二、三、四级长途交换中心及本地五级交换中心即端局组成。等级结构示意图如图 8.9 所示。电话网由长途网和本地网两部分组成。长途网设置一、二、三、四级长途交换中心，分别用 C1、C2、C3 和 C4 表示；本地网设置汇接局和端局两个等级的交换中心，分别用 Tm 和 C5 表示，也可只设置端局一个等级的交换中心。

　　我国电话网长期采用五级汇接的等级结构，全国分为 8 个大区，每个大区分别设立一级交换中心 C1，C1 的设立地点为北京、沈阳、上海、南京、广州、武汉、西安和成都，每个 C1 间均有直达电路相连，即 C1 间采用网状连接方式。在北京、上海、广州设立国际出入口局，用以和国际网连接。每个大区包括几个省（区），每省（区）设立一个二级交换中心 C2，各地区设立三级交换中心 C3，各县设立四级交换中心 C4。C1~C4 组成长途网，各级有管辖关系的交换中心间一般按星形连接，当两交换中心无管辖关系但业务繁忙时也可设立直达电路。C5 为端局，需要时也可设立汇接局，用于组建本地网。

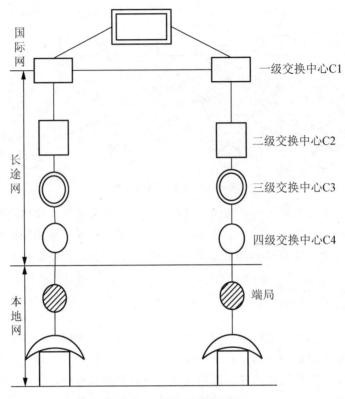

图 8.9   五级电话网结构

2）二级长途网

五级等级结构的电话网在网络发展的初级阶段是可行的，这种结构在电话网由人工向自动、模拟向数字的过渡中起了较好的作用，然而在通信事业高速发展的今天，由于经济的发展，非纵向话务流量日趋增多，新技术新业务层出不穷，多级网路结构存在的问题日益明显。就全网的服务质量而言主要表现为以下两个方面。

（1）转接段数多。如两个跨地市的县级用户之间的呼叫，需经 C4、C3、C2 等多级长途交换中心转接，接续时延长、传输损耗大、接通率低。

（2）可靠性差。多级长途网，一旦某节点或某段电路出现故障，将会造成局部阻塞。

此外，从全网的网络管理、维护运行来看，网络结构级数划分越多，交换等级数量就越多，使网管工作过于复杂，同时，不利于新业务网络的开放，更难适应数字同步网、No.7 信令网等支撑网的建设。

目前，我国的长途网正由四级向两级过渡，由于 C1、C2 间直达电路的增多，C1 的转接功能随之减弱，并且全国 C3 扩大本地网形成，C4 失去原有作用，趋于消失。目前的过渡策略是：一、二级长途交换中心合并为 DC1，构成长途两级网的高平面网（省际平面）；C3 被称为 DC2，构成长途两级网的低平面网（省内平面）。长途两级网的等级结构如图 8.10所示。

（1）DC1：省级交换中心。省级交换中心综合了原四级网中的 C1 和 C2 的交换职能，设在省会（直辖市）城市，汇接全省（含终端）长途话务。在 DC1 平面上，DC1 局通过基干路由全互联。DC1 局主要负责所在省的省际长话业务以及所在本地网的长话终端业务，也可能作为其他省 DC1 局间的迂回路由，疏通少量非本汇接区的长途转话业务。省会城市一般设两个 DC1 局。

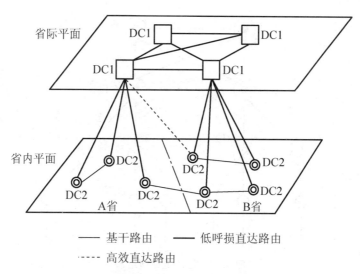

图 8.10　二级长途网的网络结构

（2）DC2：本地网交换中心。本地网交换中心综合了原四级中的 C3 和 C4 交换能，设在地(市)本地网的中心城市，汇接本地网长途终端话务。在 DC2 平面上，省内各 DC2 局间可以是全互联，也可以不是，各 DC2 局通过基干路由与省城的 DC1 局相连，同时根据话务量的需求可建设跨省的直达路由。DC2 局主要负责所在本地网的长话终端业务，也可作为省内 DC2 局之间的迂回路由，疏通少量长途转话业务。

随着光纤传输网的不断扩容，减少网络层次、优化网络结构的工作需继续深入。目前有两种提法：第一，取消 DC2 局、建立全省范围的 DC1 本地电话网的方案；第二，取消 DC1 局、全国的 DC2 本地网全互联的方案。两个方案的目标都是要将全国电话网改造成长途一级、本地网一级的二级网。

2. 国际长话网

国际长话网是由各国的长话网互联而成的。类似于由本地网互联而成的国内长话网结构，国际长话网采用如图 8.11 所示的三级辐射式网络结构，国内长途电话网通过国际局进入国际电话网。原国际电报电话咨询委员会(CCITT)于 1964 年提出等级制国际自动局的规划，国际局分一、二、三级国际交换中心，分别以 CT1、CT2 和 CT3 表示，其基干电路所构成的国际电话网结构如图 8.11 所示。三级国际转接局分别介绍如下。

1）一级国际中心局(CT1)

全世界范围内按地理区域的划分，总共设立了 7 个一级国际中心局，分管各自区域内国家的话务，7 个 CT1 局之间全互联。

2）二级国际中心局(CT2)

CT2 是为在每个 CT1 所辖区域内的一些较大国家设置的中间转接局，即将这些较大国家的国际业务或其周地国家国际业务经 CT2 汇接后送到就近的 CT1 局。CT2 和 CT1 之间仅连接国际电路。

3）三级国际中心局(CT3)

这是设置在每个国家内，连接其国内长话网的网际网关。任何国家均可有一个或多个 CT3 局，国内长话网经由 CT3 进入国际长话网进行国际通话。

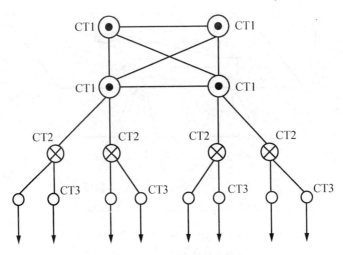

图 8.11　国际电话网结构

国际长话网中各级长途交换机路由选择顺序为先直达，后迂回，最后选骨干路由。任意 CT3 局之间最多通过 5 段国际电路。若在呼叫建立期间，通话双方所在的 CT1 局之间由于业务忙或其他原因未能接通，则允许经过另外一个 CT1 局转接，因此这种情况下经过 6 段国际电路。为了保证国际长话的质量，使系统可靠工作，原 CCITT 规定通话期间最多只能通过 6 段国际电路，即不允许经过两个 CT1 中间局进行转接。

3. 国际电话国内网的构成

目前我国对外设置北京、上海、广州 3 个国际出入口局。对外设置乌鲁木齐地区性国际出入口局。对某个相邻国家(或地区)话务量比较大的城市可根据业务主管部门的规定设置边境出入口局。地区性出入口局或边境出入口局对相邻国家和地区可设置直达电路，开放点对点的终端业务。地区性出入口局或边境出入口局至其他国家或地区的电话业务应经相关国际出入口局疏通。

我国的 3 个国际出入口局对国内网采用分区汇接方式。3 个国际出入口局之间，以及 3 个国际出入口局对其汇接区内的 DC1 之间设置基干路由。在特殊情况下，DC1 可与相邻汇接区的国际出入口局相连(与相邻汇接区的国际出入口局设置直达电路群的话务门限值及其开放方向，由电信主管部门的相关文件规定)。3 个国际出入口局对其汇接区内的 DC2 之间视话务情况可设高效直达电路群或低呼损直达电路群。

乌鲁木齐地区性国际出入口局(主要疏通西北方向至中亚、西亚各国的话务)与北京、上海、广州 3 个国际出入口局之间以低呼损电路群相连。与其汇接区(西北区)内的 DC1 之间以低呼损电路群相连。

国际出入口局及地区性国际出入口局所在城市的市话端局，可与该国际出入口局之间设置低呼损直达中继群，或经本地汇接局汇接至国际出入口局，以疏通国际电话业务。

8.1.4　路由及路由选择

1. 路由的含义

进行通话的两个用户经常不属于同一交换局，当用户有呼叫请求时，在交换局之间要为其建立起一条传送信息的通道，这就是路由。确切地说，路由是在网路中任意两个交换中心之间建立一个呼叫连接或传递信息的途径。它可以由一个电路群组成，也可以由多个电路群经交换局串接而成。

2. 路由的分类

组成路由的电路群根据要求可具有不同的呼损指标。对低呼损电路群，其上的呼损指标应小于或等于1%；对高效电路群没有呼损指标的要求。相应地，路由可以按呼损进行分类。

在一次电话接续中，常常要对各种不同的路由进行选择，按照路由选择也可对路由进行分类。概括起来路由分类如图8.12所示。

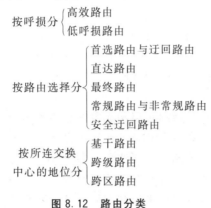

图 8.12 路由分类

1）基干路由

基干路由是构成网路基干结构的路由，由具有汇接关系的相邻等级交换中心之间以及长途网和本地网的最高等级交换中心之间的低呼损电路群组成。基干路由上的低呼损电路群又叫基干电路群。电路群的呼损指标是为保证全网的接续质量而规定的，应小于或等于1%，且基干路由上的话务量不允许溢出至其他路由上。

2）低呼损直达路由

直达路由是指由两个交换中心之间的电路群组成的，不经过其他交换中心转接的路由。任意两个等级的交换中心由低呼损电路群组成的直达路由称为低呼损直达路由。电路群的呼损小于或等于1%，且话务量不允许溢出至其他路由上。

两交换中心之间的低呼损直达路由可以疏通其间的终端话务，也可以疏通由这两个交换中心转接的话务。

3）高效直达路由

任意两个交换中心之间由高效电路群组成的直达路由称为高效直达路由。高效直达路由上的电路群没有呼损指标的要求，话务量允许溢出至规定的迂回路由上。

两个交换中心之间的高效直达路由可以疏通其间的终端话务，也可以疏通经这两个交换中心转接的话务。

4）首选路由与迂回路由

首选路由是指某一交换中心呼叫另一交换中心时有多个路由，第一次选择的路由就称为首选路由。当第一次选择的路由遇忙时，迂回到第二或第三个路由，那么第二或第三个路由就称为第一路由的迂回路由。迂回路由通常由两个或两个以上的电路群经转接交换中心串接而成。

5）安全迂回路由

这里的安全迂回路由除具有上述迂回路由的含义外，还特指在引入"固定无级选路方式"后，加入到基干路由或低呼损直达路由上的话务量，在满足一定条件下可向指定的一个或多个路由溢出，此种路由称为安全迂回路由。

6）最终路由

最终路由是任意两个交换中心之间可以选择的最后一种路由，由无溢出的低呼损电路群组成。最终路由可以是基干路由也可以是部分低呼损路由和部分基干路由串接，或仅由低呼损路由组成。

3. 路由选择的基本概念

路由选择也称选路，是指一个交换中心呼叫另一个交换中心时在多个可传递信息的途径中进行选择，对一次呼叫而言，直到选到了目标局，路由选择才算结束。ITU－T E.170建议从两个方面对路由选择进行描述：路由选择结构和路由选择计划。

1）路由选择结构

路由选择结构分为有级（分级）选路和无级选路两种结构。

（1）有级选路结构。如果在给定的交换节点的全部话务流中，到某一方向上的呼叫都是按照同一个路由组依次进行选择，并按顺序溢出到同组的路由上，而不管这些路由是否被占用，或这些路由能不能用于某些特定的呼叫类型，路由组中的最后一个路由即为最终路由，呼叫不能再溢出，这种路由选择结构称为有级选路结构。

（2）无级选路结构。如果违背了上述定义（如允许发自同一交换局的呼叫在电路群之间相互溢出），则称为无级选路结构。

2）路由选择计划

路由选择计划是指如何利用两个交换局间的所有路由组来完成一对节点间的呼叫。它有固定选路计划和动态选路计划两种。

（1）固定选路计划。固定选路计划指路由组的路由选择模式总是不变的。即交换机的路由表一旦制定后在相当长的一段时间内交换机按照表内指定的路由进行选择。但是对某些特定种类的呼叫可以人工干预改变路由表，这种改变呈现为路由选择方式的永久性改变。

（2）动态选路计划。动态选路计划与固定选路计划相反，路由组的选择模式是可变的。即交换局所选的路由经常自动改变。这种改变通常根据时间、状态或事件而定。路由选择模式的更新可以是周期性或非周期的、预先设定的或根据网路状态而调整的。

4. 路由选择规则

路由选择的基本原则是：①确保传输质量和信令信息传输的可靠性；②有明确的规律性，确保路由选择中不出现死循环；③一个呼叫连接中的串接段数应尽量少；④能在低等级网络中流通的话务尽量在低等级网络中流通等。

1）长途网中路由选择的规则

长途网中路由选择的主要规则有：①网中任意一个长途交换中心呼叫另一个长途交换中心的所选路由局向最多为3个；②同一汇接区内的话务应在该汇接区内疏通；③发话区的路由选择方向为自上而下，受话区的路由选择方向为自下而上；④按照"自远而近"的原则设置选路顺序，即首选直达路由，次选迂回路由，最后选最终路由。

2）本地网中继路由选择的规则

本地网中继路由选择的主要规则有：①选择顺序为先选直达路由，后选迂回路由，最后选基干路由；②每次接续最多可选择 3 个路由；③端局与端局间最多经过两个汇接局，中继电路最多不超过 3 段。

8.1.5 电话网编号计划

电话网络的编号计划是指对本地网、国内长途网、国际长途网的特种业务和新业务等所规定的各种呼叫的号码编排规程。在现代自动电话网络中，编号计划或这种号码编排规程是维系电话网络正常工作的重要保证。电话交换设备应该满足本节所讲的所有规程。

电话的编号有两个作用：其一是构成由主叫到被叫的呼叫路由，其二是便于计费设备进行计费。编号计划是影响电话网设计的一个重要问题。从网络角度来看，编号实际上还代表着网络组织系统和容量；从用户角度来看，编号是用户的直接代号，有一定的社会影响，一经编录就不再轻易更改，尤其不允许在较短的时期内一再改号。

1. 编号的基本原则

电话号码是一种有限资源，正确地使用这一资源可使网络取得更好的经济效益，否则将引起资源的浪费，直接影响网络建设费用。因此，编号计划应放在与网络组织同等地位去考虑。考虑的基本原则大致有以下几个。

1）要考虑远近期结合

编号计划是以业务预测和网络规划为依据的。编号时，既要考虑到电话业务发展的趋势，又要结合本地经济和其他的发展状况，还要考虑长远的发展。业务预测确定了网络的规模容量、各类性质用户的分布情况以及电话交换局的设置情况，由此可确定号码的位长、容量和局号的数量。特别是在编制号码计划时考虑因网络的发展可能出现的新业务，如移动通信、非话业务等，应对规划期的容量要有充分的估计，对号码的容量要留有充分的余地。近远期结合，既要满足近期需要，又要考虑远期的发展，一般情况下，一次编号后不再做变更。

2）号码计划要与网络安排统一考虑、统一编号

号码计划实际上也是网络组织的一个重要组成部分，因此在确定网络组织方案时必须与编号方案统一考虑。例如，在本地电话网中具有不同制式的交换设备情况下，怎样组织汇接号码，怎样分配号码才能使原有设备变动量最小；哪一个地区可能很快要发展成新的繁华地段，有可能需要安装很多电话，网络安排在必要的时候可以考虑。

3）尽可能避免改号

随着电话网的发展，在网的用户数量巨大，每一次改号都可能影响到很多用户，特别是大面积的改号。在全国实行长途自动化后，尤其是在开发国际自动化电话业务后，这种影响不仅涉及本地电话网用户，而且涉及全国用户甚至国外用户，可能影响外地客户对本地的接通率，因此在今后电话网设计中应把避免改号作为一条重要原则考虑。

从用户的角度看，号码升位也是改号，且影响面较大。为了避免改号，近期工程为模块局的用户号码可采用该区域远期的编号计划，模块局的号码可不同于母局局号。待模块局改为分局时就不需要改号了。

4）国内电话号码长度

国内号长应符合 CCITT（现为 ITU-T）建议的国际电话号码规定，不能超过限定的12位。

2. 电话网编号国家规定

凡是进入国家通信网的各种长话、市话的交换设备都应满足《国家通信网自动电话编号》的一切规定，有关编号原则、编号方式和长途区号基本规定和原则如下所示。

1）《国家通信网自动电话编号》规定的编号原则

在远期要留有一定的备用区号，以满足长远发展的需要；编号方案应符合国际电话电报委员会的 Q.11 建议，即国内电话有效号码的总长度不能超过10位，同时应尽可能缩短编号号长和具有规律性，以便于用户使用；长、市号码容量运用充分；应尽可能使长、市自动交换设备简单，以节省投资。

（1）在做好各省、市、区三级范围内的本地电话网中远期规划的基础上，对市、县间话务联系密切且能促进业务量发展的情况下，本地电话网可以扩大。

（2）特大城市、大城市、中等城市的本地电话网一般不突破行政管辖范围。

（3）一个本地电话网的范围应按 40 年远期的人口、电话普及率等因素进行规划，所规划容量不超过 5000 万门（对 2 位长途区号城市）、500 万门（对 3 位区号城市）或 50 万门（对 4 位区号城市）。

（4）为满足本地电话网的传输性能，本地电话网的最大服务范围（用户到用户距离）一般在 300km 以内。

（5）本地电话网范围的调整应在本地电话网规划的基础上进行，且应充分考虑行政区划的变动性。调整后的本地电话网要基本稳定，原则上不能随行政区划的变动而变动。在特殊情况下，须经信息产业部同意后才能变动。

（6）本地电话网范围的划分应在"我国长途区号调整方案"的基础上进行。

（7）本地电话网范围的划分不论其大小，在没有新规定之前，目前管理体制上长、市话费分摊的原则不能变。

在上述基本原则条件下，在长远规划的基础上，可对本地电话网范围进行因地制宜的调整，联系密切的市、县在划分成一个本地电话网时，应充分注意网路中交换设备和传输设备的状况，确保一个本地电话网范围的通信畅通。

2）本地电话号码升位改号的基本规定

（1）各本地电话网的规划、设计等都必须包括编号计划及近期升位、改号的方案。对于有一定规模容量的城市要创造条件，尽可能一次性完成本地网的升位、改号工作。

（2）在考虑本地电话网升位时，应做好近期、远期的发展规划，使在相当长的时间内编号计划不做大的变动。升位间隔时间应尽可能长。

（3）规划、设计交换区时，不仅要考虑技术经济等因素，还应考虑电话号码变动的因素，尽量不变或少变用户号码。

（4）对于采用数字程控交换设备的本地电话网升位时间可适当提前，对将来要改为分局的远端模块局，宜采用将来分局的局号。

（5）选定升位方法时，要明确保证割接时网络安全的措施。

（6）电话号码升位时，为便于用户记忆，升位的局号与原有的局号要有一定的规律性。

（7）升位、改号后在一定时间内应采取减少无效呼叫的技术措施，如放录音通知、使用"改号自动通知机"等，以减少由于升位、改号对通信质量的影响。

3）《国家通信网自动电话编号》的编号

（1）在同一闭锁编号区内，采用闭锁编号方式，同一闭锁编号区的用户之间相互呼叫时拨统一的号码，即市话局号加用户号码。

（2）长途拨号采用开放编号方式，即在呼叫闭锁编号区以外的用户时，用户需加拨长途字冠"O"和长途区号。

（3）全国编号采用不等位制，不同城市（或县）根据其政治、经济各方面的不同地位采用不同号长的长途区号。不同城市的市话号码长度也可不相等。

3. 电话号码的组成

1）用户号码的组成

在一个本地网中，自动交换机的电话号码都是统一编号的，在一般情况下都采用等位编号，号长要根据本地电话用户数和长远规划的电话容量来确定。当本地电话网编号号位长小于 7 位号码时，允许用户交换机的直拨号码比网中普通用户号码长一位。

本地电话网中，一个用户电话号码由两部分组成：局号和用户号。局号可以是 1～4位（4 位时记为 PQRS）；用户号为 4 位（记为 ABCD）。本地电话网的号码长度最长为 8 位。

2）特种业务号码的组成

我国规定第一位为"1"的电话号码为特种业务的号码，其编排原则有如下几个方面。

（1）首位为"1"的号码主要用于紧急业务号码，用于需要全国统一的业务接入码，网间互通接入码，社会服务号码等。由于首位为"1"的号码资源紧张，对于某些业务量较小或属于地区性的业务，不一定需要全国统一号码，可以不使用首位为"1"的号码，可采用普通电话号码。

（2）为便于用户使用，原则上已经使用的号码一般不再变动。为充分利用首位为"1"的号码资源，首位为 1 的号码采用不等位编号。对于紧急业务采用 3 位编号，即 1XX。对于业务接入码或网间互通接入码、社会服务等号码，视号码资源和业务允许情况可分配 3位以上的号码。

（3）为便于用户记忆和使用，以及充分利用号码资源，尽可能将相同种类业务的号码集中设置。

（4）随着业务的发展，有些业务使用范围逐步减小，直至淘汰，在此过程中相应业务号码在淘汰之前可继续使用。

（5）随着电信网络的发展，今后将不断有新的业务对编号提出要求，根据号码资源情况和业务要求，只有对于需要全国统一又必须采用短号码的业务才分配首位为"1"的号码。如 114 为查号台、119 为火警报警。

3）补充业务号码的组成

我国规定：200、300、400、500、600、700、800 为补充业务号码。

例如，300 业务是我国智能网上开放的第一种业务，它允许持卡用户在任一双音频固定电话机上使用，拨打本地、国内和国际电话产生的通话费全部记在 300 卡规定的账号上，电话局对所使用的话机不计费。300 业务与 200 业务功能基本相似。200 业务是在智能网未建成前，采用智能（语音）平台应急开放的记账电话卡业务。300 业务联网漫游使用的范围比 200 更广。一般来说，本地打长途电话用 200 卡较为方便，出省和跨地区流动时最好购买 300 卡。

800 业务即被叫集中付费业务，当主叫用户拨打为 800 号码时，对主叫用户免收通信费用，通信费用由申请 800 业务的被叫用户集中付费。800 业务分为本地 800 业务和长途800 业务两种：本地 800 业务指 800 业务用户仅接受本地网的 800 来话业务。长途 800 业务指 800 业务用户可接受本地和长途的来话业务。800 业务具有的功能：唯一号码、遇忙或无应答转移、呼叫筛选、按时间选择目的地、按发话位置选择目的地等。

4) 长途区号的分配原则

一个长途区号的服务范围为一个本地电话网络。由于我国幅员辽阔，各地区电话业务发展很不平衡，为了充分利用号码资源，长途区号的分配采用不等位制，即由 2 位、3 位或 4位 3 种长途区号组成，编排的原则是电话用户越多，长途区号越短；用户越少，区号越长。

(1) 首位为"1"的区号有两种用途：一种是长途区号；另一种是网络或特种业务的接入码。其中 10 为北京的区号，为两位码长的区号。

(2) 2 位区号为"$2X$"，其中 $X=0\sim9$。分配给几个特大城市的本地网。这种以 2 开头的 2 位长的区号一共可以安排 10 个。

(3) 3 位区号为"$3X_1X\sim9X_1X$"，第一位中的 6 除外，其中 X_1 为 1、3、5 等奇数，$X=0\sim9$。3 位区号总共可以约有 300 个，安排给大中城市的本地网络。

(4) 4 位区号为"$3X_2XX\sim9X_2XX$"，其中 X_2 为偶数，$X=0\sim9$。4 位区号总共可以安排 3000 个，分配给中小城市和以县城为中心的包括农村范围在内的县级本地电话网络。

(5) 首位为"6"的长途区号除"60"和"61"留给中国台湾，作为 2 位的区号，其余"$62X\sim69X$"为 3 位区号。如 668 为广东茂名的区号。应用不等位制长途区号可以覆盖我国所有本地网并留有余量。

4. 国际长途电话编号方案

一般来说，国际长途号码由两部分组成，即国家号码＋国内号码。每一个编号区分配一位号码，各编号区内的各个国家号码应以所属的编号区码作为首位。例如，中国所在的编号区为"8"，国家号码为"86"；美国所在的编号区为"1"，国家号码为"1"。

拨打国际长途电话时，除在用户电话号码的前面加拨长途区号以外，在前面还要加拨国家号码，国家号码的一般长度为 1～3 位。如果某国家的国家号码为 3 位 $I_1I_2I_3$，则拨打这个国家的某用户的电话，应该拨 $00I_1I_2I_3X_1X_2X_3PQRSABCD$。其中"00"为全自动国际长途字冠，$I_1I_2I_3$ 为被叫的国家号码，"$X_1X_2X_3$"为被叫电话的区号，"PQRSABCD"为用户电话的号码。

国际长途全自动拨号的号码总长度不超过 15 位，其中国际（即国家号）加区号不超过 7位，国内用户号码为 8 位。

8.2 计算机通信网

8.2.1 计算机网络概述

计算机网络是计算机技术与通信技术相互渗透、密切结合的产物。1946 年，计算机的诞生对人类社会的发展起到了巨大的推动作用。伴随着计算机的诞生，人们对于信息的共享有了更加迫切的需要。计算机网络正是在这种背景下产生的。

利用通信设备和线路将分布在不同地理位置的、功能独立的多个计算机系统连接起来，以功能完善的网络软件(网络通信协议及网络操作系统等)将所要传输的数据划分成不同长度的分组进行传输和处理，从而实现网络中资源共享和信息传递的系统称为计算机网络。从资源共享的角度，计算机网络的定义为：以能够相互共享资源的方式互连起来的自治计算机系统的集合。

资源共享的定义符合目前计算机网络的基本特征，主要表现在以下几点。

(1) 计算机网络建立的主要目的是实现计算机资源的共享。计算机资源主要指计算机硬件、软件与数据。

(2) 互连的计算机是分布在不同地理位置的多台独立的"自治计算机"(Autonomous Computer)，它们之间可以没有明确的主从关系，可以联网工作，也可以脱网独立工作。

(3) 联网工作的计算机之间的通信必须遵循共同的网络协议。

计算机网络的分类方法是多样的，其中最主要的两种方法是：根据网络的覆盖范围与规模分类；根据网络所使用的传输技术分类。

计算机网络按照其覆盖的地理范围进行分类，可以很好地反映不同类型网络的技术特征。由于网络覆盖的地理范围不同，它们所采用的传输技术也就不同，因而形成了不同的网络技术特点与网络服务功能。按覆盖的地理范围进行分类，计算机网络可以分为3类：广域网、城域网与局域网。

广域网的连接范围一般为几十到几千千米，城域网的连接范围一般为几千米到几十千米，而局域网的范围一般为几百米至几千米。一般来说，局域网的传输速度最高，城域网次之，传输速度较低的是广域网。

广域网、城域网与局域网技术的发展为 Internet 的广泛应用奠定了坚实的基础。Internet的广泛应用也促进了局域网与局域网、局域网与城域网、局域网与广域网、广域网与广域网互联技术的发展，以及高速网络技术的快速发展。

根据网络所采用的传输技术，计算机网络又可以分为广播式网络和点—点式网络。

在广播式网络中，所有联网计算机都共享一个公共通信信道。当一台计算机利用共享通信信道发送数据包时，所有其他的计算机都会接收到这个分组。由于发送的数据包中带有目的地址与源地址，接收到该数据包的计算机将检查目的地址是否与本节点地址相同。如果被接收数据包的目的地址与本节点地址相同，则接收该分组，否则将该分组丢弃。

与广播网络相反，在点—点式网络中，每条物理线路连接一对计算机。假如两台计算机之间没有直接连接的线路，那么它们之间的数据包传输就要通过中间节点的接收、存储、转发，直至目的节点。由于连接多台计算机之间的线路结构可能是复杂的，因此从源节点到目的节点可能存在多条路由。决定数据包从通信子网的源节点到达目的节点的路由需要有路由选择算法。采用分组存储转发与路由选择是点—点式网络与广播式网络的重要区别之一。

8.2.2 局域网

决定局域网特性的主要技术要素是：网络拓扑结构、传输介质的选择以及介质访问控制方法的选取。从介质访问控制方法的角度来看，局域网可分为共享介质局域网和交换式局域网。

局域网(Local Area Network，LAN)是指在一定的地理区域范围内，将多个相互独立的数据通信设备利用通信线路连接起来的并以一定速率进行相互通信的通信系统。

从局域网应用的角度来看，局域网具有的特点主要有以下几点。

(1) 高速的数据传输速率(10Mbps～10Gbps)。

(2) 覆盖有限的地理范围(10 米～几十千米)。

(3) 低误码率、可靠性高。

(4) 各设备平等地访问网络资源，共享网络资源。

(5) 易于建立、安装维护简单、造价低、易于扩展。

(6) 能进行广播与组播通信。

局域网从 20 世纪 60 年代末 70 年代初开始起步，经过 30 多年的发展，已越来越趋于成熟，其主要特点是：形成了开放系统互联网络，网络走向了产品化、标准化；局域网的互连性越来越强，各种不同介质、不同协议、不同接口的互联产品已纷纷投入市场；微计算机的处理能力增强很快，局域网不仅能传输文本数据，而且可以传输和处理话音、图形、图像、视频等媒体数据。

1. 局域网的拓扑结构

局域网的拓扑结构指网络中节点和通信线路的几何排序，它对整个网络的设计、功能、经济性、可靠性都有影响，对局域网一般有 5 种结构：星形、总线形、环形、树形、网状等。

2. 局域网的传输介质

传输介质主要是指计算机网络中发送和接收者之间的物理通路，其中有通信电缆，也有无线信道如微波线路和卫星线路。而局域网的典型传输介质是双绞线、同轴电缆和光缆。

3. 访问控制方式

访问控制方式是指控制网络中各个节点之间信息的合理传输，对信道进行合理分配的方法。目前在局域网中常用的访问控制方式有 3 种：带冲突检测的载波侦听多路访问(CSMA/CD，Carrier Sense Multiple Access With Collision Detection)、令牌环(Token Ring)、令牌总线(Token Bus)。

1) CSMA/CD

最早的 CSMA 方法起源于美国夏威夷大学的 ALOHA 广播分组网络，1980 年，美国 DEC、Intel 和 Xerox 公司联合宣布 Ethernet 网采用 CSMA 技术，并增加了检测碰撞功能，称为 CSMA/CD。这种方式适用于总线形和树形拓扑结构，主要解决如何共享一条公用广播传输介质。其简单原理是：在网络中，任何一个工作站在发送信息前，要侦听一下网络中有无其他工作站在发送信号，若无则立即发送；若有，即信道被占用，此工作站要等一段时间再争取发送权。等待时间可由两种方法确定：一种是某工作站检测到信道被占用后，继续检测，直到信道出现空闲；另一种是检测到信道被占用后，等待一个随机时间进行检测，直到信道出现空闲后再发送。

CSMA/CD 要解决的另一主要问题是如何检测冲突。当网络处于空闲的某一瞬间，有两个或两个以上工作站要同时发送信息，这时，同步发送的信号就会引起冲突，现由

IEEE802.3 标准确定的 CSMA/CD 检测冲突的方法是：当一个工作站开始占用信道进行发送信息时，再用碰撞检测器继续对网络检测一段时间，即一边发送，一边监听，把发送的信息与监听的信息进行比较，若结果一致，则说明发送正常，抢占总线成功，可继续发送；若结果不一致，则说明有冲突，应立即停止发送。等待一随机时间后，再重复上述过程进行发送。

CSMA/CD 控制方式的优点是：原理比较简单，技术上易实现，网络中各工作站处于平等地位，不需集中控制，不提供优先级控制。但在网络负荷增大时，发送时间增长，发送效率急剧下降。

2）令牌环

令牌环只适用于环形拓扑结构的局域网，其主要原理是：使用一个为"令牌"的控制标志(令牌是一个二进制数的字节，它由"空闲"与"忙"两种编码标志来实现，既无目的地址，也无源地址)，当无信息在环上传送时，令牌处于"空闲"状态，它沿环从一个工作站到另一个工作站不停地进行传递。当某一工作站准备发送信息时，就必须等待，直到检测并捕获到经过该站的令牌为止，然后，将令牌的控制标志从"空闲"状态改变为"忙"状态，并发送出一帧信息。其他的工作站随时检测经过本站的帧，当发送的帧目的地址与本站地址相符时，就接收该帧，待复制完毕再转发此帧，直到该帧沿环一周返回发送站，并收到接收站指向发送站的肯定应答信息时，才将发送的帧信息进行清除，并使令牌标志又处于"空闲"状态，继续插入环中。当另一个新的工作站需要发送数据时，按前述过程，检测到令牌，修改状态，把信息装配成帧，进行新一轮的发送。

令牌环控制方式的优点是：它能提供优先权服务，有很强的实时性，在重负荷环路中，"令牌"以循环方式工作，效率较高。其缺点是：控制电路较复杂，令牌容易丢失。但 IBM 在 1985 年已解决了实用问题，近年来采用令牌环方式的令牌环网实用性已大大增强。

3）令牌总线

令牌总线主要用于总线形或树形网络结构中。它的访问控制方式类似于令牌环，但它是把总线形或树形网络中的各个工作站按一定顺序，如按接口地址大小排列形成一个逻辑环。只有令牌持有者才能控制总线，才有发送信息的权力。信息是双向传送，每个站都可检测到其他站点发出的信息。在令牌传递时，都要加上目的地址，所以只有检测到并得到令牌的工作站时才能发送信息，它不同于 CSMA/CD 方式，可在总线形和树形结构中避免冲突。

这种控制方式的优点是：各工作站对介质的共享权力是均等的，可以设置优先级，也可以不设；有较好的吞吐能力，吞吐量随数据传输速率增高而加大，联网距离较 CSMA/CD 方式大。其缺点是：控制电路较复杂、成本高，轻负荷时线路传输效率低。

8.2.3 局域网协议标准

美国 IEEE 于 1980 年 2 月专门成立了局域网课题研究组，对局域网制定了美国国家标准，并把它提交国际标准化组织作为国际标准的草案，1984 年 3 月已得到 ISO 的采纳。到目前为止，IEEE802 为局域网制定的标准主要有以下几种。

IEEE802.1A：体系结构。

IEEE802.1B：寻址、网际互联和网间管理。

IEEE802.2：逻辑链路控制。

IEEE802.3：CSMA/CD 总线访问方法和物理层技术规范。

IEEE802.4：令牌总线访问控制方法和物理层技术规范。

IEEE802.5：令牌环访问控制方法和物理层技术规范。

IEEE802.6：城域网访问方法和物理层技术规范。

最近几年，又制定了几个标准：IEEE802.7、IEEE802.8 标准，主要作为光缆传输技术的局域网和时间片分割环网制定的；IEEE802.9 主要是对传输突发性强、对时间又很敏感的等时以太网 Isonet 设计的标准；IEEE802.11 是为无线局域网制定的标准；IEEE802.12 是为 100Mbps 传输速率制定的 100VG——Any LAN 标准。

IEEE802 模型与 OSI 参考模型的对应关系如图 8.13 所示。IEEE 主要对第一、二两层制定了规程，所以局域网的 IEEE802 模型是在 OSI 的物理层和数据链路层实现基本通信功能的，高层的标准没有制定。

IEEE802 局域网参考模型对应于 OSI 参考模型物理层的功能，主要是：信号的编码、译码、前导码的生成和清除、比特的发送和接收。

IEEE802 对应于 OSI 的数据链路层，分为逻辑链路控制(LLC)子层和介质访问控制(MAC)子层，OSI 的数据链路层的主要功能由 IEEE802 的 LLC 子层和部分的 MAC 子层来执行。

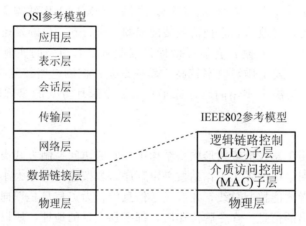

图 8.13 ISO/OSI 参考模型与 IEEE802 局域网参考模型对应关系

8.2.4 以太网

在局域网中使用最广泛的是以太网(Ethernet)，据统计，超过 95% 的局域网均采用此技术。Ethernet 采用 CSMA/CD 的介质访问控制方法。

CSMA/CD 是在借鉴 ALOHA 的基本思想上，增加了载波侦听功能。在此基础之上设计出数据传输速率为 10Mbps 的 Ethernet 实验系统。随后，Xerox、DEC 与 Intel 等 3 家公司合作，于 1980 年 9 月第一次公布了 Ethernet 的物理层、数据链路层规范。1981 年 11 月公布了 Ethernet V2.0 规范。IEEE802.3 标准是在 Ethernet V2.0 规范的基础上制定的，IEEE802.3 标准的制定推动了 Ethernet 技术的发展和广泛应用，尤其是 1995 年 Fast Ethernet(传输速率 100Mbps)标准的制定以及产品的推出，1998 年 Gigabit Ethernet 标准的推出，以及 10Gigabit Ethernet 标准的制定，使得 Ethernet 性能、价格比大大提高，这就使得 Ethernet 在各种局域网产品的竞争中占有明显的优势。

Ethernet 是以"广播"的方式将数据通过公共传输介质——总线发送出去的。由于网络中的所有节点都可以利用总线发送数据,并且网络中没有设置控制中心,因此不同节点发送的数据产生冲突是不可避免的。Ethernet 利用 CSMA/CD 来完成网络中各个节点对总线资源的利用。CSMA/CD 的工作过程可以简单概括为 4 句话:先听后发,边听边发,冲突停发,随机延迟后重发。

Ethernet 的主要特点表现在以下几个方面。

(1) 组网简单,易于实现。

(2) 由于采用的 CSMA/CD 是一种随机争用型访问控制方法,所以该网络适用于办公自动化等对数据传输实时性要求不高的应用环境。

(3) 当网络通信负荷增大时,由于冲突增多、网络吞吐率下降、传输时延增加,所以该网络一般用于通信负荷较轻的应用环境中。

随着网络应用的不断增加,传统 Ethernet 的传输速率已经不能满足需要。设计新的高速的 Ethernet 标准势在必行。快速以太网 Fast Ethernet 就是在这种背景下产生的。

Fast Ethernet 的数据传输速率为 100Mbps,保留了传统 10Mbps 速率 Ethernet 的所有特征(相同的数据帧格式、相同的介质访问控制方法、相同的组网方法),只是将 Ethernet 每个比特发送时间由 100ns 降低为 10ns,因此具有很好的向下兼容性。1995 年 9 月,IEEE 802 委员会正式批准了 Fast Ethernet 标准 IEEE802.3u。IEEE802.3u 标准只是在物理层做了些调整,定义了新的物理层标准 100BASE-T。100BASE-T 标准采用介质独立接口(Media Independent Interface,MII),它将 MAC 子层与物理层分隔开来,使得物理层在实现 100Mbps 速率时所使用的传输介质和信号编码方式的变化不会影响 MAC 子层。

尽管快速以太网具有高可靠性、易扩展性、成本低等优点,但在数据仓库、桌面电视会议、3D 图形与高清晰度图像这类应用中,人们不得不寻求有更高带宽的局域网。千兆以太网(Gigabit Ethernet)就是在这种背景下产生的。

Gigabit Ethernet 的传输速率比 Fast Ethernet 快 10 倍,数据传输速率达到 1000Mbps。Gigabit Ethernet 保留着传统的 10Mbps 速率 Ethernet 的所有特征(相同的数据帧格式、相同的介质访问控制方法、相同的组网方法),只是将传统 Ethernet 每个比特的发送时间由 100ns 降低到 1ns。同时在物理层做了些调整,定义了新的物理层标准千兆介质独立接口(Gigabit Media Independent Interface,GMII),它将 MAC 子层与物理层分隔开来,使得物理层在实现 1000Mbps 速率时所使用的传输介质和信号编码方式的变化不会影响 MAC 子层。

在 Gigabit Ethernet 的标准制定后不久,IEEE 于 1999 年 3 月成立了专门研究 10Gbps Ethernet 的高速研究组。其标准在 2002 年由 IEEE802.3ae 工作组制定完成。

由于数据传输速率的大幅度提高,10Gbps Ethernet 除了具有上述 Ethernet 的特点外,还增加了一些新的特点,主要表现在以下几个方面。

(1) 由于传输速率高达 10Gbps,因此只使用光纤作为传输介质。使用单模光纤和长距(大于 40km)光纤收发器或光模块可以在广域网或城域网的范围内工作。使用多模光纤时,传输距离限制在 65～300m。

(2) 只工作在全双工方式下,因此不再存在争用的问题,不受冲突检测的限制。

从上述特点中可以看到，10Gbps Ethernet 不仅只使用在局域网中，也可以在广域网或城域网中使用。而且同等规模的 10Gbps Ethernet 造价只有 SONET 的 1/5，ATM 的 1/10。此外从 10Mbps Ethernet 到 10Gbps Ethernet 都使用相同的帧格式，组网时可大大简化操作和管理过程，提高了系统的效率。1Gbps Ethernet 和 10Gbps Ethernet 的问世，进一步提高了 Ethernet 的市场占有率。

8.2.5 广域网

近年来，计算机通信网的重要组成部分——广域网得到了很大的发展，它是近 30 年来计算机技术与通信技术高速发展、相互促进、相互渗透而逐渐融为一体的具体结果。特别是 20 世纪 80 年代以来，ISO 公布了 OSI 参考模型，提供了计算机网络通信协议的结构和标准层次划分，为异种机的互联提供了一个公认的协议准则；其次，微型计算机的高速发展，促进了 LAN 的标准化、产品化，使它成为连接 WAN 的一个可靠的基本组成部分；此外，远程用户需求的增加，跨国跨省企业网的兴起，都是促使广域网继续发展的重要动力。WAN 不仅在地理范围上超越城市、省界、国界、洲界形成世界范围的计算机互联网络，而且在各种远程通信手段上有许多大的变化，如除了原有的电话网外，已有分组数据交换网、数字数据网、帧中继网以及集话音、图像、数据等为一体的 ISDN 网以及数字卫星网 VSAT(Very Small Aperture Terminal)和无线分组数据通信网等；在技术上也有许多突破，如互联设备的快速发展，多路复用技术和交换技术的发展，特别是 ATM 交换技术的日臻成熟，为广域网解决传输带宽这个瓶颈问题展现了美好的前景。

广域网是一个覆盖较大地理范围的计算机网络，为不同城市、国家或大洲之间提供了远程通信服务，有时也称为远程网。广域网通常借助公共传输网络，利用分组交换技术将分布在不同地区的局域网或计算机系统互连起来，达到资源共享的目的。

广域网与局域网的最大区别是其规模，广域网可以根据需要不断地扩展，有足够的能力提供多台计算机同时通信。通常作为国家或地区计算机网络的骨干网络，因此其特点与局域网有明显的不同，主要表现在以下几个方面。

(1) 适应大容量与突发性通信的要求。

(2) 适应综合业务服务的要求。

(3) 开放的设备接口与规范化的协议。

(4) 完善的通信服务与网络管理。

(5) 数据传输速率较低，传播时延较大(相对于局域网)。

8.3 全 光 网 络

8.3.1 全光网络概述

20 世纪 90 年代以来，随着光纤通信技术的迅速发展，许多学者提出了"全光网络"的概念，其本意是信号以光的形式穿过整个网络，直接在光域内进行信号的传输、再生和交换/选路，中间不经过任何光电转换，以达到全光透明性，实现在任意时间、任意地点、传送任意格式信号的理想目标。

所谓全光网络(All Optical Network，AON)，是指信号只是在进出网络时才进行电/光和光/电的变换，而在网络中传输和交换的过程中始终以光的形式存在。因为在整个传输过程中没有电的处理,所以 PDH、SDH、ATM 等各种传送方式均可使用,提高了网络资源的利用率。

全光网络由光传输系统和在光域内进行交换/选路的光节点组成,光传输系统的容量和光节点的处理能力非常大,电子处理通常在边缘网络进行,边缘网络中的节点或节点系统可采用光通道通过光网络进行直接连接。光节点不进行按信元或按数据包的电子处理,因而具有很大的吞吐量,可大大地降低传输延迟。不同类型的信号可以直接接入光网络。光网络具有光通道的保护能力,以保证网络传输的可靠性。为了提高传输效率,也可以简化或去掉 SDH 和 ATM 等中有关网络保护的功能,避免各个层次的功能重复。

由于光器件技术的局限性,目前全光网络的覆盖范围还很小,要扩大网络覆盖范围,必须要通过光电转换来消除光信号在传输过程中积累的损伤(色散、衰减、非线性效应等),进行网络维护、控制和管理。因此,目前所说的"光网络"是由高性能的光电转换设备连接众多的全光透明子网的集合,是 ITU-T 有关"光传送网"概念的通俗说法。ITU-T 在 G.872 建议中定义光传送网为一组可为客户层信号提供主要在光域上进行传送复用、选路、监控和生存性处理的功能实体,它能够支持各种上层技术,是在适应公用通信网络演进的理想基础上传送网络的。

8.3.2 全光通信网的组成

1. 光传送技术

大容量光传送技术是最先应用于光网络中的技术,技术的发展主要围绕以下几点展开。

1) 提高单信道速率

主要有 ETDM 和 OTDM 方式,ETDM 应用最广泛,目前 40Gbps 的 ETDM 系统即将进入使用,更高速率的系统也处在研发之中,其中的关键技术是色散补偿和偏振模色散补偿。此外,受电子瓶颈的限制,纯粹的 ETDM 方式发展潜力已不太大,今后的发展将是"ETDM+OTDM"方式。

2) 增加通道数量

主要采用 WDM 方式,通过增加可用带宽和减小信道间隔都可实现通道数量的增加。打通 1310nm 和 1550nm 窗口之间的氢氧根吸收峰以后,光纤在 0.35dB 以下的低损耗可用带宽增加到 50THz,非常丰富,由于一些主要光器件的损耗/增益与波长密切相关,因此,可用带宽的增加主要取决于光器件,尤其是光放大器。目前应用的光放大器主要是 EDFA,增益带宽仅 35nm 左右。因此扩展光放大器的增益带宽是提高 WDM 信道数量和传输容量最有效的方法。

3) 扩大全光传送距离

上述光放大器等光器件技术、色散和偏振模色散补偿技术以及克服非线性效应影响的技术对扩大全光传送距离具有很大的影响,此外,前向纠错技术、光孤子等也是非常重要的技术。如果全光中继器开发成功,则可彻底解决全光传送问题,这有待于光器件技术的突破性发展。

2. 全光交换方式

全光交换方式主要有以下几种。

（1）空分光交换：由光开关矩阵实现，光开关矩阵节点可由机械、电或光进行控制，按要求建立物理通道，使输入端任意一个信道与输出端任意一个信道相连，完成信息的交换。各种机械、电或光控制的相关器件均可构成空分光交换。构成光矩阵的开关有铌酸锂定向耦合器、微电子机械系统（MEMS）。

（2）时分光交换：时分光交换系统采用光器件或光电器件作为时隙交换器，通过光读写器对光存储器进行受控的有序读写操作从而完成交换动作。关键技术是高速光逻辑器件，即光的读写器件和存储器件。

（3）波分/频分光交换：信号通过不同的波长，选择不同的网络通路来实现，由波长开关进行交换。波分光交换由波长复用器/解复用器、可调波长滤波器、波长转换器和波长选择开关等组成。

（4）光分组交换：类似电领域的分组交换的基本原理，采用波分复用、电或光缓冲技术，由分组波长进行选路。依照分组的波长，分组被选路到输出端口的光缓冲存储器中，然后将选路到同一输出端口的分组存储于公用的光缓冲存储器内，完成交换。

（5）复合型光交换：综合采用以上两种或两种以上的方式。

3. 光网络节点

光交换/选路是光网络中关键光节点技术，主要完成光节点处任意光纤端口之间的光信号交换及选路。光交换/选路的带宽粒度可以是光线路级、波长级、分组级甚至比特级。从功能上看，光交换机/选路器、OXC、OADM 都属于光交换/选路节点，它们是顺序包容的。即 OADM 是 OXC 的特例，主要进行光路上下的交叉连接，OXC 是光交换机/选路器的特例，主要在光路上进行交叉连接，OADM 和 OXC 主要应用于目前正准备进入使用的 WDM 光网络，是光纤和波长级的粗粒度带宽处理光节点设备。下一步的应用将是光分组交换/选路节点，它主要应用于光分组交换网络，这种光节点在分组级进行光交换/选路，可更加灵活、有效地利用带宽。基于 OTDM 的比特级光交换节点对光器件的要求非常高，离使用尚远。

（1）WDM 光网络节点：目前及今后较长一段时期应用的主要是基于 WDM 的光网络，其主要的网络节点为 OADM 和 OXC，通常由 WDM 复用/解复用器、光交换矩阵（由光开关和控制部分组成）、波长转换器和节点管理系统组成，主要完成光路上下、光层的带宽管理、光网络的保护及恢复和动态重构等功能。

（2）光分组交换节点：光分组交换能够在非常小的粒度上实现光交换/选路，极大地提高了光网络的灵活性和带宽利用率，非常适合数据业务的发展，是未来光网络的发展方向。光分组交换节点主要由输入/输出接口、交换矩阵、同步控制和交换控制等部分组成。其关键技术主要包括光分组产生、同步、缓存、再生、光分组头重写及分组之间的光功率均衡等。这些技术对光器件的要求非常高，因此，光分组交换节点离使用尚远。

4. WDM 光网络中的关键光器件技术

光网络的发展关键在于开发先进的光器件，WDM 光网络中的关键光器件主要有波长可调光源、波长可调滤波器、波长转换器件及波长选路和交换器件等几种。

1）波长可调光源

波长可调光源可任意控制信道波长，方便准确地控制频道间隔，其特性要求包括快速调谐速率、宽的调谐范围、低功率消耗和低成本等，主要有机械调谐激光器、声光和电光调谐激光器、注入电流调谐激光器、光子集成多量子阱快速交换光源、阵列光源实现方式。

2）波长可调滤波器

波长可调滤波器是插入和分出波长的重要器件，主要有以下几种：法布里-珀罗（Fabry-Perot）滤波器、基于模式耦合的可调滤波器、基于半导体激光器结构的可调滤波器、液晶可调滤波器、光纤布拉格光栅（FBGs）。

3）波长转换技术

波长转换将成为光网络节点中的一个基本功能，可进行透明的互操作、解决波长争用、波长路由选定，以及在动态业务模式下较好地利用网络资源。尤其是对大容量、多节点的网状网，采用波长变换器能大大降低网络的阻塞率。

光/电/光波长转换在普通的 WDM 光传输系统中经常用到，当光发射机的输出波长不能满足密集波分复用（DWDM）传输的需要时，需采用光转发器（OTU）进行转换。光/电/光（O/E/O）波长变换器相当于光传输线路中的 1R 或 3R 中继器。在光网络中，当需要对某一波长的光信号进行波长转换时，先用光电检测器接收该光信号，实现 O/E 转换；然后将信号调制到所需波长的激光器发射出去，实现 E/O 转换，从而实现波长变换。这种类型的主要优点是系统原理简单、输入光功率适应范围较宽、对偏振不敏感、技术成熟、性能稳定，应用广泛。但缺点也相当明显：电路结构相对复杂、不能对传输速率完全透明；经过光/电/光的转换，原先光信号的相位、幅度等信息会丢失，无法实现光信号的完全透明传输，成本高。目前的发展趋势是全光波长转换。

全光波长变换是指不经过光/电处理，直接在光域内将某一波长（频率）的光信号转换到另一个波长（频率）上。全光波长变换主要是依靠光的非线性效应实现的，主要类型有基于光调制原理的波长变换器、基于光混频原理的波长变换器和光纤光栅外腔波长变换器 3 种。实现全光变换（AOWC）的器件主要有半导体光放大器（SOA）、饱和吸收双稳态激光器、注入锁定 Y 型激光器、强度调制（或频率调制）的分布式布拉格反射（DBR）激光器、基于光波混频的铌酸锂（LiNbO₃）波导或铝镓砷（AlGaAs）波导、非线性光纤环镜（NLOM）和光纤光栅等。其中，用 SOA 实现的波长变换方法具有较好的使用前景。

基于光调制原理的波长变换器主要是利用交叉增益调制（XGM）和交叉相位调制（XPM）。通过光信号和连续光（探测光）信号的交叉调制，将输入信号所携带的信息转移到另外一个波长上再输出。这种波长变换方式只适用于强度调制的信号，可以达到有限的透明性，但不能实现严格透明，主要有基于半导体光放大器交叉增益调制（XGM）的波长变换器——SOA - XGM、基于半导体光放大器交叉相位调制（XPM）的波长变换器——SOA - XPM 和非线性光纤环镜（NOLM）型波长变换器等实现方式。

基于光混频原理的波长变换器主要有差频和四波混频等。差频方式是利用差频（DFG，Difference Frequency Generation）原理，光信号分两路输入，它们在同一个非线性媒质中传输时产生混频现象，从而产生新的光波，其强度与输入光波的强度之积成正比，频率和相位是输入光波的相位和频率的线性组合。四波混频方式是利用四波混频（FWM，Four Wave Mixing）原理，光信号分 3 路输入，在非线性元件（有源、无源器件和光纤等）中产生新的光波。

光纤光栅外腔波长变换器原理是光纤光栅（FBG）作为 DBR 激光器的外腔布拉格（Bragg）反射器，FBG - DBR 激光器单频工作在恒定直流偏置状态，工作波长 1T 由 FBG 的反射率决定。波长为 λs 的光信号从耦合器注入，基于载流子耗尽的机制，输出信号 1T

受到 λs 的调制，完成波长变换功能。

4）波长选路和交换器件

波长选路和交换器件能够以波长为基础将输入信号选路/交换到特定的输出端口。

5. 光网络的控制与管理技术

光网络的控制与管理系统是实现光网络的重要组成部分，它通过用于光层处理的开销通道和光层控制信令与管理信息对光网络进行有效的控制和管理，如边缘节点的带宽请求；网络拓扑、带宽资源、路由信息的传递；动态路由选择和波长分配；网络保护、恢复、重新配置；以及对光设备和光通道进行性能监测，完成各种管理功能。

1）控制与管理开销通道

光网络的控制与管理开销通道主要有几种实现方式：带外方式，带内方式，带内、带外结合方式。

目前，数字包封技术是发展的热点，数字包封技术用信道开销等额外比特数据从外面包裹 Och 客户信号形成数字包封，它由光信道净载荷、前向纠错（FEC）和光信道开销 3 部分组成。ITU - T 正在研究数字包封技术并有可能形成标准，这种技术是今后的发展方向。

2）控制与管理配置模式

光网络的控制与管理配置模式有以下几种：

软永久电路模式（SPC）：SPC 模式对于传统设备与光核心网相连接特别重要。ATM、FR 可以通过管理系统（SPC 模式）把接口交换到光网络。

用户网络接口模式（UNI）：也称客户机-服务器（client - server）模式，这种模式使终端系统和光网络之间的相互作用仅限于建立和拆除连接的简单请求。

对等（peer）模式：此模式应用于 IP 网络比较有利，路由器可与 OXC 具有同等地位，共享路由信息和控制智能。目前正在研究在对等模式中共享信息的程度。

3）光层动态控制信令协议

标准化的信令系统将为光网络提供共同的语言和机理，较好地传送与连接相关的信息。信令系统的基本部分是请求操作、与连接相关的属性、通过网络传送操作命令的协议，以及传送信令消息的信道。

4）光网络的生存性

光网络的生存性包括保护机制和恢复机制这两种技术。保护机制是采用预先规划的方法分配网络资源，防止未来预期可能出现的网络失效。其优点是失效恢复时间短，但不够灵活、带宽利用率不高、无法恢复预期范围以外的失效；恢复机制是网络出现失效后，动态寻找可用资源并采用重新选路的方式绕过失效部件。这种方式的优点是能够有效利用网络资源、灵活性高、能够恢复预期范围以外的失效；不足之处是失效恢复时间长。

总之，通信网络正在向 IP 化的方向演进，新的网络技术与解决方案纷纷涌现，光网络将成为各种网络技术与方案相互竞争、相互融合，向未来公用通信网络发展的综合传送平台；基于 WDM 的光网络目前正在进入使用，关键的光器件技术发展很快；随着 IP 数据业务的快速发展，光网络与 IP 技术的结合越来越紧密；光网络未来的发展趋势将是适应数据业务发展的光分组交换网；20 世纪向 21 世纪的跨越是电网络向光网络的跨越。

8.4 三 网 合 一

三网融合是一种广义的、社会化的说法，在现阶段它是指在信息传递中，把广播传输中的"点"对"面"、通信传输中的"点"对"点"以及计算机中的存储时移融合在一起，更好地为人类服务，并不意味着电信网、计算机网和有线电视网三大网络的物理合一，而主要是指高层业务应用的融合。其表现为技术上趋向一致，网络层上可以实现互联互通，形成无缝覆盖，业务层上互相渗透和交叉，应用层上趋向使用统一的 IP 协议，在经营上互相竞争、互相合作，朝着向人类提供多样化、多媒体化、个性化服务的同一目标逐渐交汇在一起，行业管制和政策方面也逐渐趋向统一。

所谓三网融合是指电信网、广播电视网和计算机通信网的相互渗透、互相兼容并逐步整合成为全世界统一的信息通信网络。三网融合是为了实现网络资源的共享，避免低水平的重复建设，形成适应性广、容易维护、费用低的高速宽带的多媒体基础平台。

三网融合后，民众可用电视遥控器打电话，在手机上看电视剧，随需要选择网络和终端，只要拉一条线、或无线接入即完成通信、电视、上网等。

三网融合后，可以更好地控制网络接入商和内容提供商的质量，进一步提高和净化网络环境，将会为创建和谐社会做出重大的贡献。这样也可以实现中国电视数字化进程的迅速发展。无论在哪里都可以实现无线上网。

三网合一光纤交换机是一种三网合一光线路终端（OLT），它是一款集成了 CATV 光信号分配功能的高性能管理型两层三网合一的光纤以太网交换机。它提供一个理想的低成本 FTTH 或 FTTB 三网合一（数据、话音和 CATV）接入解决方案。三网合一光纤交换机提供下连光端口和 CATV 光信号输出端口，与放置在用户家里的家庭光网络单元（ONU）相连，三网合一光纤交换机为新兴的基于以太网的三网合一——FTTx 而设计。它功能丰富、全面，应用灵活，特别适合应用于中小电信运营商 FTTx 网络。系统采用双电源冗余设计，提高应用可靠性。

三网合一光纤交换机提供多种网络管理方式，采用标准 RS-232 接口、Web 浏览器、命令行界面（CLI）和基于简单网络管理协议（SNMP）的网络管理平台。系统管理员能轻松配置功能、监控性能和排除交换机故障。

三网融合在概念上从不同角度和层次上分析，可以涉及技术融合、业务融合、行业融合、终端融合及网络融合。目前更主要的是应用层次上互相使用统一的通信协议。IP 优化光网络就是新一代电信网的基础，是我们所说的三网融合的结合点。

数字技术的迅速发展和全面采用使电话、数据和图像信号都可以通过统一的编码进行传输和交换，所有业务在网络中都将成为统一的"0"或"1"的比特流。

光通信技术的发展，为综合传送各种业务信息提供了必要的带宽和传输高质量，成为三网业务的理想平台。

软件技术的发展使得三大网络及其终端都通过软件变更，最终支持各种用户所需的特性、功能和业务。

最重要的是统一的 TCP/IP 协议的普遍采用，将使得各种以 IP 为基础的业务都能在不同的网上实现互通。人类首次具有统一的为三大网都能接受的通信协议，从技术上为三网融合奠定了最坚实的基础。

如果按传统的办法处理三网融合，这将是一个长期而艰巨的过程，如何绕过传统的三网来达到融合的目的，那就是寻找通信体制革命的这条路，我们必须把握技术的发展趋势，结合我国实际情况，选择我们自己的发展道路。

我们的实际情况是数据通信与发达国家相比起步晚，传统的数据通信业务规模不大，比起发达国家的多协议、多业务的包袱要小得多，因此，可以尽快转向以 IP 为基础的新体制，在光缆上采用 IP 优化光网络，建设宽带 IP 网，加速我国 Internet 的发展，使之与我国传统的通信网长期并存，既能节省开支又能充分利用现有的网络资源。

习　题

一、填空题

1. 本地电话网的汇接方式有_____种，分别是_____。

2. 我国电话网的结构分为_____级。其中，长途电话网正在从_____级向_____级过度。

二、问答题

1. 本地电话网的范围和构成是怎样的？

2. 简述本地网和长途网的编号方案。

3. 简述目前在局域网中常用的几种访问控制方式。

参 考 文 献

[1] 杨家海，谢树煜．分组交换技术的研究与展望［J］．计算机工程与应用，1997(11)．

[2] 苗职民．现代电话交换技术［M］．北京：北京邮电大学出版社，1994．

[3] 陈锡生，糜正琨．现代电信交换［M］．北京：北京邮电大学出版社，1999．

[4] 卞佳丽．现代交换原理与通信网技术［M］．北京：北京邮电大学出版社，2005．

[5] 金惠文，陈建亚，纪红，冯春燕．现代交换原理［M］．2 版．北京：电子工业出版社，2006．

[6] 赵惠玲，胡琳，张国宏．宽带 Internet 的网络技术［M］．北京：电子工业出版社，1999．

[7] 张福．话务理论基础［M］．北京：人民邮电出版社，1987．

[8] 宋福昌．程控交换［M］．北京：人民邮电出版社，1993．

[9] 高星忠，陈锦章，张有材．分组交换［M］．北京：人民邮电出版社，1993．

[10] 赵惠玲．综合业务数字网［M］．北京：人民邮电出版社，1994．

[11] 刘少亭，卢建军，李国民．现代信息网［M］．北京：人民邮电出版社，2000．

[12] 李津生，洪佩琳．下一代 Internet 的网络技术［M］．北京：人民邮电出版社，2001．

[13] 刘少亭，卢建军，李国民．现代信息网概论［M］．北京：人民邮电出版社，2005．

[14] 纪红．7 号信令系统［M］．北京：人民邮电出版社，1995．

[15] 叶敏．程控数字交换与交换网［M］．2 版．北京：北京邮电大学出版社，2003．

[16] 乔桂红，吴凤修，陈一晶．光纤通信［M］．北京：人民邮电出版社，2005．

[17] 章坚武．移动通信［M］．西安：西安电子科技大学出版社，2003．

[18] 纪越峰，王宏祥．光突发交换网络［M］．北京：北京邮电大学出版社，2005．

[19] 龚倩．智能光交换网络［M］．北京：北京邮电大学出版社，2003．

[20] 张中荃．程控交换与宽带交换［M］．北京：人民邮电出版社，2003．

[21] 李文海．现代通信网［M］．北京：北京邮电大学出版社，2003．

[22] 唐雄燕，庞韶敏．软交换网络［M］．北京：电子工业出版社，2005．

[23] 黄锡伟，朱秀昌．宽带通信网络［M］．北京：人民邮电出版社，1998．

[24] 龚双瑾，刘多．下一代电信网的关键技术［M］．北京：国防工业出版社，2003．

[25] 顾生华．光纤通信技术［M］．北京：北京邮电大学出版社，2005．

[26] 李蕾薇．移动通信技术［M］．北京：北京邮电大学出版社，2005．

[27] 茅正冲，姚军．现代交换技术［M］．北京：北京大学出版社，2006．

[28] 姚军，毛昕蓉，郭芳华，代新冠．现代通信网［M］．北京：人民邮电出版社，2010．

北京大学出版社本科计算机系列实用规划教材

序号	标准书号	书名	主编	定价	序号	标准书号	书名	主编	定价
1	7-301-10511-5	离散数学	段禅伦	28	38	7-301-13684-3	单片机原理及应用	王新颖	25
2	7-301-10457-X	线性代数	陈付贵	20	39	7-301-14505-0	Visual C++程序设计案例教程	张荣梅	30
3	7-301-10510-X	概率论与数理统计	陈荣江	26	40	7-301-14259-2	多媒体技术应用案例教程	李建	30
4	7-301-10503-0	Visual Basic 程序设计	闵联营	22	41	7-301-14503-6	ASP .NET 动态网页设计案例教程(Visual Basic .NET 版)	江红	35
5	7-301-21752-8	多媒体技术及其应用(第2版)	张明	39	42	7-301-14504-3	C++面向对象与 Visual C++程序设计案例教程	黄贤英	35
6	7-301-10466-8	C++程序设计	刘天印	33	43	7-301-14506-7	Photoshop CS3 案例教程	李建芳	34
7	7-301-10467-5	C++程序设计实验指导与习题解答	李兰	20	44	7-301-14510-4	C++程序设计基础案例教程	于永彦	33
8	7-301-10505-4	Visual C++程序设计教程与上机指导	高志伟	25	45	7-301-14942-3	ASP .NET 网络应用案例教程(C# .NET 版)	张登辉	33
9	7-301-10462-0	XML 实用教程	丁跃潮	26	46	7-301-12377-5	计算机硬件技术基础	石磊	26
10	7-301-10463-7	计算机网络系统集成	斯桃枝	22	47	7-301-15208-9	计算机组成原理	娄国焕	24
11	7-301-10465-1	单片机原理及应用教程	范立南	30	48	7-301-15463-2	网页设计与制作案例教程	房爱莲	36
12	7-5038-4421-3	ASP .NET 网络编程实用教程(C#版)	崔良海	31	49	7-301-04852-8	线性代数	姚喜妍	22
13	7-5038-4427-2	C 语言程序设计	赵建锋	25	50	7-301-15461-8	计算机网络技术	陈代武	33
14	7-5038-4420-5	Delphi 程序设计基础教程	张世明	37	51	7-301-15697-1	计算机辅助设计二次开发案例教程	谢安俊	26
15	7-5038-4417-5	SQL Server 数据库设计与管理	姜力	31	52	7-301-15740-4	Visual C# 程序开发案例教程	韩朝阳	30
16	7-5038-4424-9	大学计算机基础	贾丽娟	34	53	7-301-16597-3	Visual C++程序设计实用案例教程	于永彦	32
17	7-5038-4430-0	计算机科学与技术导论	王昆仑	30	54	7-301-16850-9	Java 程序设计案例教程	胡巧多	32
18	7-5038-4418-3	计算机网络应用实例教程	魏峥	25	55	7-301-16842-4	数据库原理与应用 (SQL Server 版)	毛一梅	36
19	7-5038-4415-9	面向对象程序设计	冷英男	28	56	7-301-16910-0	计算机网络技术基础与应用	马秀峰	33
20	7-5038-4429-4	软件工程	赵春刚	22	57	7-301-15063-4	计算机网络基础与应用	刘远生	32
21	7-5038-4431-0	数据结构(C++版)	秦锋	28	58	7-301-15250-8	汇编语言程序设计	张光长	28
22	7-5038-4423-2	微机应用基础	吕晓燕	33	59	7-301-15064-1	网络安全技术	骆耀祖	30
23	7-5038-4426-4	微型计算机原理与接口技术	刘彦文	26	60	7-301-15584-4	数据结构与算法	佟伟光	32
24	7-5038-4425-6	办公自动化教程	钱俊	30	61	7-301-17087-8	操作系统实用教程	范立南	36
25	7-5038-4419-1	Java 语言程序设计实用教程	董迎红	33	62	7-301-16631-4	Visual Basic 2008 程序设计教程	隋晓红	34
26	7-5038-4428-0	计算机图形技术	龚声蓉	28	63	7-301-17537-8	C 语言基础案例教程	汪新民	31
27	7-301-11501-5	计算机软件技术基础	高巍	25	64	7-301-17397-8	C++程序设计基础教程	郗亚辉	30
28	7-301-11500-8	计算机组装与维护实用教程	崔明远	33	65	7-301-17578-1	图论算法理论、实现及应用	王桂平	54
29	7-301-12174-0	Visual FoxPro 实用教程	马秀峰	29	66	7-301-17964-2	PHP 动态网页设计与制作案例教程	房爱莲	42
30	7-301-11500-8	管理信息系统实用教程	杨月江	27	67	7-301-18514-8	多媒体开发与编程	于永彦	35
31	7-301-11445-2	Photoshop CS 实用教程	张瑾	28	68	7-301-18538-4	实用计算方法	徐亚平	24
32	7-301-12378-2	ASP .NET 课程设计指导	潘志红	35	69	7-301-18539-1	Visual FoxPro 数据库设计案例教程	谭红杨	35
33	7-301-12394-2	C# .NET 课程设计指导	龚自霞	32	70	7-301-19313-6	Java 程序设计案例教程与实训	董迎红	45
34	7-301-13259-3	VisualBasic .NET 课程设计指导	潘志红	30	71	7-301-19389-1	Visual FoxPro 实用教程与上机指导（第2版）	马秀峰	40
35	7-301-12371-3	网络工程实用教程	汪新民	34	72	7-301-19435-5	计算方法	尹景本	28
36	7-301-14132-8	J2EE 课程设计指导	王立丰	32	73	7-301-19388-4	Java 程序设计教程	张剑飞	35
37	7-301-21088-8	计算机专业英语(第2版)	张勇	42	74	7-301-19386-0	计算机图形技术(第2版)	许承东	44

序号	标准书号	书 名	主 编	定价	序号	标准书号	书 名	主 编	定价
75	7-301-15689-6	Photoshop CS5 案例教程（第 2 版）	李建芳	39	87	7-301-21271-4	C#面向对象程序设计及实践教程	唐 燕	45
76	7-301-18395-3	概率论与数理统计	姚喜妍	29	88	7-301-21295-0	计算机专业英语	吴丽君	34
77	7-301-19980-0	3ds Max 2011 案例教程	李建芳	44	89	7-301-21341-4	计算机组成与结构教程	姚玉霞	42
78	7-301-20052-0	数据结构与算法应用实践教程	李文书	36	90	7-301-21367-4	计算机组成与结构实验实训教程	姚玉霞	22
79	7-301-12375-1	汇编语言程序设计	张宝剑	36	91	7-301-22119-8	UML 实用基础教程	赵春刚	36
80	7-301-20523-5	Visual C++程序设计教程与上机指导(第 2 版)	牛江川	40	92	7-301-22965-1	数据结构(C 语言版)	陈超祥	32
81	7-301-20630-0	C#程序开发案例教程	李挥剑	39	93	7-301-23122-7	算法分析与设计教程	秦 明	29
82	7-301-20898-4	SQL Server 2008 数据库应用案例教程	钱哨	38	94	7-301-23566-9	ASP.NET 程序设计实用教程(C#版)	张荣梅	44
83	7-301-21052-9	ASP.NET 程序设计与开发	张绍兵	39	95	7-301-23734-2	JSP 设计与开发案例教程	杨田宏	32
84	7-301-16824-0	软件测试案例教程	丁宋涛	28	96	7-301-24245-2	计算机图形用户界面设计与应用	王赛兰	38
85	7-301-20328-6	ASP. NET 动态网页案例教程(C#.NET 版)	江 红	45	97	7-301-24352-7	算法设计、分析与应用教程	李文书	49
86	7-301-16528-7	C#程序设计	胡艳菊	40					

北京大学出版社电气信息类教材书目(已出版)
欢迎选订

序号	标准书号	书　名	主编	定价	序号	标准书号	书　名	主编	定价
1	7-301-10759-1	DSP技术及应用	吴冬梅	26	47	7-301-10512-2	现代控制理论基础(国家级十一五规划教材)	侯媛彬	20
2	7-301-10760-7	单片机原理与应用技术	魏立峰	25	48	7-301-11151-2	电路基础学习指导与典型题解	公茂法	32
3	7-301-10765-2	电工学	蒋中	29	49	7-301-12326-3	过程控制与自动化仪表	张井岗	36
4	7-301-19183-5	电工与电子技术(上册)(第2版)	吴舒辞	30	50	7-301-23271-2	计算机控制系统(第2版)	徐文尚	48
5	7-301-19229-0	电工与电子技术(下册)(第2版)	徐卓农	32	51	7-5038-4414-0	微机原理及接口技术	赵志诚	38
6	7-301-10699-0	电子工艺实习	周春阳	19	52	7-301-10465-1	单片机原理与应用教程	范立南	30
7	7-301-10744-7	电子工艺学教程	张立毅	32	53	7-5038-4426-4	微型计算机原理与接口技术	刘彦文	32
8	7-301-10915-6	电子线路CAD	吕建平	34	54	7-301-12562-5	嵌入式基础实践教程	杨刚	30
9	7-301-10764-1	数据通信技术教程	吴延海	29	55	7-301-12530-4	嵌入式ARM系统原理与实例开发	杨宗德	25
10	7-301-18784-5	数字信号处理(第2版)	阎毅	30	56	7-301-13676-8	单片机原理与应用及C51程序设计	唐颖	30
11	7-301-18889-7	现代交换技术(第2版)	姚军	36	57	7-301-13577-8	电力电子技术及应用	张润和	38
12	7-301-10761-4	信号与系统	华容	33	58	7-301-20508-2	电磁场与电磁波(第2版)	邬春明	30
13	7-301-19318-1	信息与通信工程专业英语(第2版)	韩定定	32	59	7-301-12179-5	电路分析	王艳红	38
14	7-301-10757-7	自动控制原理	袁德成	29	60	7-301-12380-5	电子测量与传感技术	杨雷	35
15	7-301-16520-1	高频电子线路(第2版)	宋树祥	35	61	7-301-14461-9	高电压技术	马永翔	28
16	7-301-11507-7	微机原理与接口技术	陈光军	34	62	7-301-14472-5	生物医学数据分析及其MATLAB实现	尚志刚	25
17	7-301-11442-1	MATLAB基础及其应用教程	周开利	24	63	7-301-14460-2	电力系统分析	曹娜	35
18	7-301-11508-4	计算机网络	郭银景	31	64	7-301-14459-6	DSP技术与应用基础	俞一彪	34
19	7-301-12178-8	通信原理	隋晓红	32	65	7-301-14994-2	综合布线系统基础教程	吴达金	24
20	7-301-12175-7	电子系统综合设计	郭勇	25	66	7-301-15168-6	信号处理MATLAB实验教程	李杰	20
21	7-301-11503-9	EDA技术基础	赵叫富	22	67	7-301-15440-3	电工电子实验教程	魏伟	26
22	7-301-12176-4	数字图像处理	曹茂永	23	68	7-301-15445-8	检测与控制实验教程	魏伟	24
23	7-301-12177-1	现代通信系统	李白萍	27	69	7-301-04595-4	电路与模拟电子技术	张绪光	35
24	7-301-12340-9	模拟电子技术	陆秀令	28	70	7-301-15458-8	信号、系统与控制理论(上、下册)	邱德润	70
25	7-301-13121-3	模拟电子技术实验教程	谭海曙	24	71	7-301-15786-2	通信网的信令系统	张云麟	24
26	7-301-11502-2	移动通信	郭俊强	22	72	7-301-23674-1	发电厂变电所电气部分(第2版)	马永翔	48
27	7-301-11504-6	数字电子技术	梅开乡	30	73	7-301-16076-3	数字信号处理	王震宇	32
28	7-301-18860-6	运筹学(第2版)	吴亚丽	28	74	7-301-16931-5	微机原理及接口技术	肖洪兵	32
29	7-5038-4407-2	传感器与检测技术	祝诗平	30	75	7-301-16932-2	数字电子技术	刘金华	30
30	7-5038-4413-3	单片机原理及应用	刘刚	24	76	7-301-16933-9	自动控制原理	丁红	32
31	7-5038-4409-6	电机与拖动	杨天明	27	77	7-301-17540-8	单片机原理及应用教程	周广兴	40
32	7-5038-4411-9	电力电子技术	樊立萍	25	78	7-301-17614-6	微机原理及接口技术实验指导书	李干林	22
33	7-5038-4399-0	电力市场原理与实践	邹斌	24	79	7-301-12379-9	光纤通信	卢志茂	28
34	7-5038-4405-8	电力系统继电保护	马永翔	27	80	7-301-17382-4	离散信息论基础	范九伦	25
35	7-5038-4397-6	电力系统自动化	孟祥忠	25	81	7-301-17677-1	新能源与分布式发电技术	朱永强	32
36	7-5038-4404-1	电气控制技术	韩顺杰	22	82	7-301-17683-2	光纤通信	李丽君	26
37	7-5038-4403-4	电器与PLC控制技术	陈志新	38	83	7-301-17700-6	模拟电子技术	张绪光	36
38	7-5038-4400-3	工厂供配电	王玉华	34	84	7-301-17318-3	ARM嵌入式系统基础与开发教程	丁文龙	36
39	7-5038-4410-2	控制系统仿真	郑恩让	26	85	7-301-17797-6	PLC原理及应用	缪志农	26
40	7-5038-4398-3	数字电子技术	李元	27	86	7-301-17986-4	数字信号处理	王玉德	32
41	7-5038-4412-6	现代控制理论	刘永信	22	87	7-301-18131-7	集散控制系统	周荣富	36
42	7-5038-4401-0	自动化仪表	齐志才	27	88	7-301-18285-7	电子线路CAD	周荣富	41
43	7-5038-4408-9	自动化专业英语	李国厚	32	89	7-301-16739-7	MATLAB基础及应用	李国朝	39
44	7-301-23081-7	集散控制系统(第2版)	刘翠玲	36	90	7-301-18352-6	信息论与编码	隋晓红	24
45	7-301-19174-3	传感器基础(第2版)	赵玉刚	32	91	7-301-18260-4	控制电机与特种电机及其控制系统	孙冠群	42
46	7-5038-4396-9	自动控制原理	潘丰	32	92	7-301-18493-6	电工技术	张莉	26

序号	标准书号	书名	主编	定价	序号	标准书号	书名	主编	定价
93	7-301-18496-7	现代电子系统设计教程	宋晓梅	36	127	7-301-22112-9	自动控制原理	许丽佳	30
94	7-301-18672-5	太阳能电池原理与应用	靳瑞敏	25	128	7-301-22109-9	DSP 技术及应用	董胜	39
95	7-301-18314-4	通信电子线路及仿真设计	王鲜芳	29	129	7-301-21607-1	数字图像处理算法及应用	李文书	48
96	7-301-19175-0	单片机原理与接口技术	李升	46	130	7-301-22111-2	平板显示技术基础	王丽娟	52
97	7-301-19320-4	移动通信	刘维超	39	131	7-301-22448-9	自动控制原理	谭功全	44
98	7-301-19447-8	电气信息类专业英语	缪志农	40	132	7-301-22474-8	电子电路基础实验与课程设计	武林	36
99	7-301-19451-5	嵌入式系统设计及应用	邢吉生	44	133	7-301-22484-7	电文化——电气信息学科概论	高心	30
100	7-301-19452-2	电子信息类专业 MATLAB 实验教程	李明明	42	134	7-301-22436-6	物联网技术案例教程	崔逊学	40
101	7-301-16914-8	物理光学理论与应用	宋贵才	32	135	7-301-22598-1	实用数字电子技术	钱裕禄	30
102	7-301-16598-0	综合布线系统管理教程	吴达金	39	136	7-301-22529-5	PLC 技术与应用(西门子版)	丁金婷	32
103	7-301-20394-1	物联网基础与应用	李蔚田	44	137	7-301-22386-4	自动控制原理	佟威	30
104	7-301-20339-2	数字图像处理	李云红	36	138	7-301-22528-8	通信原理实验与课程设计	邬春明	34
105	7-301-20340-8	信号与系统	李云红	29	139	7-301-22582-0	信号与系统	许丽佳	38
106	7-301-20505-1	电路分析基础	吴舒辞	38	140	7-301-22447-2	嵌入式系统基础实践教程	韩磊	35
107	7-301-22447-2	嵌入式系统基础实践教程	韩磊	35	141	7-301-22776-3	信号与线性系统	朱明早	33
108	7-301-20506-8	编码调制技术	黄平	26	142	7-301-22872-2	电机、拖动与控制	万芳瑛	34
109	7-301-20763-5	网络工程与管理	谢慧	39	143	7-301-22882-1	MCS-51 单片机原理及应用	黄翠翠	34
110	7-301-20845-8	单片机原理与接口技术实验与课程设计	徐懂理	26	144	7-301-22936-1	自动控制原理	邢春芳	39
111	301-20725-3	模拟电子线路	宋树祥	38	145	7-301-22920-0	电气信息工程专业英语	余兴波	26
112	7-301-21058-1	单片机原理与应用及其实验指导书	邵发森	44	146	7-301-22919-4	信号分析与处理	李会容	39
113	7-301-20918-9	Mathcad 在信号与系统中的应用	郭仁春	30	147	7-301-22385-7	家居物联网技术开发与实践	付蔚	39
114	7-301-20327-9	电工学实验教程	王士军	34	148	7-301-23124-1	模拟电子技术学习指导及习题精选	姚娅川	30
115	7-301-16367-2	供配电技术	王玉华	49	149	7-301-23022-0	MATLAB 基础及实验教程	杨成慧	36
116	7-301-20351-4	电路与模拟电子技术实验指导书	唐颖	26	150	7-301-23221-7	电工电子基础实验及综合设计指导	盛桂珍	32
117	7-301-21247-9	MATLAB 基础与应用教程	王月明	32	151	7-301-23473-0	物联网概论	王平	38
118	7-301-21235-6	集成电路版图设计	陆学斌	36	152	7-301-23639-0	现代光学	宋贵才	36
119	7-301-21304-9	数字电子技术	秦长海	49	153	7-301-23705-2	无线通信原理	许晓丽	42
120	7-301-21366-7	电力系统继电保护(第 2 版)	马永翔	42	154	7-301-23736-6	电子技术实验教程	司朝良	33
121	7-301-21450-3	模拟电子与数字逻辑	邬春明	39	155	7-301-23754-0	工控组态软件及应用	何坚强	49
122	7-301-21439-8	物联网概论	王金甫	42	156	7-301-23877-6	EDA 技术及数字系统的应用	包明	55
123	7-301-21849-5	微波技术基础及其应用	李泽民	49	157	7-301-23983-4	通信网络基础	王昊	32
124	7-301-21688-0	电子信息与通信工程专业英语	孙桂芝	36	158	7-301-24153-0	物联网安全	王金甫	43
125	7-301-22110-5	传感器技术及应用电路项目化教程	钱裕禄	30	159	7-301-24181-3	电工技术	赵莹	46
126	7-301-21672-9	单片机系统设计与实例开发（MSP430）	顾涛	44					

相关教学资源如电子课件、电子教材、习题答案等可以登录 www.pup6.com 下载或在线阅读。

扑六知识网(www.pup6.com)有海量的相关教学资源和电子教材供阅读及下载(包括北京大学出版社第六事业部的相关资源)，同时欢迎您将教学课件、视频、教案、素材、习题、试卷、辅导材料、课改成果、设计作品、论文等教学资源上传到 pup6.com，与全国高校师生分享您的教学成就与经验，并可自由设定价格，知识也能创造财富。具体情况请登录网站查询。

如您需要免费纸质样书用于教学，欢迎登陆第六事业部门户网(www.pup6.com)填表申请，并欢迎在线登记选题以到北京大学出版社来出版您的大作，也可下载相关表格填写后发到我们的邮箱，我们将及时与您取得联系并做好全方位的服务。

扑六知识网将打造成全国最大的教育资源共享平台，欢迎您的加入——让知识有价值，让教学无界限，让学习更轻松。

联系方式：010-62750667，pup6_czq@163.com，szheng_pup6@163.com，linzhangbo@126.com，欢迎来电来信咨询。